石油高等院校特色规划教材

传热学（富媒体）

主　编◎申　洁　叶　峰
副主编◎肖　东　贾　敏　陈海龙

石油工业出版社

内 容 提 要

本书以国家"双碳"战略为核心指导思想，以油气储运、石油工程、新能源等学科为背景，介绍了传热学的基本概念、基本理论和工程计算方法。全书共七章，包括：绪论、导热理论基础、导热的分析计算、对流换热原理、对流换热的分析计算、热辐射及辐射换热、传热过程和换热器。书中每一章都配有密切联系工程问题的例题、习题和思考题，以满足各类专业人才工程素质培养的教学需求；每小节还配有详细的课程讲解视频和富媒体资源，方便读者数字化沉浸式学习；书末配有参考文献和附录，可供解决传热问题和进一步研究学习。

本书按 32~40 学时编写，可作为高等院校石油工程、油气储运工程、机械工程、新能源与科学工程、安全工程等专业的教材或教学参考书，也可供有关工程技术人员参考。

图书在版编目(CIP)数据

传热学：富媒体 / 申洁，叶峰主编. — 北京：石油工业出版社，2024.9. —（石油高等院校特色规划教材）. — ISBN 978 - 7 - 5183 - 7002 - 3

Ⅰ. TK124

中国国家版本馆 CIP 数据核字第 20245BJ850 号

出版发行：石油工业出版社
　　　　　（北京市朝阳区安华里二区 1 号楼 100011）
　　　　　网　　址：www. petropub. com
　　　　　编辑部：(010)64256990
　　　　　图书营销中心：(010)64523633　　(010)64523731
经　　销：全国新华书店
排　　版：北京市密东文创科技有限公司
印　　刷：北京中石油彩色印刷有限责任公司
2024 年 9 月第 1 版　　2024 年 9 月第 1 次印刷
787 毫米×1092 毫米　　开本：1/16　　印张：11.5
字数：293 千字
定价：32.00 元

前 言

Preface

　　传热现象是自然界和工程技术领域中最为常见的物理现象之一,热科学不仅是热能动力工程的核心理论,也深入新能源、石油化工、油气储运、航空航天及生物医药工程等诸多领域,为解决这些领域中与热现象有关的技术难题发挥着重要作用。"传热学"课程是各高校中能源、动力、石油、储运、化工、机械、土木、电子等专业本科生开展科学问题研究的必修专业基础课,是建立传热现象工程问题数学模型和计算的重要理论课程。在目前"碳达峰、碳中和"的国家方针政策的导向下及"能源与环境"成为举世关注的时代课题的背景下,"传热学"以其"研究热量传递规律及有效利用热能的教学目的",使本科生树立节能意识并使其掌握热量传递的基本规律及相关工程计算,为将来从事与能源相关的科学研究、工程应用及管理工作奠定夯实基础。

　　近年来,在石油工业的油藏工程、钻井工程、采油工程、油气储运工程中涉及的诸多技术难题都与高温现象有关,尤其在深层、超深层油气资源、海上油气资源以及稠油、超稠油油藏的开发利用中,传热学的应用已成为其具体工艺设计、计算甚至突破的关键理论。本教材在内容和结构上除了沿用和保持传统的传热学教材的内容和知识体系外,还引入了一些油气储运、石油工程等专业背景下的工程案例和习题,力求培养学生的工程意识,培养学生建立运用理论知识解决工程问题的工程师思维和能力。

　　本教材在总体结构上按综述—分述—综述的结构安排内容。第一章绪论部分,综述传热学的研究对象、热量传递的三种基本方式及储运和石工领域的热量传递现象和问题,使读者能够比较容易地对传热学概况有所了解。第二章到第六章是对热量传递三种方式的逐一分析和深度理论研究。其中第二章和第三章讨论热传导现象,第二章介绍热传导的数学模型建立和数学描述,第三章介绍热传导的数学模型的求解和计算;第四章和第五章讨论对流换热现象,第四章介绍对流换热的原理和基础理论,第五章介绍对流换热的工程计算;第六章讨论热辐射现象,讲述黑体辐射的基本定律和辐射换热的简单计算。第七章是关于热传导、对流换热和热辐射的综合热量传递现象的应用,即传热过程的计算和工程应用。

　　本书由西南石油大学组织相关教师编写,由申洁和叶峰担任主编,肖东、贾敏、陈海龙担任副主编,李永杰、赵俊良为参编人员。具体分工为:第一、二章由叶峰、申洁编写,第三章由叶峰、申洁、肖东、贾敏编写,第四、五章由李永杰、申洁编写,第六章由贾敏、赵俊良、陈海龙编写,第七章由肖东、申洁编写。本书编写大纲由申洁拟订并经全体编写人员研讨完成,全书由申洁完成统稿工作。

本教材在编写过程中,也参考了杨世铭、陶文铨主编的《传热学》,张奕主编的《传热学》,张学学主编的《热工基础》,章熙民、任泽霈、梅飞鸣主编的《传热学》,李兆敏、黄善波主编的《石油工程传热学》,J.P.霍尔曼主编的《传热学》,弗兰克 P.英克鲁佩勒、大卫 P.德维特、狄奥多尔 L.伯格曼、艾德丽安 S.拉维恩主编的《传热和传质基本原理》等教材。另外,西南石油大学的张勇副教授、研究生刘志凯和李浩东为本书的文本和图形编辑也做了大量工作,在此一并表示衷心的感谢。

为方便读者学习,本书还配有教材的数字资源,扫描每小节标题后的二维码,即可观看相应章节的讲解视频。另外,书中还配有富媒体资源,扫码即可看到相应内容的动画或视频。为方便任课教师制作电子课件,编者可免费提供电子课件等资源,可直接联系出版社,也可发送邮件至 53016405@qq.com 索取。

由于编者水平有限,书中不妥之处在所难免,敬请读者批评指正。

西南石油大学　申洁

2024 年 7 月

目　录

富媒体资源目录

第一章 绪 论

在自然界以及人们的日常生活和工程实践中,温差几乎无处不在、无时不有,而温差是热量传递的前提和推动力,所以热量传递是一种很普遍的物理现象,对人们的生活和生产有广泛而深刻的影响。

传热学是研究有温差存在情况下热量传递规律的一门科学,它是工程热物理的一个分支。热能传递的快慢以及不同时刻物体内的温度分布是传热学所关心的主要问题。

本章简要介绍传热学的研究对象和任务、热量传递的三种基本方式、传热过程以及热传递的基本计算关系式,使读者对传热学的基本内容有概括性的了解,为后面传热学部分的分章学习打下基础。

第一节 传热学的研究对象和任务

由于温度差引起的热能传递过程,称为热传递过程,通常也简称为传热。自然界和工程领域中,由于自然或人为的原因,常常会出现温度差。因而,热传递是一种极为普遍的能量转移过程,是一种普遍的自然现象。

温差是传热的前提和推动力,热量会自发地从高温物体传向低温物体,这一理论基础的依据来源于热力学第二定律。而传热学补充和扩展了热力学对热现象的研究。例如,一根浸入水中的进行冷却的灼热金属棒,热力学可以计算金属棒与水最终达到平衡时的温度、初态和终态之间的内能(热力学能)变化,但不能计算达到平衡温度时所需要的时间以及棒的温度与时间的函数关系;而传热学则能对棒的任何位置、任何时刻的温度,以及棒在水中所传热量随时间变化率等作出明确的答复。这个例子说明,经典热力学限于研究"平衡态"和保持动平衡的"可逆过程",并不涉及能量传递的机理和所需的时间;传热学所要研究的热传递过程,是温度不平衡引起的典型的不可逆过程,不仅要探索过程的物理本质,还要研究给定条件下热传递系统的温度分布和热传递的速率等问题。

传热学的应用范围非常广泛,无论是能源、动力、机械、化工、制冷、建筑、电子电工、航空航天等工业部门,还是农业、生物和环境保护等部门都有大量的热传递问题。例如,热电厂中水蒸气的产生和冷凝、锻铸造过程中工件的温度控制、化工流程中最佳温度的保证、电气元件或设备的冷却、建筑物的隔热保温、食品储运过程中低温的产生和控制、暖房的育花种菜和气候的冷暖变化等,都涉及传热学知识的应用(动画 1-1)。

石油工业中也涉及大量的传热现象。不论是钻井固井、采油工艺,还是石油的储运和炼化工艺,都伴随着热量传递现象。

在钻井工程工艺中,钻井液在钻井工程中占有十分重要的地位。在钻进过程中,需要随时测量和调整钻井液性能,这样才能做到快速、优质、安全钻井。随着井眼的加深,井底的温度和压力也在不断升高,在地面条件下测得

的钻井液性能参数不能准确反映出钻井液在井下的真实情况。在井下高温条件下,钻井液中所使用的化学处理剂的化学性能可能会受到不良影响而使其性能失去稳定性,从而不能有效地保证其在井内所必需的性能。预测深井中的井温分布对钻井液的配方研制起着指导作用。同时井内温度情况对井壁的稳定性、岩石破碎情况及钻头工作性能都有一定影响。

在固井工艺中,深井固井的关键在于严格控制水泥浆的性能。在注水泥期间,要保证水泥浆有良好的流动性,而在注水泥结束后,则需要水泥环具有所期望的强度,而温度是影响水泥浆稠化时间、流变性能、抗压强度的主要因素。为了保证固井质量,必须根据水泥浆在井内所处的温度条件选择适当的水泥及处理剂,并根据井内温度控制处理剂的用量。

在采油工艺中同样涉及到大量传热学的分析计算。例如:(1)油层产液在从井底举升到地面时,井筒内的产液温度沿举升高度是逐渐变化的,部分油层产液甚至会汽化,此时井筒内流体的温度及相态变化对其流动规律的影响也十分明显,因此准确预测井筒内的温度分布以及计算油层产液沿井筒举升高度的温度变化及相态变化十分重要。(2)水力压裂是油气井增产的重要措施之一。当压裂液沿井筒和裂缝流动时,会与地层发生热交换,所以压裂液在裂缝内流动时温度是变化的。而温度的变化会影响到压裂液的黏滞性、悬砂能力、造缝能力和滤失速度等。所以对压裂液沿井筒和井下裂缝内的复杂传热规律进行分析计算对深井压裂液的设计有十分重要的作用。(3)对稠油井用有杆泵进行干抽时,在对稠油井进行计算、设计、生产预测等工作前,先要证实所采用的计算公式及参数取值符合客观情况才有可能进行。稠油井的特点是油的黏度比较大,故抽汲中将会增加很大的附加载荷。而油的黏度对温度变化是非常敏感的,所以为了确定油的黏度在井下的情况,必须确定井下的温度情况。

在油气储运工程中的传热问题:(1)对高黏度石油和高含蜡、高凝点石油的开采和储运。为了改善原油在管道内的流动性,通常采用对原油加热的方式进行输送。蒸汽伴随油气集输工艺就是对原油的加热方式之一。原油受热温度上升,黏度下降,从而管输阻力减小。在加热过程中,蒸汽通过管壁、土壤与输油管、原油之间进行复杂的传热过程。(2)分析计算输油管道的沿程温度分布,从而为加热站的设计提供理论依据。(3)当输油管道出现故障需要停输或者输油设备定期保养需要停输时,需要通过传热学理论计算安全停输时间,防止原油在管道内凝固造成凝管事故,使管道再启动困难。(4)原油加热炉是一种能够对原油进行加热加工的设备。加热炉的燃烧系统和加热介质与原油的热设计计算都涉及到传热学的理论分析。(5)换热器在天然气的生产、运输和净化过程中也是常见且广泛应用的换热设备。例如,从低温分离器出来的冷天然气通过换热器冷却从井口出来的温度较高的天然气,为防止天然气节流后形成水化物,在节流前用水蒸气通过换热器加热天然气。(6)LNG 储罐和运输中的热计算以及绝热材料的选择和设计等。

在原油炼化工艺中,需要由装有若干塔盘的直立塔和加热炉组成原油蒸馏装置。在塔内,利用原油中各组分物质沸点的不同,将原油分馏成汽油、煤油、柴油等"馏分"。这些馏分随着各组分的沸腾汽化逐个引出,并通过冷却使它们冷凝成产物馏分。在原油的蒸馏和分离过程中,涉及蒸发、冷凝等相变传热的计算。

从上面的叙述可以看出,井下的温度分布在石油开采方面有着相当大的重要性。目前主要有两种方法得到井下温度分布情况:一种是直接测量,这种方法比较直观,但受到很多因素的影响,在一些复杂的条件下直接测量极不方便,成本也比较高,并且不能进行温度场的预测工作。另一种方法就是通过计算来获得井下温度分布,而怎样计算井下温度分布的问题就属于传热学的范畴。

应用传热学规律求解的实际热传递问题是多种多样的,归纳起来大致可以分为两个类型:第一类着眼于传热速率的大小及其控制问题,它或者是力求增强传热,以便缩小设备尺寸或提高生产能力;或者是力求削弱传热,以减小不必要的热损失或保持设备内部温度低于周围环境温度。另一类着眼于温度分布及其控制问题,从而确定合理的工艺条件,保证设备的正常使用。

总之,传热学正随着科学技术和生产实践的进步而飞速发展,变得与工程技术越来越密切相关。应用传热学成功地解决工程技术中所遇到的热传递问题,对装备和设备的技术经济性和安全可靠性、热能的有效利用、工艺和生产过程的优化,以及可用能的回收和综合利用等,都有着重要的作用。它越来越受到众多科技工作者的重视,成为一门涉及如何合理用热、为生产服务造福人类的技术基础课程,是许多工程系列科学的必修课程。期望通过本课程的学习,使读者获得一定的热传递规律的基础知识,具备分析工程传热问题的基本能力,掌握计算工程传热问题的基本方法。

第二节　热量传递的三种基本方式

热传递过程是一种复杂的物理现象,除了遵循热力学第一定律和第二定律外,还有其特殊的规律。通常,按物理本质的不同,把它分为热传导、热对流和热辐射三种基本方式进行分析研究。

一、热传导

热传导简称导热,它是温度不同的物体各部分之间或者温度不同的各物体之间由于直接接触,没有相对位移时所发生的热量传递现象,是一种依靠物质的分子、原子和自由电子等微观粒子的热运动而进行的能量传递过程(动画 1 - 2)。例如,对金属棒的一端加热,另一端的温度也会逐渐升高就属于温度不同的物体各部分之间的热传导现象;而冬天用暖手宝取暖则属于温度不同的各物体之间由于发生直接接触而进行的热传导现象。

导热在固体、液体和气体中均可发生。通常认为:纯导热只发生在密实的固体内。一些透明固体,如玻璃、石英等的热传递,除导热外,还伴随有热辐射现象。在液体和气体中也可以发生热传导现象。

这里我们考察一种最简单的情况,即通过平壁的导热,如图 1 - 1 所示。平壁厚度为 δ,垂直于厚度方向的面积为 A,两侧表面分别维持均匀的温度 t_{w1} 和 t_{w2}。则在稳态情况下,单位时间内从表面 1 传导到表面 2 的热量为

$$\Phi = \lambda A \frac{t_{w1} - t_{w2}}{\delta} \tag{1-1}$$

该式常称为大平壁稳态导热公式,也称为平壁的一维稳态导热公式。

所谓"大平壁",是指平壁的高度和宽度远大于厚度的情况。在工程中,一般高度和宽度大于 10 倍以上的厚度,就可以近似的当作"大平壁"处理。式(1-1)中,Φ 表示单位时间传递的热量,称为热流量,单位为 W。热流量表示传热的速率或者快慢。单位时间传递的热量多,则说明传热的速率快;单位时间传递的热量少,则说明传热的速率慢。λ 称为材料的热导率,也称导热系数,单位为 W/(m·K),表示材料导热能力的大小,导热系数越大则说明材料的导

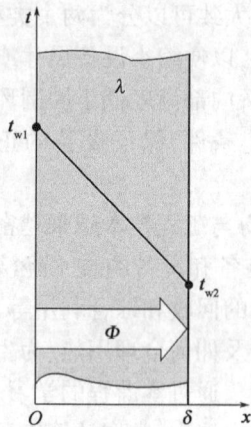

图 1-1　通过平壁的导热

热能力越强。比如金属在众多材料中导热系数就比较大,其导热能力也很强。材料的导热系数一般由实验测得,其具体性质在下一章中详细讨论。

由物理学中直流电路的欧姆定律可知

$$电流强度 = \frac{电势差(电压)}{电阻}$$

电路中有电势差就会有电流产生,而电阻是阻碍电流通过的物理量,当电势差一定时电阻越大则通过的电流越小。其实热现象和电现象有很强的相似性。传热学中热流量也可以写成温差除以热阻的形式,即

$$热流量 = \frac{温差}{热阻}$$

根据热电现象的比拟,公式(1-1)可以写成

$$\Phi = \lambda A \frac{t_{w1} - t_{w2}}{\delta} = \frac{t_{w1} - t_{w2}}{\frac{\delta}{\lambda A}} = \frac{\Delta t}{R_\lambda} \qquad (1-2)$$

其中

$$R_\lambda = \frac{\delta}{\lambda A}$$

式中　R_λ——平壁的导热热阻,K/W。

可以看出,平壁的厚度越厚,热量就越难通过,所以导热热阻越大;平壁的导热系数越大,说明平壁的导热能力越强,导热热阻就越小;垂直于导热方向的面积越大,单位时间通过的热量就会越多,所以导热热阻也是越小。热阻是传热学中一个重要的概念,和电阻在电路中所起的作用一样,热阻表示物体对热量传递的阻力,热阻越小,传热越强。

传热学中也常常用热流密度 q 来表示传热的速率,热流密度 q 是指单位时间通过单位面积的热量,或者说表示单位面积通过的热流量,故单位为 W/m²。所以,由式(1-2)可得

$$q = \frac{\Phi}{A} = \lambda \frac{t_{w1} - t_{w2}}{\delta} = \frac{t_{w1} - t_{w2}}{\frac{\delta}{\lambda}} = \frac{\Delta t}{r_\lambda} \qquad (1-3)$$

其中

$$r_\lambda = \frac{\delta}{\lambda}$$

式中　r_λ——平壁单位面积的导热热阻,(m²·K)/W。

需要说明的是,虽然 r_λ 称为单位面积的导热热阻,但它是在导热热阻 R_λ 乘以面积 A 而不是除以 A 的基础上得到的,即

$$r_\lambda = R_\lambda \cdot A \qquad (1-4)$$

[**例题 1-1**]　厚度为 0.1m 的大平板,两侧温度差保持 40℃不变。平板材料为:(1)导热系数 $\lambda = 50W/(m·℃)$ 的铸铁;(2) $\lambda = 0.13W/(m·℃)$ 的石棉。试计算单位面积上通过的热流量(即热流密度)。

解:利用式(1-3),热流密度分别为

(1) $q = \dfrac{\Phi}{A} = \lambda \dfrac{\Delta t}{\delta} = 50 \times \dfrac{40}{0.1} = 2 \times 10^4 \ (W/m^2)$

(2) $q = \dfrac{\Phi}{A} = \lambda \dfrac{\Delta t}{\delta} = 0.13 \times \dfrac{40}{0.1} = 52 (W/m^2)$

讨论：

通过计算结果不难发现，相同厚度、相同温差的大平壁，材料的导热系数越大，通过的热流密度也越大，即对于相同厚度、相同温差的大平壁，导热系数越大的材料单位时间单位面积传递的热量也越多。

二、热对流与对流换热

热对流是指各流体微团温度不同的各部分之间，由于发生宏观相对运动，将热量从一处传递到另一处的过程。简言之，热对流是依靠流体的运动进行热量传递的现象，也称为对流。

热对流只能发生在流动的流体中，对流时作为载热体的各流体微团不仅因其改变空间位置而进行热传递，同时不可避免地与周围流体微团或固体壁面接触而进行导热。也就是说，热对流的同时必然伴随着热传导现象。若热对流过程中，有质量流量为 q_m 的流体，从温度 t_{f1} 的地方流到 t_{f2} 处，则热对流作用传递的热流量，一般应为

$$\Phi = q_m c_p (t_{f2} - t_{f1}) \tag{1-5}$$

式中　c_p——流体的比定压热容，J/(kg·K)。

但是，在工程技术领域中所遇到的传热问题，往往涉及流体与固体壁直接接触时的换热。这种流体与固体壁面之间的热量交换过程，称为对流换热。例如，室内空气与暖气片之间的热量交换，夏天室内开电风扇时流动空气与人体表面之间的热量交换都属于对流换热现象。它的特点是，在贴近壁面处总有一层流体薄层存在，薄层中的热传递依靠导热进行，而在流体薄层外的热传递主要是依靠对流进行，所以对流换热是导热和热对流共同作用的结果。对流换热过程是一个受到许多因素影响的复杂过程，它的基本计算式是牛顿 1701 年提出的，即

$$\Phi = h_c A (t_w - t_f) = \frac{t_w - t_f}{\frac{1}{h_c A}} = \frac{\Delta t}{R_{h_c}} \tag{1-6}$$

$$q = h_c (t_w - t_f) = \frac{t_w - t_f}{\frac{1}{h_c}} = \frac{\Delta t}{r_{h_c}} \tag{1-7}$$

其中

$$R_{h_c} = \frac{1}{h_c A}, r_{h_c} = \frac{1}{h_c}$$

式中　t_w——固体壁面温度，℃；

　　　t_f——流体温度，℃；

　　　h_c——对流换热系数，W/(m²·K)；

　　　A——流体与壁面的接触面积，m²；

　　　R_{h_c}——对流换热热阻，K/W；

　　　r_{h_c}——单位面积的对流换热热阻，(m²·K)/W。

式(1-6)和式(1-7)反映了对流换热的基本规律，常称为牛顿冷却公式，或者称为对流换热的基本计算公式。

需要指出的是，壁面与流体之间的温差永远取正值。对流换热系数 h_c 与导热系数 λ 不同，它不是物性参数，而是与流体运动产生的原因、流动的状态、流体有无相变、流体的物性以

及壁面的形状和位置等许多因素有关，是表示对流换热强弱程度的一个物理量。牛顿冷却公式实际上也未提出影响对流换热系数的种种影响因素，它只能视为是对流换热系数的定义式，并不是表达对流换热现象本质的物理定律。解决对流换热的关键是确定对流换热系数 h_c，有关它的具体计算将在第四章和第五章中详细介绍。

[例题 1-2]　长 $l=10m$，外径 $d=150mm$ 的蒸汽管道，外壁温度为 55℃，水平地通过室温为 18℃ 的车间。设管壁与空气间的对流换热系数 $h_c=9W/(m^2 \cdot K)$，如不考虑辐射的影响，试计算管道外壁与空气的对流换热量。

解：管道外壁面积 $A = \pi dl$。由牛顿冷却公式（1-6）可知

$$\Phi = h_c \pi dl(t_w - t_f) = 9 \times \pi \times 0.15 \times 10 \times (55 - 18) = 1.57 \times 10^3 \ (W)$$

三、热辐射

以上两种热传递方式都必须通过物体的直接接触，但是，自然界中还存在着不依靠物体直接接触也能进行热传递的现象。例如，太阳向地球的热传递、用红外线炉取暖等。研究表明，这种热传递方式是靠物体自身发射和吸收辐射进行的，辐射线具有能量，并以电磁波或量子的形式进行传播。

物理学告诉我们：物体由于受热、电子撞击、光辐射以及化学反应等，会使物质内部的分子、原子或电子振动，向外发射能量。我们把这种物体以电磁波的形式向外发射辐射能的现象叫作辐射；把物体由于自身温度的原因（或者说由于具有内能）而使物体向外发射辐射能的现象称为热辐射。

能够全部吸收外来辐射的理想物体，称为黑体。黑体是一个理想辐射体，在实际物体和黑体表面温度相同的情况下，黑体的辐射能力最大。黑体在单位时间内发射的辐射能可按斯蒂芬—玻尔兹曼定律计算：

$$\Phi = \sigma_b A T^4 \tag{1-8}$$

式中　T——黑体表面绝对温度，K；

　　　A——黑体的表面积，m^2；

　　　σ_b——斯蒂芬—玻尔兹曼常数，或称黑体辐射常数，其值为 $5.67 \times 10^{-8} W/(m^2 \cdot K^4)$

斯蒂芬—玻尔兹曼定律也称为黑体辐射的四次方定律，因为从式（1-8）可以看出，黑体在单位时间内发射的辐射能与其表面绝对温度的四次方成正比。

实际物体的辐射能力均小于相同温度下黑体的辐射能力，其辐射能的计算式为

$$\Phi = \varepsilon \sigma_b A T^4 \tag{1-9}$$

式中　ε——物体表面的发射率，也称黑度，其值介于 0~1 之间。

一切物体都能不停地将其内能转化为辐射能向外发射，同时又不断地吸收来自其他物体的辐射能，并将其转变成内能存储起来。不同物体发射和吸收辐射能的本领各不相同，就是同一物体也随温度不同而异。当物体之间存在温差时，以热辐射的方式进行能量交换，热量从高温物体传至低温物体，这种热量传递现象称为辐射换热。辐射换热具有以下特点：

（1）不需要冷热物体的直接接触，也不需要介质的存在，在真空中就可以传递能量。

（2）在辐射换热过程中伴随着能量形式的转换，即物体的热力学能—辐射能—物体的热力学能。例如，太阳的辐射能传递至地球表面，太阳的辐射能在离开太阳表面之前属于太阳的内能（也叫热力学能），当离开太阳表面之后就以电磁波能的形式在外太空中传播，当这些电磁波能接触到地球表面后，又被地球表面吸收一部分，转化为地球的内能（热力学能）。

（3）无论温度高低，物体都在不停地相互辐射能量；高温物体辐射给低温物体的能量大于低温物体辐射给高温物体的能量，总的效果是热量由高温物体传到低温物体。需要注意的是，即使是两个温度相同的物体，它们之间的辐射换热也在进行，只不过处于动态平衡而已，即物体吸收和辐射的热量相等，它们之间的辐射换热量为零。

对于两个互相平行且十分接近的黑体表面，如图 1-2 所示，它们之间的辐射换热量可按下式计算

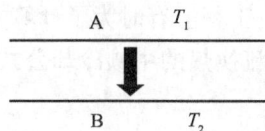

图 1-2　两平行黑体平板间的辐射换热

$$\Phi = \sigma_b A (T_1^4 - T_2^4) \qquad (1-10)$$

式中　T_1——高温黑体表面的绝对温度，K；

T_2——低温黑体表面的绝对温度，K。

［例题 1-3］　太阳单位时间单位面积发射的辐射能量为 64164kW/m²，已知太阳的半径是 6.955×10^5km，太阳可看作黑体，试计算太阳的表面温度。

解：若太阳是黑体，则由公式（1-8）可知

$$\Phi = A\sigma T^4, \quad 即 \frac{\Phi}{A} = \sigma T^4$$

$$T = \sqrt[4]{\frac{\Phi}{A\sigma}} = \sqrt[4]{\frac{64164000}{5.67 \times 10^{-8}}} = 5800(K)$$

即太阳表面的温度约为 5800K。

［例题 1-4］　日落后，人们站在砖墙附近可感到辐射能。若砖墙的表面温度为 43℃，砖墙的发射率为 0.92。试问在此温度下每平方米砖墙发射的辐射能为多少？

解：由公式（1-9）可得

$$q = \frac{\Phi}{A} = \varepsilon \sigma_b T^4 = 0.92 \times 5.67 \times 10^{-8} \times (43 + 273)^4 = 520(W/m^2)$$

第三节　复合换热和传热过程

视频 1-3

以上我们简略地介绍了导热、热对流和热辐射三种基本热传递方式。实际的热传递过程往往是两种或三种基本方式组合而成的复杂过程。例如，水在锅炉内加热汽化的过程，就是一个复杂的热传递过程，其中既有高温火焰和烟气对金属外壁面的辐射换热和对流换热，又有通过金属壁的导热和内壁面与水之间的对流换热。通常，把对流和辐射两种方式同时起作用的换热过程称为复合换热，把热流体通过固体间壁（将冷热流体隔开的壁）将热量传递给冷流体的过程称为传热过程。下面简要介绍它们的计算方法。

一、复合换热

复合换热现象在日常生活和工业生产中也很常见。例如，暖气片与室内空气的热量传递方式就是既有对流换热又有辐射换热的复合换热现象，油罐与大气的热交换也是复合换热现象。在稳定情况下，复合换热过程中气体与固体壁面间的复合换热量，应是对流换热量和辐射换热量之和，即

$$\Phi = \Phi_c + \Phi_r \tag{1-11}$$

欲求复合换热量 Φ，可先按单独计算出对流换热量 Φ_c 和辐射换热量 Φ_r，然后相加得到。

但是，工程上有时为了计算方便和计算形式的统一，常常采用将辐射换热的计算式改写成类似于对流换热的牛顿冷却公式，即

$$\Phi_r = h_r A(t_w - t_f) \tag{1-12}$$

式中，h_r 是折算辐射换热系数，单位为 $W/(m^2 \cdot K)$。进行这样的变换后，若固体壁面温度为 t_w，周围其他各固体表面与气体具有同样温度 t_f，换热面积为 A，则固体表面的总复合换热量为

$$\Phi = \Phi_c + \Phi_r = h_c A(t_w - t_f) + h_r A(t_w - t_f) \tag{1-13}$$
$$= (h_c + h_r)A(t_w - t_f) = hA(t_w - t_f)$$

式中　h_c——对流换热系数，$W/(m^2 \cdot K)$；

　　　h_r——折算辐射换热系数，$W/(m^2 \cdot K)$；

　　　h——复合换热系数，也称表面传热系数，$W/(m^2 \cdot K)$。

公式(1-13)习惯上也常称为牛顿冷却公式。需要指出的是，h_r 本身并没有什么物理意义，它的引入完全是为了计算方便和统一，是计算换热表面在发生对流换热的同时又伴随有辐射换热时经常要用到的一个概念。因为固体表面发生对流换热的同时，辐射换热现象往往会同时出现，尤其是气体与固体壁面之间的对流换热，因为除可见光之外的辐射能能穿透气体而不能在固体和液体内部传递。所以实际的换热系数是指复合换热系数(表面传热系数)，今后如不特别声明，都是指此而言。如果流过壁面的是液体，因为没有辐射换热，此时的 h 值则只是指对流换热系数，也可以明确地用 h_c 表示。另外，如果对流和辐射两种换热量相差甚大，计算时可只考察起主导作用的一方。

[例题1-4]　一外径为 0.3m、壁厚为 5mm、长为 20m 的圆管，外表面平均温度为 80℃，150℃的空气从管外掠过，空气与管壁的表面传热系数为 70W/(m² · K)。流速为 0.3m/s 的水在圆管内流动，水的进口温度为 20℃。已知水的比热容为 4184J/(kg · K)，密度为 980kg/m³，不考虑温度对其物性参数的影响，求稳态情况下水的出口温度。

解：管外空气与管外壁之间的复合换热量为

$$\Phi = hA(t_f - t_w) = 70 \times \pi \times 0.3 \times 20 \times (150 - 80) = 92316 (W)$$

由于过程处于稳态，管外空气所加的热量由管内水带走，其中 $A_c = \dfrac{\pi}{4}d^2$，因此有

$$\Phi = q_m c_p(t_{f2} - t_{f1}) = \rho u A_c c_p(t_{f2} - t_{f1})$$

则　　　　　　　$92316 = 980 \times 0.3 \times \dfrac{\pi}{4} \times 0.3^2 \times 4184 \times (t_{f2} - 20)$

解得　　　　　　　　　　　$t_{f2} = 21.06(℃)$

讨论：

(1)圆管外壁与空气之间的换热是既有对流换热又有辐射换热的复合换热现象；而圆管内壁与水之间的换热就是单纯的对流换热现象。可见，一般固体壁面与气体之间发生的是复合换热，而与液体之间发生的是对流换热。

(2)本题用到了能量守恒定律，即稳态时单位时间水的内能变化量等于管外壁与空气的对流换热量。

[例题 1-5] 某建筑外墙的外壁面温度为 45℃，空气温度为 25℃，外墙与空气的对流换热系数为 7W/(m² · K)，与周围环境的折算辐射换热系数为 11W/(m² · K)，求外墙与空气的复合换热系数及每平方米总的散热量。

解： 复合换热系数即表面传热系数

$$h = h_c + h_r = 7 + 11 = 18 \left[W/(m^2 \cdot K) \right]$$

总的散热量为

$$\Phi = hA(t_w - t_f) = 18 \times 1 \times (45 - 25) = 360(W)$$

讨论：

此题中外墙与空气的对流换热量为

$$\Phi = h_c A(t_w - t_f) = 7 \times 1 \times (45 - 25) = 140(W)$$

与空气的辐射换热量为

$$\Phi = h_r A(t_w - t_f) = 11 \times 1 \times (45 - 25) = 220(W)$$

可见，对于表面温度为几十摄氏度的物体，其辐射散热量往往和自然对流换热量具有相同数量级，甚至超过对流换热量，必须予以考虑。

二、传热过程

所谓传热过程，是指有固体间壁把冷热流体隔开，热量通过固体间壁从热流体传给冷流体的过程。日常生活中和工程中的传热过程不胜枚举，如冬季室内热空气经墙壁散热给室外空气、暖气片内的热水通过暖气片把热量传给室内空气、烧开水时高温火焰把热量通过壶底传给壶内被加热的水、换热器内冷热流体通过换热管的热量交换、蒸汽管道的热量损失等等。

人们通过长期的实践和观察，发现在稳态传热的情况下，冷热流体通过固体间壁所传递的热量与传热面积以及冷热流体之间的平均温差成正比，还与传热过程本身的强弱程度成正比，数学表达式为

$$\Phi = kA\Delta t \tag{1-14}$$

式中　A——传热面积，m^2；

　　　Δt——冷热流体之间的平均温差，℃；

　　　k——传热系数，$W/(m^2 \cdot K)$，是表示传热过程强弱程度的物理量。

式（1-14）叫作传热基本方程，在热工计算中应用十分广泛。由式（1-14）可知，当传递的热量一定时，设计一适宜的换热设备或核算某一换热设备是否合乎要求（如流体进出口的温度条件）时，关键在于传热面积大小是否适当，而要判断面积是否适当，就要知道传热系数和传热平均温差。

现以冷热流体通过大平壁的稳态传热为例，推导其传热过程的计算公式及传热系数 k 的数学表达式。设该大平壁左右两侧的侧面面积均为 A，导热系数为 λ，厚度为 δ，热流体的温度为 t_{f1}，该侧表面传热系数为 h_1，冷流体的温度为 t_{f2}，该侧表面传热系数为 h_2，平壁两侧的壁面温度分别为 t_{w1} 和 t_{w2}，如图 1-3 所示。

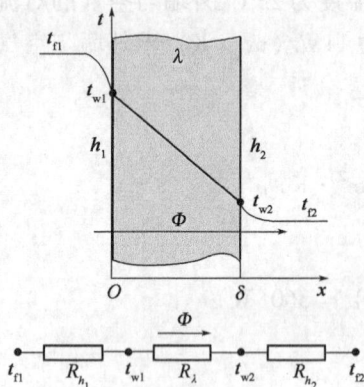

图 1-3 平壁的传热过程

由牛顿冷却公式可知,单位时间热流体传给平壁左侧的热量为

$$\Phi = h_1 A(t_{f1} - t_{w1})$$

用热阻表示,则有

$$R_{h_1} = \frac{1}{h_1 A} = \frac{t_{f1} - t_{w1}}{\Phi} \qquad (\text{a})$$

由大平壁稳态导热公式可知,单位时间从平壁左侧传到平壁右侧的热量为

$$\Phi = \lambda A \frac{t_{w1} - t_{w2}}{\delta}$$

用热阻表示,则有

$$R_\lambda = \frac{\delta}{\lambda A} = \frac{t_{w1} - t_{w2}}{\Phi} \qquad (\text{b})$$

由牛顿冷却公式可知,单位时间平壁右侧传给右侧冷流体的热量为

$$\Phi = h_2 A(t_{w2} - t_{f2})$$

用热阻表示,则有

$$R_{h_2} = \frac{1}{h_2 A} = \frac{t_{w2} - t_{f2}}{\Phi} \qquad (\text{c})$$

把公式(a)、(b)、(c)相加,消去 t_{w1} 和 t_{w2},整理后可得

$$\Phi = \frac{t_{f1} - t_{f2}}{\frac{1}{h_1 A} + \frac{\delta}{\lambda A} + \frac{1}{h_2 A}} = \frac{\Delta t}{R_k} \qquad (1-15)$$

式中,R_k 称为传热过程的总热阻,单位为 K/W。

可以看出,传热过程的总热阻即为传热过程三个环节的分热阻之和

$$R_k = \frac{1}{h_1 A} + \frac{\delta}{\lambda A} + \frac{1}{h_2 A} \qquad (1-16)$$

对比式(1-14)与式(1-15),可得平壁传热系数 k 的表达式

$$k = \frac{1}{\frac{1}{h_1} + \frac{\delta}{\lambda} + \frac{1}{h_2}} \qquad (1-17)$$

用热流密度表示平壁传热过程的计算公式,则为

$$q = \frac{t_{f1} - t_{f2}}{\frac{1}{h_1} + \frac{\delta}{\lambda} + \frac{1}{h_2}} = \frac{\Delta t}{r_k} \qquad (1-18)$$

式中,r_k 称为单位面积的传热过程热阻,单位为 $(\text{m}^2 \cdot \text{K})/\text{W}$。可以看出

$$r_k = \frac{1}{h_1} + \frac{\delta}{\lambda} + \frac{1}{h_2} = \frac{1}{k} \qquad (1-19)$$

由前面传热过程分析可以看出,传热过程的总热阻 R_k 等于三个传热环节的分热阻之和,而单位面积的传热过程总热阻 r_k 也等于三个传热环节的单位面积分热阻之和,这恰恰类似于电学中串联电路的电阻叠加特性,即串联电路中的总电阻等于各个分电阻之和。如果采用类似于电路图的热路图来分析热传递过程,则可以相应的画出平壁传热过程的热路图,见图 1-3。

总之,用热阻概念来分析各种热传递问题时,不仅可使问题的物理概念清晰,还可使计算简便。如要增强传热,首先应设法减小串联热阻中最大的那个热阻;若要想削弱传热,就应考察加大串联热阻中最大的那个热阻或外加热阻值大的串联热阻,如增添保温层。这些将在后面的章节中讨论。

[**例题 1-6**] 厚度为50mm、面积为0.93m²的合金钢平板,导热系数为78W/(m·K),左右两侧壁面分别与温度为 $t_{f1} = 40℃$ 和 $t_{f2} = 10℃$ 的流体直接接触,表面传热系数分别为 $h_1 = 1136W/(m^2 \cdot K)$, $h_2 = 852W/(m^2 \cdot K)$。试计算通过钢板的热流量及钢板两侧壁面的温度 t_{w1} 和 t_{w2}。

解:这是一个通过平壁的传热过程。根据式(1-15)可得

$$\Phi = \frac{t_{f1} - t_{f2}}{\frac{1}{h_1 A} + \frac{\delta}{\lambda A} + \frac{1}{h_2 A}} = \frac{40 - 10}{\frac{1}{1136 \times 0.93} + \frac{0.05}{78 \times 0.93} + \frac{1}{852 \times 0.93}} = 10353 \text{ (W)}$$

对于热流体侧的壁面,根据牛顿冷却公式,有:

$$\Phi = h_1 A (t_{f1} - t_{w1})$$

代入数据得:

$$10353 = 1136 \times 0.93 \times (40 - t_{w1})$$

解得:

$$t_{w1} = 30.2 (℃)$$

对于冷流体侧的壁面,根据牛顿冷却公式,有:

$$\Phi = h_2 A (t_{w2} - t_{f2})$$

代入数据得:

$$10353 = 852 \times 0.93 \times (t_{w2} - 10)$$

解得:

$$t_{w2} = 23.1 (℃)$$

思 考 题

1. 试举生活和生产实践中传热现象实例,说明导热、热对流、热辐射三种基本传热方式。

2. "热对流"和"对流换热"是否是同一种物理现象?试说明二者的区别。

3. 夏季在维持25℃的室内工作,穿单衣感到舒适,而冬季在保持25℃的室内,却必须穿绒衣才觉舒适,试从传热学观点分析其原因。

4. 试阐述导热系数 λ,对流换热系数 h_c 和传热系数 k 的物理意义。

5. 试写出大平壁导热热阻、对流换热热阻和传热热阻的数学表达式。单位面积的热阻和热阻有何区别?

6. 试推导稳态时平壁传热过程的传热系数 k 的数学表达式。

习 题

1-1 为测定一种材料的导热系数,用该材料做成厚5mm的大平板(长和宽大于厚度的10倍)。在稳定状态下,保持平板两表面间的温差为30℃,并测得通过平板的热流密度为6210W/m²。试确定该材料的导热系数。

1-2 厚 0.1m 的平壁,两侧壁温保持不变,温差为 10℃,如平壁分别由钢、混凝土和硅砖制成,它们的导热系数分别为 $\lambda_1 = 46.4\text{W}/(\text{m} \cdot \text{K})$,$\lambda_2 = 1.28\text{W}/(\text{m} \cdot \text{K})$,$\lambda_3 = 0.12\text{W}/(\text{m} \cdot \text{K})$。试分别求出通过它们的热流密度。

1-3 平壁周围的环境温度为 20℃。壁面敷设厚 30mm 的隔热层。隔热材料的导热系数 0.2W/(m·K),隔热层和平壁接触的表面温度 230℃,而其外表面温度为 40℃。试求稳态情况下隔热层外表面与介质之间的表面传热系数。

1-4 一外径为 0.5m 的管道,暴露在大气中,其表面温度为 50℃,大气温度为 20℃,壁面和大气间的表面传热系数为 10W/(m^2 · K)。试求每米管长的热损失。

1-5 寒冷冬季的夜晚,保温良好的屋顶上结成一层霜,其温度为 −18℃。设霜层具有黑体的辐射能力,试计算此种有霜屋顶每单位面积所发射的辐射能。

1-6 相距甚近,彼此平行的两个黑体表面,若:(1)表面温度分别为 1000K 和 800K;(2)表面温度分别为 400K 和 200K。试求两种情况下的辐射换热量之比。

1-7 太阳的外表面温度为 5500K,且可近似视为黑体。试计算太阳单位时间单位面积向外辐射的热量。

1-8 一根水平放置的外径为 630mm、长 10m 的蒸汽管道,表面温度为 40℃。空气温度为 −10℃,管道与空气之间的对流换热系数为 8W/(m^2 · K),总散热损失为 24kW,求管道与空气之间的折算辐射换热系数。

1-9 平壁两侧与流体间的表面传热系数分别为 $h_1 = 24\text{W}/(\text{m}^2 \cdot \text{K})$ 和 $h_2 = 10\text{W}/(\text{m}^2 \cdot \text{K})$,热冷流体的温度分别为 $t_{f1} = 420\text{K}$ 和 $t_{f2} = 300\text{K}$,平壁厚度 $\delta = 0.25\text{m}$,导热系数 $\lambda = 30\text{W}/(\text{m} \cdot \text{K})$。(1)画出热路图并计算传热系数 k;(2)求热流密度 q;(3)求平壁两侧的壁面温度 t_{w1} 和 t_{w2}。

1-10 平壁的厚度为 10mm,导热系数为 50W/(m·K)。当平壁两侧介质为下列情况时,试比较它们的单位面积的传热热阻 r_k 并试写出从中得到的结论和规律。

(1)$h_1 = 20\text{W}/(\text{m}^2 \cdot \text{K})$,$h_2 = 1000\text{W}/(\text{m}^2 \cdot \text{K})$;

(2)$h_1 = 20\text{W}/(\text{m}^2 \cdot \text{K})$,$h_2 = 10000\text{W}/(\text{m}^2 \cdot \text{K})$;

(3)$h_1 = 200\text{W}/(\text{m}^2 \cdot \text{K})$,$h_2 = 1000\text{W}/(\text{m}^2 \cdot \text{K})$。

1-11 有一导热系数为 0.49W/(m·K),厚 400mm 的砖墙,其内侧表面温度为 30℃,外侧是温度为 5℃ 的空气,假设外表面和内表面的对流换热系数分别为 15W/(m^2 · K) 和 7W/(m^2 · K)。室外侧同时受到太阳辐射,功率为 600W/m^2。设壁面对阳光只吸收 80%,试求通过砖墙的热流密度和室温。

第二章　导热理论基础

本章主要介绍有关导热的基本概念和基本定律,讨论导热问题的数学描述,期望使读者对导热规律有进一步的详细了解和认识。

第一节　基 本 概 念

物体内部或相互接触的物体之间产生导热的起因,在于物体各部分之间具有温度差。导热过程中所进行的热传递,必然与温度在导热体内的分布状况有关。因此,有必要首先介绍有关温度分布的概念。

视频 2 - 1

一、温度场

1. 温度场的定义

一般情况下,热传递系统中各处的温度不一定相同,即使是同一点的温度也可能随时间的推移而改变。也就是说,温度是空间和时间的函数。为了表述这种情况,类似于重力场、速度场,传热学中引入了温度场的概念。

所谓温度场,是指某一瞬时物体的所有点的温度分布的总和。若建立三维的直角坐标系,空间坐标为 x、y、z,时间坐标为 τ,温度场的数学表达式则为

$$t = f(x,y,z,\tau) \tag{2-1}$$

式(2-1)表明了在物体给定点上温度随时间的变化,也给出了在指定的瞬间温度在整个物体中的分布状况。

2. 温度场的分类

温度场按照物体内各点温度是否随时间而变化分为两类:随时间变化的温度场称为非稳态温度场,不随时间变化的温度场称为稳态温度场。

温度场按与几个空间坐标有关进行分类,有三维温度场、二维温度场和一维温度场。

式(2-1)表述的是三维非稳态温度场,下面的式子表述的是一维稳态温度场

$$t = f(x) \tag{2-2}$$

3. 温度场的描述方法

描述温度场最直观的方法就是给出温度场分布的具体函数式,如某二维稳态温度场分布: $t = 5x^2 + 6.25y$。但从实际情况看,稍微复杂一点的温度场都无法给出这种直观明了的描述,只能通过绘图的形式,以图示的方式描述温度场分布。

温度场内同一瞬时会有一些温度相同的点,这些点集合构成某一等温集合。三维连续温度场中此集合为一几何面(平面或曲面),称该几何面为等温面;二维连续温度场中此集合为一曲线(包括直线),称该曲线为等温线。

图 2-1 绘出了长时间稳定运行的输油管线周围土壤的稳态温度场。图中实线表示等温

线,它是场内温度相同的各点连接而成的面与图示截面相交所得的交线。这些等温线类似于地图中的等高线,温度分布一目了然。

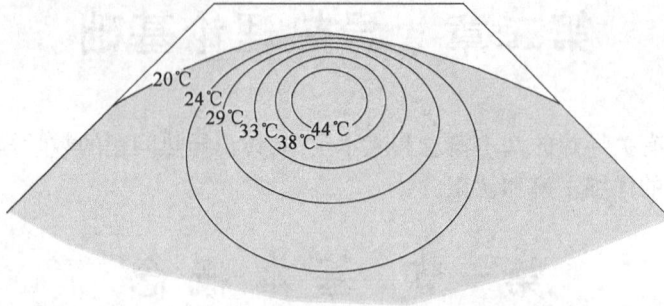

图 2-1 土堤保温输油管线周围土壤的温度场

接下来的章节我们所讨论的温度场假定为均质各向同性介质的连续温度场。所谓的均质各向同性介质,是指介质的物性参数(如导热系数、密度、动力黏度等)的大小与方向无关,在介质各个方向其物性参数的值均匀一致,连续温度场指温度场中相邻点间的温度变化是连续变化的,而非跳跃性的。

显然,温度场内任何一点不可能同时具有不同的温度,因此温度不同的等温面或等温线彼此不会相交。在连续的温度场内,它们也不会中断,只能是自身闭合或终止于物体的边界。在同一等温面(线)上没有温度变化,只有沿着穿过等温面(线)的方向,才能观察到温度变化。等温面(线)的疏密能直观反映温度变化的剧烈程度。

二、温度梯度

考察各向同性介质的温度场,会发现自某等温面出发沿不同方向到达另一等温面时,两等温面间单位距离的温度变化不尽相同。参看图 2-2(a),设微元面积 dA 处于温度为 t 的等温面上,自它出发沿 x 方向与沿法线方向 $\boldsymbol{n}$ 达到另一相邻温度为 $t+\Delta t$ 的等温面所经的距离分别为 Δx 和 Δn。沿法线方向 $\boldsymbol{n}$ 所经距离最短,该方向上单位长度的温度变化比其他方向都大。

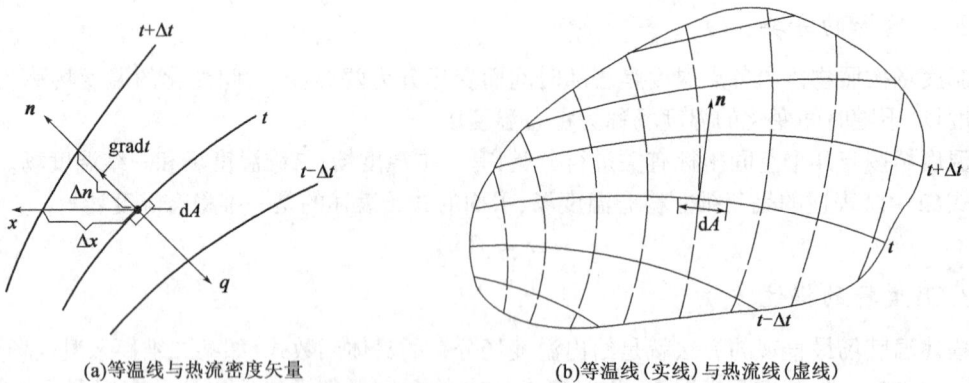

(a)等温线与热流密度矢量   (b)等温线(实线)与热流线(虚线)

图 2-2 等温线、温度梯度和热流线

过微元面积 dA 的最大温度变化率,为其等温面法线方向上的温度增量与法线方向距离比值的极限,定义为 dA 处的温度梯度,即

$$\lim_{\Delta n \to 0}\left[\frac{(t+\Delta t)-t}{\Delta n}\right]\boldsymbol{n} = \lim_{\Delta n \to 0}\frac{\Delta t}{\Delta n}\boldsymbol{n} = \frac{\partial t}{\partial n}\boldsymbol{n}$$

式中　　n ——单位法向向量。

温度梯度常用符号 grad$t$ 表示,于是有

$$\text{grad}t = \frac{\partial t}{\partial n}\boldsymbol{n} \qquad (2-3)$$

温度梯度的数学式之所以要采用偏导数,是因为温度变化率不仅与方向有关,而且与时间有关。它是一个矢量,其方向沿着等温面的法线方向并指向温度增加最大的方向,其大小等于这个方向上的温度变化率。该定义是没有针对任何坐标系的定义,当建立了坐标系后,温度梯度可按坐标系的不同方向进行分解。如在直角坐标系中,它可表示为

$$\text{grad}t = \frac{\partial t}{\partial x}\boldsymbol{i} + \frac{\partial t}{\partial y}\boldsymbol{j} + \frac{\partial t}{\partial z}\boldsymbol{k} \qquad (2-4)$$

鉴于在计算中,通常只需要知道某个确定方向上温度变化率的大小,温度梯度的数学式往往采用标量式,而不用矢量式。因此,对于温度只在 x 方向有变化的一维稳态温度场 $t = f(x)$,温度梯度可表示为 dt/dx。

需要指出的是,温度梯度只是在连续介质物体内可以定义。如果物体中出现裂缝等不连续情况,尽管这种裂缝从表观上看不占有空间,但由于温度场在缝隙界面处不再光滑连续,温度梯度的定义在此处不再适用。

三、热流密度矢量与热流线

热流密度的大小和方向用热流密度矢量表示。根据热力学第二定律,在无外界作用的情况下,热量总是自发地从高温处向低温处传递。因此,热流方向总是与温度梯度的方向相反,朝着温度降落最大的方向。在各向同性介质中,温度场内任一处的温度梯度与热流方向是共线的,即通过等温面的热流线必与该等温面垂直,热流线与等温线垂直正交。

过微元面积 dA 的热流密度矢量表示为

$$\boldsymbol{q} = \frac{\text{d}\varPhi}{\text{d}A}\boldsymbol{n} \qquad (2-5)$$

在直角坐标系中,热流密度矢量也能向坐标三个方向进行分解

$$\boldsymbol{q} = q_x\boldsymbol{i} + q_y\boldsymbol{j} + q_z\boldsymbol{k} \qquad (2-6)$$

代表热流方向的线称为热流线,图 2-2(b)中的虚线为热流线,热流线彼此也不相交,像等温线一样可为直线或曲线。

第二节　导热基本定律和导热系数

一、导热基本定律

对于各向同性介质而言,其内部的导热现象遵循傅里叶定律。傅里叶定律是法国的数学家傅里叶于 1822 年在实验研究的基础上发现的导热的基本定理。该定律指出:当物体进行纯导热时,单位时间内通过垂直于热流方向上的单位面积的热流量与温度梯度成正比。方向与温度梯度方向相反,其标量形式的数学表达式为

$$q = \frac{\mathrm{d}\Phi}{\mathrm{d}A} = -\lambda \cdot \mathrm{grad}t = -\lambda \frac{\partial t}{\partial n} \qquad (2-7)$$

式中　dΦ——单位时间经由面积 dA 传递的热量,称为热流量,W;

　　　dA——导热面积,m²;

　　　q——单位时间经由单位面积传递的热量,称为热流密度,W/m²;

　　　λ——导热系数,是物质的物性参数,表明物质的导热能力,W/(m·K)。

式(2-7)中之所以出现负号,是因为热流密度的方向与温度梯度方向相反,永远指向温度降落最大的方向,为使 q 为正值而取的。

若在直角坐标系下把热流密度写成矢量式,则为

$$\boldsymbol{q} = -\lambda \mathrm{grad}t = -\lambda \frac{\partial t}{\partial n}\boldsymbol{n} = -\lambda \frac{\partial t}{\partial x}\boldsymbol{i} - \lambda \frac{\partial t}{\partial y}\boldsymbol{j} - \lambda \frac{\partial t}{\partial z}\boldsymbol{k}$$

为书写公式方便,特引入算子符号:

那勃勒算子:

$$\nabla = \frac{\partial}{\partial x}\boldsymbol{i} + \frac{\partial}{\partial y}\boldsymbol{j} + \frac{\partial}{\partial z}\boldsymbol{k}$$

拉普拉斯算子:

$$\nabla^2 = \nabla \cdot \nabla = \frac{\partial^2}{\partial x^2} + \frac{\partial^2}{\partial y^2} + \frac{\partial^2}{\partial z^2}$$

则式(2-7)在直角坐标系下可书写为

$$\boldsymbol{q} = -\lambda \cdot \nabla t \qquad (2-8)$$

像温度梯度一样,计算中需要知道的往往是某个方向上的热流密度的大小,据上面的式子与式(2-6)比较可以看出

$$q_x = -\lambda \frac{\partial t}{\partial x}, q_y = -\lambda \frac{\partial t}{\partial y}, q_z = -\lambda \frac{\partial t}{\partial z} \qquad (2-9)$$

式(2-9)分别给出了过连续温度场内每一处沿 x、y、z 方向的热流密度与温度梯度之间的关系,在直角坐标系下热流密度分量均可用它们来计算。

需要指出的是,傅里叶的数学表达式是在丰富的感性知识的基础上,根据大量实验资料概括而得的,它是导热现象的经验规律性总结,适用于均质各向同性介质的纯导热现象,而不管介质呈什么状态。它是解决所有导热问题的基础,是导热的基本定律,稳态的、非稳态的、一维的和多维的温度场都能适用。

二、导热系数

导热系数 λ 是物质固有的一种热物理性质,其定义式可由傅里叶定律式(2-7)给出

$$\lambda = -\frac{q}{\mathrm{grad}t} \qquad (2-10)$$

由式(2-10)可以看出:导热系数 λ 在数值上等于每单位温度梯度作用下物体所传导的热流密度值。数值越大,表明导热性能越好。一般而言,物质三态中固体的导热系数最大,液

体次之,气体最小。图 2 - 3 示出了一些常用材料的导热系数的值以及其随温度变化的关系。

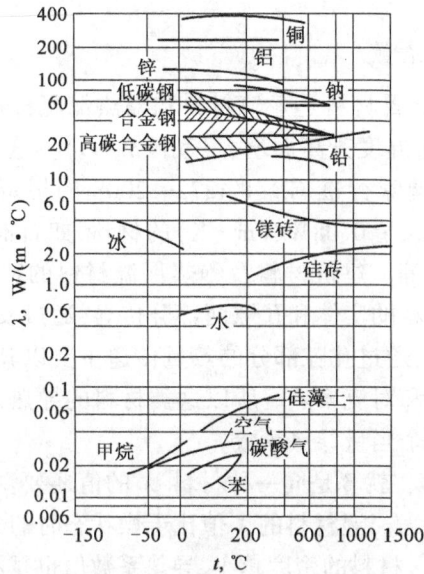

图 2 - 3　导热系数随温度变化关系

物质的导热系数值随物质的种类而异,而且还与物质的结构、密度、湿度、温度、压力等因素有关。下面按相态分别简单介绍不同物质的导热系数。

1. 气体的导热系数

气体的导热系数值在 $0.006 \sim 0.6 W/(m \cdot K)$ 范围内。由于气体的导热实质上是由气体分子的热运动和相互撞碰作用而传递能量的过程,气体的导热系数与其分子量关系密切,分子量越小,λ 值越大,且随温度的升高而增大(动画 2 - 1)。在 10 个大气压力以下,大多数气体的导热系数仅仅是温度的函数,与压力无关。当气体的压力接近临界压力时,气体的导热系数将会发生变化。

2. 液体的导热系数

液体的导热系数在 $0.07 \sim 0.7 W/(m \cdot K)$ 之间。由于液体分子间的距离比非高压气体的小得多,分子的运动主要是弹性振动和布朗运动等多种因素作用,导热能力比气体大,但温度对导热系数的影响则较小。液体的导热系数通常随分子量的增大而减小。20℃ 的饱和水的 $\lambda = 0.6 W/(m \cdot K)$,油类的 $\lambda = 0.12 \sim 0.15 W/(m \cdot K)$。液体中,除水和某些水溶液及甘油等强缔合液体外,绝大多数液体的导热系数随温度的升高而减小,除非接近临界点,压力对液体导热系数无明显影响。

3. 金属的导热系数

金属的导热系数 λ,大致在 $2.2 \sim 480 W/(m \cdot K)$ 的范围内,它与其成分和金相组织有密切关系。纯金属的导热系数较大,例如纯银的 $\lambda = 419 W/(m \cdot K)$。绝大多数金属的导热系数随温度的升高而缓慢减小,这是由于金属的导热主要依靠自由电子,而温度升高时,晶格的振动阻碍了自由电子的运动,以致导热系数下降。既然金属的导热和导电都是依靠自由电子的运动,良导热体一定也是良导电体(动画 2 - 2)。合金金属中渗有少许杂质,因杂质妨

碍了自由电子的运动,其导热系数降低很多。例如,100℃时纯铁的 $\lambda = 72\text{W}/(\text{m}\cdot\text{K})$,铬镍铸铁则只有 $42\text{W}/(\text{m}\cdot\text{K})$。

4. 非金属材料的导热系数

工业上应用最广泛的非金属材料是建筑材料和隔热保温材料。非金属材料的导热主要依靠晶格的振动,导热系数随温度升高而增大(动画2-3)。这一类材料的 λ 值在 $0.025 \sim 3.0\text{W}/(\text{m}\cdot\text{K})$ 之间。根据国家标准 GB/T 4272—2008 的规定,保温材料指在平均温度为 $298\text{K}(25℃)$ 时热导率值应不大于 $0.08\text{W}/(\text{m}\cdot\text{K})$ 的材料,如石棉、泡沫塑料、珍珠岩、蛭石及硅藻土制品等。建筑材料及绝热保温材料的特点是内部具有较多的孔隙。热量通过材料的实体和孔隙两部分传导,通过实体部分是靠固体的导热,在温度不高时,通过孔隙部分的热量传递主要以其中介质的导热为主,还伴随有辐射换热和对流换热。所以这类材料的导热系数为综合考虑其换热特点折算出的一个当量导热系数。

动画2-3

这类材料的 λ 值相差很大,就算是同一种材料,λ 的值还要受温度、湿度和密度等因素的影响,一般随温度的升高而增大。湿材料的 λ 值比干燥状态时的 λ 值高很多(孔隙中有水,水的 λ 值高出空气 $10 \sim 20$ 倍)。材料的密度越小,导热系数值也越小。

考虑到这类材料的特点,在使用过程中尽量注意以下各个方面:

(1)防止潮湿。

(2)防止挤压。这种行为的后果导致孔隙减小,当量导热系数增大。

(3)仅在中低温使用。每种材料的温度一旦超过某个界限会出现脆化、脱落,并且温度比较高的情况下,孔隙中介质的热量传递主要以辐射换热和对流换热为主,介质导热系数小的因素影响已不明显。

另外,各向异性的材料,沿不同方向的导热系数值也不相同。例如,木材顺木纹方向的 λ 值是垂直木纹方向的 $2 \sim 4$ 倍。

总之,物质导热的机理以及影响导热系数的因素都较复杂,现今获得导热系数值的唯一可靠的方法仍是以式(2-8)为基础,通过专门的实验测得。附录中列出了一些常用物质的导热系数值,以供查阅选择。查表时应当注意各种物质导热系数的变化趋势及影响因素各不相同。

5. 导热系数随温度变化的取值方法

(1)值得注意的是各种物质的导热系数都随温度变化,若要求比较高的计算精度,导热系数与温度间的关系可由下式计算

$$\lambda = a_0 + a_1 t + a_2 t^2 + a_3 t^3 + \cdots$$

式中的系数 a_0、a_1、a_2、a_3 等均由实验确定,不同材料的各系数有很大差异,具体材料的各种系数请查阅相关文献。

(2)在一定的温度范围内,大多数工程材料的导热系数可以近似地认为是温度的线性函数,也就是上式取前两位,习惯用下式表示

$$\lambda = \lambda_0(1 + bt) \qquad\qquad (2-11)$$

式中 λ_0——某温度时物质的导热系数,$\text{W}/(\text{m}\cdot\text{K})$;

b——温度系数,$℃^{-1}$;

t——材料的温度,$℃$。

式(2-11)中的λ_0、b均由实验确定。对于气体b为正值;对于金属、大多数的液体b为负值,但有例外,例如对于合金或混有杂质的材料、水和甘油等。

(3)在很多工程计算中,为简化计算,如温度变化不大时,取平均温度时的λ,把它当作常量处理。

6. 导热系数测定

测量导热系数的方法大致分为稳态法和非稳态法(也称瞬态法),稳态法主要包括平板法、护板法、热流计法、热箱法等;非稳态法主要有热线法、加热针探头法、动态热条法、热盘法、热带法、激光法、3ω法等。

稳态法是指使被测材料的两侧温度达到稳定,材料温度不随时间发生变化时测量出两侧温度的值,并测定出通过被测材料的热流量,测量相关尺寸,进而计算导热系数。实验设计最好让温度场分布为一维温度场以使实验数据处理更简单方便。一维稳态温度场傅里叶定律表达式为 $\Phi = -\lambda A \dfrac{\mathrm{d}t}{\mathrm{d}x}$,从而可以根据该式计算导热系数$\lambda$。

稳态法的优点:原理简单易懂,模型清晰,可准确直接计算出导热系数值的大小,并适用于较宽温区的测量。稳态法的缺点:由于要求温度场是一维稳态温度场,首先要达到稳态,对实验环境的要求较高,被测材料进行加热或冷却的时间会比较长。其次要达到一维,要求被测材料的尺寸相对较大,表面要很平整,材料均质各向同性要得到保证,对非垂直于热流方向的侧壁绝热有较高要求,不适合高导热系数材料的测定。

非稳态法是指实验过程中被测材料的温度场会随时间发生变化,通过测定材料中某些特定点的温度变化为基础来确定导热系数,其理论基础是下一节的导热微分方程。

非稳态法的优点:测量时间短,测量导热系数大的材料精确度较高,对环境的要求不高;非稳态法的缺点:测量导热系数小的材料精确度低,材料温差不宜过大。

值得注意的是,固体导热系数的测定与液体、气体有些差异,当在测定热流量大小时,固体大多数情况只需要考虑热传导,而固体和液体却要考虑辐射换热和对流换热的影响,在进行实验设计时应尽可能减少那些不容易测定的参数影响。

第三节　导热微分方程及其定解条件

研究导热问题的关键是建立求解温度分布规律的数学描述。傅里叶定律揭示了连续温度场内每一处上温度梯度与热流密度之间的联系,但未能揭示一个点的温度与它邻近点的温度的联系,也未能揭示这一时刻的温度与下一时刻温度的联系。导热微分方程却可以揭示连续温度场在空间与时间领域内的内在联系。本节从能量守恒定律出发,结合傅里叶定律,推导出表示导热现象基本规律的导热微分方程式。

视频2-3

一、直角坐标系下的导热微分方程

1. 方程推导

如图2-4所示,从某一导热体中分割一微元六面体。该微元体的三条边分别平行于x、y、z轴,边长分别为$\mathrm{d}x$、$\mathrm{d}y$、$\mathrm{d}z$。假定所研究的是均质各向同性连续介质,具有内热源(例如电子元件工作的电阻热,材料凝固、熔化以及化学反应中的放热或吸热等)。

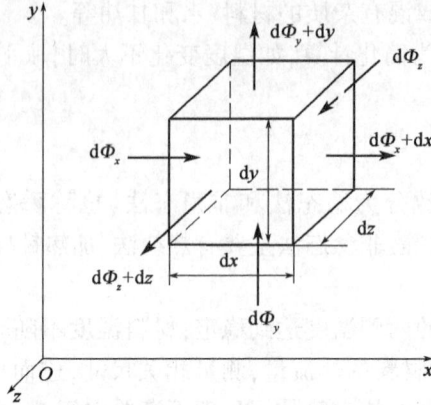

图 2 - 4 直角坐标系下微元体热平衡分析

根据能量守恒定律,单位时间内微元体热平衡的关系式为

导入微元体热量 - 导出微元体热量 + 内热源发热量 = 微元体热力学能变化量

(1)单位时间导入微元体的总热量。应用傅里叶定律,单位时间内沿 x、y、z 方向导入微元体的热量总和为

$$\mathrm{d}\varPhi'_\lambda = \mathrm{d}\varPhi_x + \mathrm{d}\varPhi_y + \mathrm{d}\varPhi_z = q_x\mathrm{d}y\mathrm{d}z + q_y\mathrm{d}x\mathrm{d}z + q_z\mathrm{d}x\mathrm{d}y$$

$$= -\lambda\frac{\partial t}{\partial x}\mathrm{d}y\mathrm{d}z - \lambda\frac{\partial t}{\partial y}\mathrm{d}x\mathrm{d}z - \lambda\frac{\partial t}{\partial z}\mathrm{d}x\mathrm{d}y \qquad (2-12)$$

在单位时间内,导出微元体的热量总和为

$$\mathrm{d}\varPhi''_\lambda = \mathrm{d}\varPhi_{x+\mathrm{d}x} + \mathrm{d}\varPhi_{y+\mathrm{d}y} + \mathrm{d}\varPhi_{z+\mathrm{d}z}$$

$$= \left(q_x + \frac{\partial q_x}{\partial x}\mathrm{d}x\right)\mathrm{d}y\mathrm{d}z + \left(q_y + \frac{\partial q_y}{\partial y}\mathrm{d}y\right)\mathrm{d}x\mathrm{d}z + \left(q_z + \frac{\partial q_z}{\partial z}\mathrm{d}z\right)\mathrm{d}x\mathrm{d}y$$

由于导热的结果,微元体净得热量为以上两者之差,即

$$\mathrm{d}\varPhi_\lambda = \mathrm{d}\varPhi'_\lambda - \mathrm{d}\varPhi''_\lambda = -\left(\frac{\partial q_x}{\partial x} + \frac{\partial q_y}{\partial y} + \frac{\partial q_z}{\partial z}\right)\mathrm{d}x\mathrm{d}y\mathrm{d}z$$

$$= \left[\frac{\partial}{\partial x}\left(\lambda\frac{\partial t}{\partial x}\right) + \frac{\partial}{\partial y}\left(\lambda\frac{\partial t}{\partial y}\right) + \frac{\partial}{\partial z}\left(\lambda\frac{\partial t}{\partial z}\right)\right]\mathrm{d}x\mathrm{d}y\mathrm{d}z \qquad (2-13)$$

(2)单位时间微元体内热源发热量。若微元体存在一个按体积均匀分布的内热源,该内热源在单位时间单位体积所发出的热量为 $\dot{\varPhi}$(单位为 $\mathrm{W/m^3}$),称为内热源发热强度,则单位时间内微元体内热源发热量为

$$\mathrm{d}\varPhi_V = \dot{\varPhi}\mathrm{d}x\mathrm{d}y\mathrm{d}z \qquad (2-14)$$

(3)当物质的密度为 ρ,比热容为 c 时,单位时间内微元体热力学能的变化量为

$$\mathrm{d}U = \rho \cdot \mathrm{d}x\mathrm{d}y\mathrm{d}z \cdot c\frac{\partial t}{\partial \tau} \qquad (2-15)$$

将式(2 - 13)、式(2 - 14)和式(2 - 15)代入热平衡关系式中,整理后可得

$$\rho c\frac{\partial t}{\partial \tau} = \left[\frac{\partial}{\partial x}\left(\lambda\frac{\partial t}{\partial x}\right) + \frac{\partial}{\partial y}\left(\lambda\frac{\partial t}{\partial y}\right) + \frac{\partial}{\partial z}\left(\lambda\frac{\partial t}{\partial z}\right)\right] + \dot{\varPhi} \qquad (2-16)$$

式(2 - 16)称为直角坐标下三维非稳态有内热源的导热微分方程,它给出了导热体内的温度随时间、空间坐标变化的函数关系,是求解导热问题的基本方程式。

2. 方程的简化

对于具体的导热问题,式(2-16)中的某几项可能为零或小到可以忽略,或有些物性参数可视为常数,从而可以使导热微分方程式得到相应的简化。

(1)当导热系数 λ 为定值时,导热微分方程(2-16)可简化为

$$\rho c \frac{\partial t}{\partial \tau} = \lambda \left(\frac{\partial^2 t}{\partial x^2} + \frac{\partial^2 t}{\partial y^2} + \frac{\partial^2 t}{\partial z^2} \right) + \dot{\Phi}$$

$$\rho c \frac{\partial t}{\partial \tau} = \lambda \nabla^2 t + \dot{\Phi} \tag{2-17}$$

在此定义 $a = \dfrac{\lambda}{\rho c}$,称为热扩散率或导温系数,单位为 m^2/s。因为 λ、ρ、c 都是物质的物性参数,故热扩散率也是物性参数。物质不同,热扩散率的值也不同。它是非稳态导热过程中的一个重要物理量。如以物体受热升温的情况为例,热扩散率的物理意义为:在物体受热升温的非稳态导热过程中,进入物体的热量沿途不断地被吸收而使当地温度升高。按 a 的定义式可知,式中分子 λ 为物体的导热系数,λ 越大,在相同的温度梯度下可以传导更多的热量;式中分母 ρc 则是单位体积的物体温度升高1℃所需的热量,ρc 越小,温度升高1℃所吸收的热量越少,可以有更多的热量继续向物质内部传递。据此,热扩散率反映了热量在物体中传播或扩散的速度快慢,或者说表征了物体热量扩散能力的强弱以及物体各部分温度趋于一致的能力大小。热扩散率大的材料,热量扩散能力强,物体各部分温度趋于一致的能力强。

引入热扩散率 a 的定义以后,式(2-17)可改写为

$$\frac{\partial t}{\partial \tau} = a \left(\frac{\partial^2 t}{\partial x^2} + \frac{\partial^2 t}{\partial y^2} + \frac{\partial^2 t}{\partial z^2} \right) + \frac{\dot{\Phi}}{\rho c}$$

$$\frac{\partial t}{\partial \tau} = a \nabla^2 t + \frac{\dot{\Phi}}{\rho c} \tag{2-18}$$

(2)导热系数 λ 为定值,导热体不存在内热源时($\dot{\Phi} = 0$),式(2-18)就可简化为

$$\frac{\partial t}{\partial \tau} = a \left(\frac{\partial^2 t}{\partial x^2} + \frac{\partial^2 t}{\partial y^2} + \frac{\partial^2 t}{\partial z^2} \right)$$

$$\frac{\partial t}{\partial \tau} = a \nabla^2 t \tag{2-19}$$

(3)对于导热系数 λ 为定值、无内热源的稳态温度场($\dfrac{\partial t}{\partial \tau} = 0$),式(2-18)就简化为

$$\frac{\partial^2 t}{\partial x^2} + \frac{\partial^2 t}{\partial y^2} + \frac{\partial^2 t}{\partial z^2} = 0$$

$$\nabla^2 t = 0 \tag{2-20}$$

式(2-20)是研究稳态温度场和稳态导热问题最基本的方程式,通常称为拉普拉斯导热微分方程。该式表明了导热微分方程式的主要特点,今后我们主要应用它来分析解答一些导热问题。

(4)对导热系数 λ 为定值、无内热源的稳态温度场,如果还是二维温度场($\dfrac{\partial^2 t}{\partial z^2} = 0$),式(2-18)就简化为

$$\frac{\partial^2 t}{\partial x^2} + \frac{\partial^2 t}{\partial y^2} = 0 \qquad (2-21)$$

最简单的情况是导热系数为常数的一维稳态无内热源的温度场,其导热微分方程是

$$\frac{\mathrm{d}^2 t}{\mathrm{d}x^2} = 0 \qquad (2-22)$$

总之,对导热微分方程式(2-17)的简化主要从 4 个方面进行:导热系数是否为常数、是几维温度场、是否稳态温度场、是否存在内热源,故存在多种多样的组合情况,请读者自行思考。

[例题 2-1] 二维导热体内某时刻的温度分布为:$t(x,y) = 2x^2 + y^2$(温度单位为℃),导热体无内热源,物性均为常数。试问:(1)该导热过程为稳态导热还是非稳态导热?(2)若在同一时刻某处的温升速率为 3.6℃/h,试计算材料的热扩散系数。

解:(1)已知该时刻的温度分布为

$$t(x,y) = 2x^2 + y^2$$

可得到

$$\frac{\partial t}{\partial x} = 4x , \frac{\partial^2 t}{\partial x^2} = 4$$

$$\frac{\partial t}{\partial y} = 2y , \frac{\partial^2 t}{\partial y^2} = 2$$

在二维、无内热源和常物性条件下,导热微分方程(2-18)可以简化为

$$\frac{1}{a}\frac{\partial t}{\partial \tau} = \frac{\partial^2 t}{\partial x^2} + \frac{\partial^2 t}{\partial y^2}$$

$$\frac{1}{a}\frac{\partial t}{\partial \tau} = \frac{\partial^2 t}{\partial x^2} + \frac{\partial^2 t}{\partial y^2} = 6 \neq 0$$

由此判断该导热过程为非稳态导热过程。

(2)由上式知

$$a = \frac{\dfrac{\partial t}{\partial \tau}}{\dfrac{\partial^2 t}{\partial x^2} + \dfrac{\partial^2 t}{\partial y^2}} = \frac{\left(\dfrac{3.6}{3600}\right)}{6} = 1.67 \times 10^{-4} (\mathrm{m^2/s})$$

由此可知该材料的热扩散系数为 $1.67 \times 10^{-4} \mathrm{m^2/s}$。

二、其他坐标系下的导热微分方程

上面我们推导了直角坐标系的导热微分方程。实际上,有些问题采用圆柱坐标系或球坐标系会更加方便一些。它们的导热微分方程式可以采用类似于直角坐标系的推导方法进行推导,也可以采用坐标变换得到方程的具体形式。

圆柱坐标系微元体的导热,如图 2-5(a)所示,其导热系数为常数、具有内热源的三维非稳态导热微分方程式为

$$\frac{\partial t}{\partial \tau} = a\left(\frac{\partial^2 t}{\partial r^2} + \frac{1}{r}\frac{\partial t}{\partial r} + \frac{1}{r^2}\frac{\partial^2 t}{\partial \varphi^2} + \frac{\partial^2 t}{\partial z^2}\right) + \frac{\dot{\varPhi}}{\rho c} \qquad (2-23)$$

如果导热体不存在内热源,并为一维稳态径向导热,式(2-23)可简化为

$$\frac{d^2 t}{dr^2} + \frac{1}{r}\frac{dt}{dr} = 0$$

其等价形式为

$$\frac{d}{dr}\left(r\frac{dt}{dr}\right) = 0 \qquad (2-24)$$

球坐标系微元体的导热如图2-5(b)所示,导热系数为常数、具有内热源的三维非稳态导热微分方程式为

$$\frac{\partial t}{\partial \tau} = a\left[\frac{1}{r}\frac{\partial^2(rt)}{\partial r^2} + \frac{1}{r^2\sin\theta}\frac{\partial}{\partial\theta}\left(\sin\theta\frac{\partial t}{\partial\theta}\right) + \frac{1}{r^2\sin^2\theta}\frac{\partial^2 t}{\partial\varphi^2}\right] + \frac{\dot{\Phi}}{\rho c} \qquad (2-25)$$

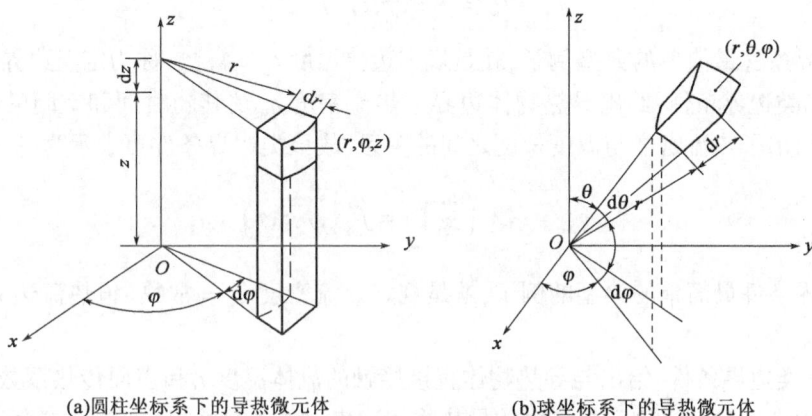

(a)圆柱坐标系下的导热微元体   (b)球坐标系下的导热微元体

图2-5   圆柱坐标系和球坐标系下的导热微元体

三、定解条件

建立在能量守恒原则和傅里叶定律基础上的导热微分方程,是导热物体内温度场的一般描述,它本身不能给出具体的温度场,求出的解是一个通解而不是特解。或者说,仅有它并不能解决各种特定条件下物体内具体的导热现象。欲解决温度场分布,不仅需要导热微分方程本身,还需要有让方程能够求解并且求出的解为特解的条件,即定解条件,也称单值性条件。

求解导热微分方程的定解条件包括几何条件、物理条件、初始条件、边界条件。

1.几何条件

几何条件指明导热体的几何形状、尺寸大小和相对位置。

2.物理条件

物理条件给定导热体的物性参数(如密度ρ、比热容c、导热系数λ)和内热源的发热强度。

3.初始条件

初始条件也称时间条件,指导热现象开始时物体内的温度分布。该条件作用于非稳态温度场,给出的是开始时刻物体的温度分布:

$$t\big|_{\tau=0} = f(x,y,z) \qquad (2-26)$$

对于稳态温度场,由于温度与时间无关,故不需要该条件。

4. 边界条件

边界条件给定周围介质与所研究的物体表面间的交互作用情况。通常,研究某一导热现象,总是针对具有一定几何形状、尺寸和一定物理特征的物体进行的,也就是说,几何条件和物理条件已为研究对象本身所确定。定解条件主要是给出初始条件和边界条件两项。对于稳态导热,初始条件没有意义,此时,使导热微分方程获得特解的关键就是边界条件这一项了。

从实际传热过程来看,物质表面即边界上的热状况,或者是与另一固体相接触而进行导热,或者是与周围介质进行对流换热或辐射换热等等。求解导热微分方程问题的边界条件可归纳为下面三类:

(1)第一类边界条件,给出导热物体边界上的温度 t_w 及其随时间和空间的变化:

$$t_w = f(x, y, z, \tau) \tag{2-27}$$

此类边界条件最简单的典型例子,就是规定边界温度 t_w = 常数,称为定温边界。

(2)第二类边界条件,给出导热物体边界上热流密度 q_w 及其随时间和空间的变化。因为傅里叶定律给出了热流密度与温度梯度之间的关系,故该类边界条件可表示为

$$q_w = -\lambda \left(\frac{\partial t}{\partial n} \right)_w = f(x, y, z, \tau) \tag{2-28}$$

此类边界条件最简单的典型的例子,就是规定热流密度 q_w = 常数(恒热流边界)或 $q_w = 0$(绝热边界)。

(3)第三类边界条件,给出与导热物体直接接触的流体温度 t_f 和表面传热系数 h。此类边界条件专门用来描写与流体直接接触的导热物体边界上的换热特点,其数学式为

$$-\lambda \left(\frac{\partial t}{\partial n} \right)_w = h(t_w - t_f) \tag{2-29}$$

式中,h 及 t_w、t_f 均可为时间的函数,在此条件中 t_w 是未知的。

需提醒注意的是:式(2-28)、式(2-29)中的温度梯度在建立了坐标系后需向相应方向进行分解。比如某边界条件写作以下形式:

$$-\lambda \frac{\partial t}{\partial x} \bigg|_{x=a} = h(t_w |_{x=a} - t_f)$$

该边界条件表达的意思是:在直角坐标系坐标 $x = a$ 的边界面处,导热体与温度为 t_f 的流体进行表面传热,向其放出热量(故 t_f 在后),构成第三类边界条件。$\frac{\partial t}{\partial x} \big|_{x=a}$ 表示沿 x 方向的温度梯度,并在求导之后令式中的 $x = a$;$t_w |_{x=a}$ 表示 $x = a$ 的边界面上的温度,是一个未知参数,可能是一个未知的常数,也可能是一个未知的函数。

综上所述,可以看出:傅里叶导热定律描述了导热物体内部温度梯度和热流密度之间的联系;导热微分方程则描述了导热物体内部温度随时间和空间变化的一般关系。因此,可以认为,导热基本定律和导热微分方程是从不同方面对物体导热过程的特点作了定量数学描写。

研究导热问题的主要任务,就是要求得处在热(冷)环境下导热物体内部温度分布和热流密度分布的具体数值或形式。应用导热微分方程可以得到温度分布,由傅里叶定律可以得到热流密度,可见导热微分方程式和傅里叶定律在导热问题的求解中都起着非常重要的作用。

一般说来,两者相辅相成,各起各的作用,缺一不可。

需要指出的是,对于简单的一维稳态导热问题,由于 $q =$ 常数,在没有内热源的情况下,只利用傅里叶导热定律式就可完成求解任务。然而,更为普遍和通用的,则是先利用导热微分方程求得温度分布,进而利用傅里叶定律求得热流密度或热流量。

思 考 题

1. 不同温度的等温面(线)为什么不能相交? 热流线为什么与等温线垂直?

2. 温度梯度矢量和热流密度矢量的关系是什么?

3. 傅里叶定律的适用范围是什么? 它对三维非稳态温度场适用吗?

4. 试阐述气体、液体、金属固体、非金属固体的导热机理。

5. 用稳态法测定材料的导热系数,夹层中材料分别为固体(不能透过辐射能、无对流换热)、液体(不能透过辐射能)、气体(能透过辐射能),如图 2 – 6 那么进行实验设计时以下(a)(b)两种装置应如何进行选择?

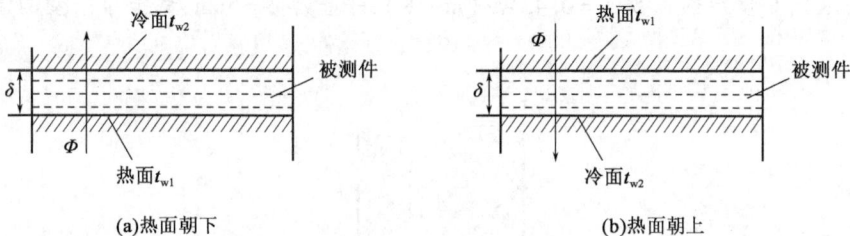

(a)热面朝下   (b)热面朝上

图 2 – 6 思考题 5 附图

6. 推导导热微分方程式的理论依据主要是哪两个?

7. 常物性无内热源稳态导热的导热微分方程式为拉普拉斯方程

$$\frac{\partial^2 t}{\partial x^2} + \frac{\partial^2 t}{\partial y^2} + \frac{\partial^2 t}{\partial z^2} = 0$$

式中没有导热系数 λ,所以有人认为以上情况的温度分布一定与导热系数无关。你同意这种看法吗?

8. 导热体中的定温线与绝热边界的位置关系如何?

9. 冬天房顶上结霜的房屋保暖性能好,还是不结霜的好?

10. 如果 λ 不为定值,那么直角坐标下二维稳态导热微分方程式是什么形式? 一维稳态无内源的形式又是什么?

11. 求解导热微分方程式的定解条件包括有哪些?

12. 求解导热问题的边界条件有哪三类?

13. 两个处于常温下、温度相同而导温系数不同的物体,用手触及它们时,有何感觉,为什么?

习　题

2-1　试分别由傅里叶定律和球坐标导热微分方程推导常物性、无内热源空心球壁的稳态导热计算式。

2-2　写出无限长的长方柱体$(0 \leqslant x \leqslant a, 0 \leqslant y \leqslant b)$二维稳态导热问题完整的数学描述。长方柱体的导热系数为常数；内热源强度$\dot{\Phi}$；在$x=0$处的表面绝热，$x=a$处表面吸收外界温度为t_f的流体的热量，$y=0$处的表面保持恒定温度t_{w0}，$y=b$的表面对温度5℃的流体放出热量。

2-3　已知一平壁如附图所示，在x方向进行一维稳态导热，且无内热源，假设左壁面温度$t_{w1}=100℃$，右壁面温度$t_{w2}=40℃$，平壁导热系数$\lambda=0.5 W/(m \cdot K)$，平壁厚$\delta=4 cm$，试推导平壁的温度场分布表达式。

2-4　一平壁情况类似图2-7，在x方向进行一维稳态导热，且无内热源，左壁面温$t_{w1}=120℃$，不同的是右侧壁面与周围的空气进行表面传热，空气温度$t_f=20℃$，表面传热系数为$20 W/(m^2 \cdot K)$，平壁导热系数$\lambda=0.45 W/(m \cdot K)$，平壁厚$\delta=5 cm$，试推导平壁的温度场分布表达式。

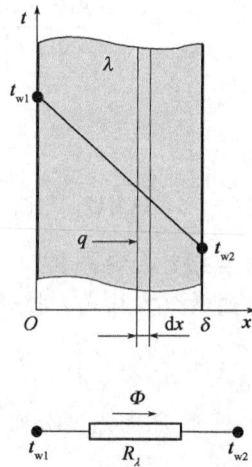

图2-7　习题2-3附图

2-5　设$\lambda(t)=\lambda_0 t^2$，边界条件为$x=0$时$t=t_{w1}$，$x=\delta$时$t=t_{w2}$，试求一维稳态导热无内热源厚度为δ的平壁内的温度分布和热流密度。

第三章　导热的分析计算

第一节　平壁的一维稳态导热

视频 3 – 1

所有导热问题中,最基本、最简单的是长度和宽度比厚度大得多的、两表面保持均一温度的大平壁导热。在大平壁中,由于沿长度和宽度两个方向传递的导热量,与沿厚度方向的导热量相比,可忽略不计,可以认为热量只沿厚度方向传递,温度仅沿厚度方向发生变化,因此常把大平壁导热视为一维导热。工程计算中,当平壁的长度和宽度超过厚度的 10 倍时,作为一维导热处理,误差不大于 1%。

一、单层大平壁的稳态导热

1. 平壁导热系数为常数,无内热源

现考察如图 3 – 1 所示的通过单层大平壁的导热。单一坐标轴的方向同壁面垂直,以 x 表示。设该大平壁的厚度为 δ,垂直于厚度方向 x 轴的面积为 A,导热系数 λ 为定值,无内热源,两侧表面分别保持均一温度 t_{w1} 和 t_{w2},且 $t_{w1} > t_{w2}$。

因无内热源,又是常物性一维稳态导热,导热微分方程式简化为

$$\frac{\mathrm{d}^2 t}{\mathrm{d}x^2} = 0 \qquad\qquad (a)$$

积分两次,得其通解为

$$t = c_1 x + c_2 \qquad\qquad (b)$$

积分常数 c_1 和 c_2 由给定的边界条件确定。已知边界条件为:$x = 0$ 时,$t = t_{w1}$;$x = \delta$ 时,$t = t_{w2}$。

代入式(b),解得

图 3 – 1　单层大平壁的一维稳态导热

$$c_2 = t_{w1} \qquad\qquad (c)$$

$$c_1 = \frac{t_{w2} - t_{w1}}{\delta} \qquad\qquad (d)$$

将求得的 c_1 和 c_2 再代入式(b),得到如下的温度分布式:

$$t = \frac{t_{w2} - t_{w1}}{\delta} x + t_{w1} \qquad\qquad (3-1)$$

由式(3 – 1)可以看出:在常物性无内热源一维稳态条件下的单层平壁导热中,温度分布的表达式是一个一次线性方程,壁内温度与 x 成线性关系,壁内与 x 轴垂直的每一个平面都是等温面。

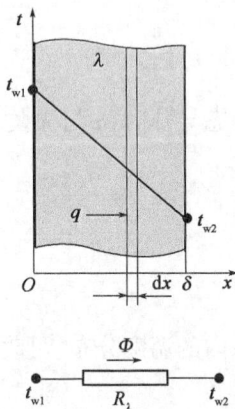

已知温度分布后,可由傅里叶定律求得通过平壁的导热量。对于一维稳态导热,傅里叶定律表达式为

$$q = -\lambda \frac{dt}{dx}$$

式中温度梯度由式(3-1)求导解得

$$\frac{dt}{dx} = \frac{t_{w2} - t_{w1}}{\delta}$$

故

$$q = -\lambda \frac{dt}{dx} = \lambda \frac{t_{w1} - t_{w2}}{\delta} = \frac{t_{w1} - t_{w2}}{\frac{\delta}{\lambda}} = \frac{\Delta t}{r_\lambda} \tag{3-2}$$

$$\varPhi = q \cdot A = \lambda A \frac{t_{w1} - t_{w2}}{\delta} = \frac{t_{w1} - t_{w2}}{\frac{\delta}{\lambda A}} = \frac{\Delta t}{R_\lambda} \tag{3-3}$$

以上的平壁温度分布也可以直接用傅里叶定律推导得出。下面通过例题3-1详细解析推导过程。

[**例题3-1**] 试以傅里叶导热定律式,在两侧为定温边界的情况下,导出单层平壁中一维稳态导热的温度分布和热流密度的计算公式。

解: 如图3-1所示,在壁内取厚 dx 的薄层,由傅里叶导热定律式可得导过该薄层的热流密度为

$$q = -\lambda \frac{dt}{dx}$$

常物性稳态导热时, q 与 λ 均为定值,对上式分离变量并积分,得

$$\int_0^\delta q dx = \int_{t_{w1}}^{t_{w2}} -\lambda dt \tag{a}$$

$$q = \lambda \frac{t_{w1} - t_{w2}}{\delta} = \frac{t_{w1} - t_{w2}}{\frac{\delta}{\lambda}} = \frac{\Delta t}{r_\lambda} \tag{b}$$

为求得壁内的温度分布,可改变式(a)的积分限,从 $x=0$ 积分到 $x=x$,对应温度 $t=t_{w1}$ 到 $t=t$:

$$\int_0^x q dx = \int_{t_{w1}}^t -\lambda dt$$

$$t = t_{w1} - \frac{qx}{\lambda}$$

将式(b)带入,即可得到

$$t = \frac{t_{w2} - t_{w1}}{\delta} \cdot x + t_{w1}$$

需要说明的是,虽然可以直接采用傅里叶定律推导出温度分布和热流密度的计算公式,但这只能针对简单的导热问题及简单的边界条件,复杂的导热问题还是需要借助导热微分方程求解。

上述分析过程讨论的是平壁为第一类边界条件(已知平壁两侧的壁面温度)时的一维稳态导热问题,那对于第二类边界条件(已知某边界面的热流密度),该如何求解其导热问题呢?下面通过例题3-2演示求解过程。

[**例题 3 - 2**]   如图 3 - 2 所示,某电子元件的散热板,厚 5mm,左侧温度 $t_{w1} = 50℃$,右侧与外界的热流密度 $q = 2000W/m^2$。散热板导热系数 $\lambda = 100W/(m \cdot K)$。求稳态导热时散热板内的温度分布及右侧壁温。

解:根据题目条件,该题可简化为左侧为第一类边界条件、右侧为第二类边界条件的平壁一维稳态导热。建立如图 3 - 2 所示的坐标系,平壁一维、稳态、无内热源的导热微分方程式为

$$\frac{d^2t}{dx^2} = 0 \qquad\qquad (a)$$

边界条件为

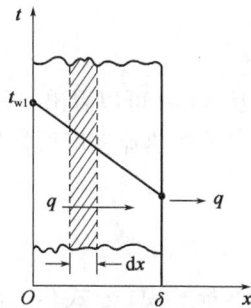

图 3 - 2   例题 3 - 2 图

$$t\big|_{x=0} = 50$$

$$q\big|_{x=\delta} = -\lambda\frac{dt}{dx}\bigg|_{x=\delta} = 2000$$

对式(a)积分两次,得到

$$t = c_1 x + c_2 \qquad\qquad (b)$$

其中,积分常数 c_1 和 c_2,由两个边界条件确定:

$$50 = c_1 \times 0 + c_2$$

$$q\big|_{x=\delta} = 2000 = -\lambda\frac{dt}{dx}\bigg|_{x=\delta} = -100 \times c_1$$

可得

$$c_1 = -20, c_2 = 50$$

将积分常数代入式(b),得平壁内的温度分布为

$$t = -20x + 50$$

右侧壁面温度为

$$t\big|_{x=\delta} = -20 \times 0.005 + 50 = 49.9（℃）$$

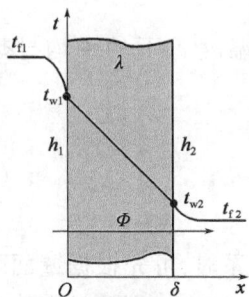

图 3 - 3   平壁两侧为第三类边界条件

下面我们讨论平壁的导热问题中第三类边界条件的情况。如图 3 - 3 所示,平壁的导热系数为 λ（常数）,厚度为 δ。平壁左、右两侧分别与温度为 t_{f1} 和 t_{f2}（$t_{f1} > t_{f2}$）的流体进行表面传热,表面传热系数分别为 h_1 和 h_2。很显然,该问题的导热微分方程仍然是平壁的一维、稳态、无内热源的导热微分方程,即 $\frac{d^2t}{dx^2} = 0$,其通解为

$$t = c_1 x + c_2 \qquad\qquad (a)$$

该导热问题的边界条件为

$$-\lambda\frac{dt}{dx}\bigg|_{x=0} = h_1(t_{f1} - t\big|_{x=0}) \qquad\qquad (b)$$

$$-\lambda\frac{dt}{dx}\bigg|_{x=\delta} = h_2(t\big|_{x=\delta} - t_{f2}) \qquad\qquad (c)$$

将(b)、(c)代入通解(a)中,求解出两个积分常数后,可得到第三类边界条件下平壁内的温度分布为

$$t = t_{f1} + \frac{t_{f2} - t_{f1}}{\frac{1}{h_1} + \frac{\delta}{\lambda} + \frac{1}{h_2}}\left(\frac{1}{h_1} + \frac{x}{\lambda}\right) \tag{d}$$

从式(d)可以看出,平壁内的温度仍为线性分布。

平壁的热流密度可根据傅里叶定律得到

$$q = -\lambda \frac{\mathrm{d}t}{\mathrm{d}x} = \frac{t_{f1} - t_{f2}}{\frac{1}{h_1} + \frac{\delta}{\lambda} + \frac{1}{h_2}} \tag{e}$$

不难发现,公式(e)正是我们在第一章讨论过的通过单层平壁传热过程的计算公式(1-18),而当平壁两侧均为第三类边界条件时(两侧流体温度有温差),就是典型的平壁传热过程。

2. 平壁导热系数不为常数,无内热源

上述分析都把导热系数 λ 作为定值处理,但实际上导热系数并不是定值。当温度沿导热方向变化时,λ 值也随之改变。温差变化范围比较小时,工程上有时采用式(2-11)表示 λ 值与温度 t 之间的关系,即温度为 t 时的 λ 值为

$$\lambda = \lambda_0 (1 + bt)$$

式中,λ_0 为常数;b 为与材料性质有关的温度系数,$\mathrm{℃}^{-1}$,b 可正可负,由实验测定。

若两侧壁温分别为 t_{w1} 和 t_{w2},并已知 $\lambda = \lambda_0(1 + bt)$,则平壁内的温度 t 将不再与 x 成线性关系,式(3-2)也将不再成立。此时利用傅里叶导热定律有

$$q = -\lambda \frac{\mathrm{d}t}{\mathrm{d}x} = -\lambda_0(1 + bt)\frac{\mathrm{d}t}{\mathrm{d}x}$$

分离变量并进行积分,有

$$\int_0^\delta q\mathrm{d}x = \int_{t_{w1}}^{t_{w2}} -\lambda_0(1 + bt)\mathrm{d}t$$

$$q\delta = -\lambda_0\left[(t_{w2} - t_{w1}) + \frac{b}{2}(t_{w2}^2 - t_{w1}^2)\right] = \lambda_0\left(1 + b \times \frac{t_{w1} + t_{w2}}{2}\right)(t_{w1} - t_{w2})$$

设 $t_m = \frac{t_{w1} + t_{w2}}{2}$,则 $\lambda_0\left(1 + b \times \frac{t_{w1} + t_{w2}}{2}\right)$ 实质上就是平均温度 t_m 下的平均导热系数 $\lambda_m = \lambda_0(1 + bt_m)$,这样上面的热流密度计算式可表示为

$$q = \frac{t_{w1} - t_{w2}}{\frac{\delta}{\lambda_m}} \tag{3-4}$$

上式和式(3-2)具有类似的形式。当 λ 与 t 的关系是线性关系时,可先根据壁面两侧的温度 t_{w1} 和 t_{w2} 计算平均温度 t_m,然后计算 λ_m,最后用 λ_m 替换式(3-2)的 λ 即可计算热流密度 q,但是式(3-1)的结论已不再适用。下面讨论这种情况平壁内的温度分布。

将上述积分表达式 $\int_0^\delta q\mathrm{d}x = \int_{t_{w1}}^{t_{w2}} -\lambda_0(1 + bt)\mathrm{d}t$ 中的积分上限改为变量,即

$$\int_0^x q\mathrm{d}x = \int_{t_{w1}}^t -\lambda_0(1 + bt)\mathrm{d}t$$

同时将式(3-4)代入上式,积分后整理可得温度分布函数:

$$t + \frac{1}{2}bt^2 = -\frac{1}{\delta}(t_{w1} - t_{w2})\left[1 + \frac{1}{2}b(t_{w1} + t_{w2})\right]x + t_{w1} + \frac{1}{2}bt_{w1}^2 \tag{3-5}$$

上式表明,此时平壁内的温度分布是二次抛物线。

根据傅里叶定律:

$$q = -\lambda \frac{\mathrm{d}t}{\mathrm{d}x} = -\lambda_0(1+bt)\frac{\mathrm{d}t}{\mathrm{d}x}$$

$$\frac{\mathrm{d}t}{\mathrm{d}x} = -\frac{q}{\lambda_0(1+bt)}$$

如图 3-4 所示,当 $b>0$, $\frac{\mathrm{d}t}{\mathrm{d}x}$ 的绝对值随温度的降低而增大,温度曲线向上弯曲;当 $b<0$,则正好相反;当 $b=0$ 时,即导热系数 λ 为常数,壁内的温度分布为直线。

3. 平壁导热系数为常数,有内热源

工程中经常会遇到具有内热源的导热问题,如钻井过程中钻头与地层的摩擦生热,固井过程中水泥的固化过程或混凝土墙壁的凝固过程都是放热过程,有化学反应的导热体,核反应堆燃料的放热过程,导线通电发热,电子元件发热等等。如图 3-5 所示,一大平壁两侧表面温度分别为 t_{w1}、t_{w2},并保持均匀恒定,平壁的导热系数为 λ(常数),厚度为 δ。平壁内具有均匀分布的内热源,强度为 $\dot{\Phi}$。此时平壁一维、稳态、有内热源的导热微分方程式为

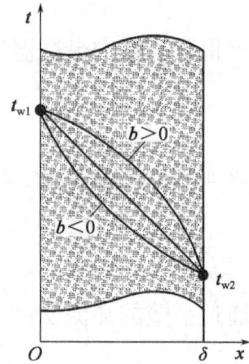

图 3-4 热导率随温度线性
变化时平壁内的温度分布

$$\frac{\mathrm{d}^2 t}{\mathrm{d}x^2} + \frac{\dot{\Phi}}{\lambda} = 0 \qquad (\text{a})$$

边界条件为第一类边界条件:

$$x = 0, \quad t = t_{w1}$$
$$x = \delta, \quad t = t_{w2}$$

对微分方程式(a)进行积分,得

$$\frac{\mathrm{d}t}{\mathrm{d}x} = -\frac{\dot{\Phi}}{\lambda}x + c_1$$

$$t = -\frac{\dot{\Phi}}{2\lambda}x^2 + c_1 x + c_2 \qquad (\text{b})$$

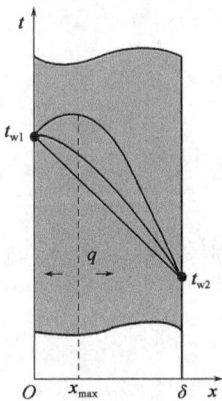

图 3-5 有内热源的平壁温度分布

将边界条件代入式(b),可求得积分常数:

$$c_2 = t_{w1}$$

$$c_1 = -\frac{t_{w1} - t_{w2}}{\delta} + \frac{\dot{\Phi}\delta}{2\lambda}$$

将 c_1、c_2 代入式(b),得壁内的温度分布为

$$t = -\frac{\dot{\Phi}}{2\lambda}x^2 - \left(\frac{t_{w1} - t_{w2}}{\delta} - \frac{\dot{\Phi}\delta}{2\lambda}\right)x + t_{w1} \qquad (3-6)$$

由此可见,壁内的温度分布为二次曲线分布。当 $\dot{\Phi}>0$ 时,温度分布曲线向上弯曲,并且 $\dot{\Phi}$ 越大,弯曲得越厉害。利用式(3-6)可求出平壁内的最高温度及其位置。对上式求导,令导数为零:

$$\left.\frac{\mathrm{d}t}{\mathrm{d}x}\right|_{x=x_{\max}} = 0$$

可得到平壁内最高温度所对应的位置:

$$x_{\max} = \frac{\delta}{2} - \frac{1}{\dot{\Phi}}\frac{\lambda(t_{w1} - t_{w2})}{\delta} \tag{3-7}$$

将式(3-7)代入式(3-6),可得到相应的最高温度为

$$t_{\max} = t_{w1} + \frac{\dot{\Phi}}{2\lambda}x_{\max}^2 \tag{3-8}$$

通过平壁的热流密度可以根据傅立叶定律求出

$$q = -\lambda\frac{\mathrm{d}t}{\mathrm{d}x} = \frac{\lambda(t_{w1} - t_{w2})}{\delta} - \left(\frac{\delta}{2} - x\right)\dot{\Phi} \tag{3-9}$$

式(3-9)表明,有内热源时单层平壁稳态导热的热流密度不再像无内热源那样等于常数,而是 x 的函数,并且热流的方向不一定指向一个方向,这取决于壁面温差 $(t_{w1} - t_{w2})$ 的大小以及内热源强度 $\dot{\Phi}$ 的大小。

[**例题 3-3**] 厚度为 100mm 的大平壁稳态导热时的温度分布曲线为 $t = a + bx + cx^2$ (x 的单位为 m),其中 $a = 100℃$,$b = 200℃/m$,$c = 30℃/m^2$,材料的导热系数为 45W/(m·K),(1)试求平壁两侧壁面处的热流密度;(2)该平壁是否存在内热源?若存在的话,强度是多少?

解:(1)平壁的热流密度为

$$q(x) = -\lambda\frac{\mathrm{d}t}{\mathrm{d}x} = -45 \times (b + 2cx) = 9000 - 2700x$$

$$q_{x=0} = 9000 \ (\mathrm{W/m^2})$$

$$q_{x=0.1} = 8730(\mathrm{W/m^2})$$

(2)因为 $q_{x=0}$ 不等于 $q_{x=0.1}$,所以存在内热源,内热源的强度由通解公式 $t = -\frac{\dot{\Phi}}{2\lambda}x^2 + c_1 x + c_2$ 可知

$$-\frac{\dot{\Phi}}{2\lambda} = c = 30$$

解得,$\dot{\Phi} = -2700(\mathrm{W/m^3})$

内热源为负,也称为内热汇。

二、多层大平壁的稳态导热

工程上经常遇到的平壁,往往是由不同材料组成的多层平壁。例如,房屋的墙壁就是以红砖为主体砌成,内有白灰层,外抹水泥砂浆的多层平壁;锅炉炉墙通常由耐火砖、保温层和普通砖组成三层平壁。

为讨论方便起见,现考察如图 3-6 所示的三层大平壁的稳态导热(动画 3-1)。设各层厚度分别为 δ_1、δ_2、δ_3;导热系数相应为 λ_1、λ_2、λ_3,并为定值;两侧面温度均匀,分别为 t_{w1} 和 t_{w4},且 $t_{w1} > t_{w4}$;壁面的面积为 A。假定层与层间接触良好,可认为相邻两层接触面上的温度相同。

动画 3-1 应用式(3-3)可得

$$\Phi_1 = \frac{t_{w1} - t_{w2}}{R_{\lambda 1}} \Rightarrow R_{\lambda 1} = \frac{t_{w1} - t_{w2}}{\Phi_1}$$

$$\Phi_2 = \frac{t_{w2} - t_{w3}}{R_{\lambda 2}} \Rightarrow R_{\lambda 2} = \frac{t_{w2} - t_{w3}}{\Phi_2}$$

$$\Phi_3 = \frac{t_{w3} - t_{w4}}{R_{\lambda 3}} \Rightarrow R_{\lambda 3} = \frac{t_{w3} - t_{w4}}{\Phi_3}$$

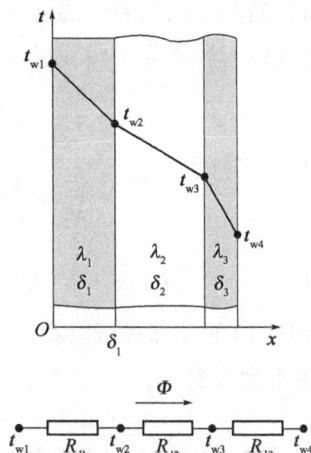

在稳态无内热源工况下,通过每一层平壁热流量相等,即 $\Phi_1 = \Phi_2 = \Phi_3 = \Phi$,上面三式相加变形后可得到

$$\Phi = \frac{t_{w1} - t_{w4}}{R_{\lambda 1} + R_{\lambda 2} + R_{\lambda 3}} = \frac{t_{w1} - t_{w4}}{\dfrac{\delta_1}{\lambda_1 A} + \dfrac{\delta_2}{\lambda_2 A} + \dfrac{\delta_3}{\lambda_3 A}}$$

$$(3-10)$$

$$q = \frac{\Phi}{A} = \frac{t_{w1} - t_{w4}}{\dfrac{\delta_1}{\lambda_1} + \dfrac{\delta_2}{\lambda_2} + \dfrac{\delta_3}{\lambda_3}} \qquad (3-11)$$

图 3-6 三层平壁的一维稳态导热

显然,式(3-10)和式(3-11)中等式右边的分子即多层平壁两侧的温度差是总温差,分母为多层平壁的总热阻,这与电学中的串联电路类似,串联热路的总热阻等于各层分热阻之和。于是对于 n 层平壁的导热,可以直接写出

$$\Phi = \frac{t_{w1} - t_{w2}}{\dfrac{\delta_1}{\lambda_1 A}} = \cdots = \frac{t_{wn} - t_{wn+1}}{\dfrac{\delta_n}{\lambda_n A}} = \frac{t_{w1} - t_{wn+1}}{\displaystyle\sum_{i=1}^{n} \dfrac{\delta_i}{\lambda_i A}}$$

$$q = \frac{t_{w1} - t_{w2}}{\dfrac{\delta_1}{\lambda_1}} = \cdots = \frac{t_{wn} - t_{wn+1}}{\dfrac{\delta_n}{\lambda_n}} = \frac{t_{w1} - t_{wn+1}}{\displaystyle\sum_{i=1}^{n} \dfrac{\delta_i}{\lambda_i}}$$

上面的式子表明,当热流通过多层壁时,各层温差与其热阻有着对应的关系,热阻越大,温度降落也越大。

对于上述的三层大平壁,求出导热量后,可应用各层的导热计算式求出层间接触面处的温度值:

$$\begin{cases} t_{w2} = t_{w1} - q\dfrac{\delta_1}{\lambda_1} = t_{w1} - \Phi\dfrac{\delta_1}{\lambda_1 A} \\ t_{w3} = t_{w4} + q\dfrac{\delta_3}{\lambda_3} = t_{w4} + \Phi\dfrac{\delta_3}{\lambda_3 A} \end{cases} \qquad (3-12)$$

很明显,各层壁内温度仍是沿 x 按直线规律变化,但对整个多层来说,由于各层的热阻不同,温度曲线是一条折线。每条直线的斜率根据傅里叶定律得到

$$\left(\frac{\mathrm{d}t}{\mathrm{d}x}\right)_i = -\frac{\Phi}{\lambda_i A}$$

导热系数越大,直线越平缓,导热系数越小,直线越陡(动画 3-2)。

[**例题 3-4**] 某炉墙从里到外由厚 460mm、导热系数 1.85W/(m·K) 的硅砖,厚 230mm、导热系数 0.45W/(m·K) 的轻质黏土砖和厚 5mm、导热系数 40W/(m·K) 的钢板构成。已知墙内表面温度为 1000℃,外表面温度为 50℃。

动画 3-2

（1）热流密度大小为多少？

（2）轻质黏土砖内表面温度为多少？

（3）硅砖与轻质黏土砖互换位置，热损失是否变化？

解：

（1）
$$q = \frac{t_{w1} - t_{w4}}{\frac{\delta_1}{\lambda_1} + \frac{\delta_2}{\lambda_2} + \frac{\delta_3}{\lambda_3}} = \frac{1000 - 50}{\frac{0.46}{1.85} + \frac{0.23}{0.45} + \frac{0.005}{40}} = 1250 \, (\mathrm{W/m^2})$$

（2）
$$t_{w2} = t_{w1} - q\frac{\delta_1}{\lambda_1} = 1000 - 1250 \times \frac{0.46}{1.85} = 689.2 \, (^\circ\!\mathrm{C})$$

（3）从（1）的计算式可以看出，分母的三个热阻变换位置并不会改变总热阻的大小，所以热损失也不会改变。

第二节　圆筒壁的一维稳态导热

工程上还经常遇到通过圆筒壁的导热问题，如内燃机的气缸、锅炉管及换热器中的管道、油气储运的各种油气输送管道等。当圆筒壁内、外壁都保持均一温度，且圆筒壁的长度是外半径的 10 倍以上时，温度场是轴对称的，沿轴向和圆周向的导热或温度影响可不予考虑，壁内温度仅沿径向变化，属于一维径向稳态导热。

视频 3 - 2

一、单层圆筒壁的稳态导热

图 3 - 7 表示一内半径为 r_1、外半径为 r_2、长度为 l 的长圆筒壁，无内热源，其导热系数 λ 为定值，内、外两壁面分别维持均一温度 t_{w1} 和 t_{w2}，且 $t_{w1} > t_{w2}$。

在上述条件下，以柱坐标系表示的导热微分式为式（2-24），即

$$\frac{\mathrm{d}^2 t}{\mathrm{d}r^2} + \frac{1}{r}\frac{\mathrm{d}t}{\mathrm{d}r} = 0$$

上式可改写为其等价形式，方便进行积分：

$$\frac{\mathrm{d}}{\mathrm{d}r}\left(r\frac{\mathrm{d}t}{\mathrm{d}r}\right) = 0 \tag{a}$$

式（a）积分两次得其通解为

$$t = c_1 \ln r + c_2 \tag{b}$$

积分常数 c_1 和 c_2 由给定的边界条件确定，$r = r_1$ 时，$t = t_{w1}$；$r = r_2$ 时，$t = t_{w2}$。

将它们代入式（b），解得

$$c_1 = -\frac{t_{w1} - t_{w2}}{\ln\frac{r_2}{r_1}}$$

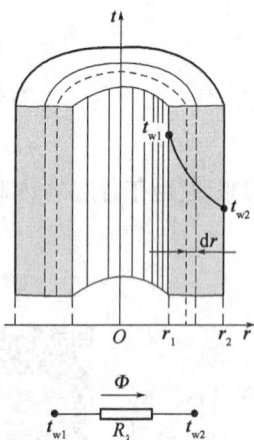

图 3 - 7　单层圆筒壁的一维稳态导热

$$c_2 = t_{w1} + \frac{t_{w1} - t_{w2}}{\ln \dfrac{r_2}{r_1}} \ln r_1$$

再将求得的 c_1 和 c_2 代入式(b),经过整理,得到单层圆筒壁内温度分布式为

$$t = t_{w1} - \frac{t_{w1} - t_{w2}}{\ln \dfrac{r_2}{r_1}} \ln \frac{r}{r_1} \tag{3-13}$$

式(3-13)表明,圆筒壁内的温度分布呈对数规律,而且各等温面都是彼此同心的圆柱面。

已知温度分布后,就可利用傅里叶定律确定热流量。考虑到所分析的圆筒壁导热是一维稳态径向导热,可将傅里叶定律式写成

$$\Phi = -\lambda A \frac{\mathrm{d}t}{\mathrm{d}r} = -\lambda \cdot 2\pi r l \frac{\mathrm{d}t}{\mathrm{d}r}$$

由式(a)可得到温度梯度为

$$\frac{\mathrm{d}t}{\mathrm{d}r} = \frac{c_1}{r} = -\frac{1}{r} \cdot \frac{t_{w1} - t_{w2}}{\ln \dfrac{r_2}{r_1}}$$

于是,可得

$$\Phi = -\lambda \cdot 2\pi r l \frac{\mathrm{d}t}{\mathrm{d}r} = 2\pi \lambda l \cdot \frac{t_{w1} - t_{w2}}{\ln \dfrac{r_2}{r_1}} = \frac{t_{w1} - t_{w2}}{\dfrac{1}{2\pi\lambda l}\ln \dfrac{r_2}{r_1}} = \frac{t_{w1} - t_{w2}}{\dfrac{1}{2\pi\lambda l}\ln \dfrac{d_2}{d_1}} \tag{3-14}$$

式中,$\dfrac{1}{2\pi\lambda l}\ln \dfrac{d_2}{d_1}$ 是长度为 l 的圆筒壁的导热热阻,K/W。

需要指出:由于圆筒壁的内、外壁面积不等,导过内壁面的热流密度同导过外壁面的热流密度不等,工程计算通常不采用热流密度 q,而是用热流量 Φ,或用导过单位长度圆筒壁的热流量 q_l(单位为 W/m),即

$$q_l = \frac{t_{w1} - t_{w2}}{\dfrac{1}{2\pi\lambda}\ln \dfrac{d_2}{d_1}} \tag{3-15}$$

式中,$\dfrac{1}{2\pi\lambda}\ln \dfrac{d_2}{d_1}$ 为单位长度圆筒壁的导热热阻,(m·K)/W。

若要计算圆筒壁的热流密度,需指明哪个壁面的热流密度,如内壁面和外壁面的热流密度分别为

$$q_1 = \frac{\Phi}{A_1} = \frac{\Phi}{2\pi r_1 l} = \frac{t_{w1} - t_{w2}}{\dfrac{r_1}{\lambda}\ln \dfrac{d_2}{d_1}} \tag{3-16}$$

$$q_2 = \frac{\Phi}{A_2} = \frac{\Phi}{2\pi r_2 l} = \frac{t_{w1} - t_{w2}}{\dfrac{r_2}{\lambda}\ln \dfrac{d_2}{d_1}} \tag{3-17}$$

二、多层圆筒壁的稳态导热

由 n 层不同材料紧密结合所构成的圆筒壁称为多层圆筒壁。外包保温层的圆管,内积水

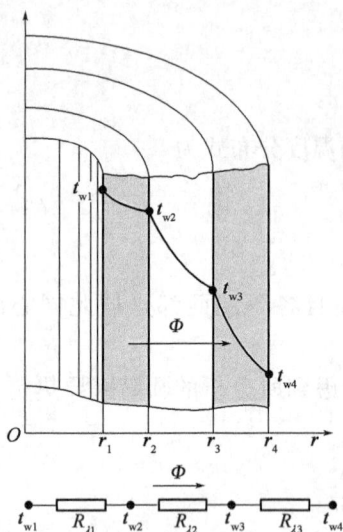

图 3 - 8   三层圆筒壁的一维稳态导热

垢、外积烟灰的锅炉管,都是多层圆筒壁的典型例子。

对于多层圆筒壁的导热,其热流量计算公式的推导方法类似于多层平壁导热所用的方法。现以图 3 - 8 所示三层圆筒为例。设各层相应的半径分别为 r_1、r_2、r_3 和 r_4,导热系数分别为 λ_1、λ_2、λ_3,且均为定值,圆筒壁内、外壁面分别维持均一温度 t_{w1} 和 t_{w4},且 $t_{w1} > t_{w4}$。

类似多层平壁的情况,利用串联热路热阻叠加的原则,可求得在稳态情况下,导过该多层圆筒壁的热流量为

$$\Phi = \frac{t_{w1} - t_{w4}}{\dfrac{\ln(d_2/d_1)}{2\pi\lambda_1 l} + \dfrac{\ln(d_3/d_2)}{2\pi\lambda_2 l} + \dfrac{\ln(d_4/d_3)}{2\pi\lambda_3 l}}$$

$$(3-18)$$

单位长度圆筒壁的热流量为

$$q_l = \frac{t_{w1} - t_{w4}}{\dfrac{\ln(d_2/d_1)}{2\pi\lambda_1} + \dfrac{\ln(d_3/d_2)}{2\pi\lambda_2} + \dfrac{\ln(d_4/d_3)}{2\pi\lambda_3}}$$

$$(3-19)$$

同理,对于 n 层圆筒壁,则为

$$\Phi = \frac{t_{w1} - t_{wn+1}}{\sum_{i=1}^{n} \dfrac{\ln(d_{i+1}/d_i)}{2\pi\lambda_i l}} \qquad (3-20)$$

$$q_l = \frac{t_{w1} - t_{wn+1}}{\sum_{i=1}^{n} \dfrac{\ln(d_{i+1}/d_i)}{2\pi\lambda_i}} \qquad (3-21)$$

[例题 3 - 5]   长度 l 比外半径 r_2 大 10 倍以上的金属空心圆筒,在机床上对其半径 r_1 的内侧表面处进行最后加工时,单位时间内单位长度所消耗的机械功 q_l(单位为 W/m),以热能的形式基本上按长度均匀地沿径向导入筒体。圆筒外侧以冷却液冷却,保持恒定壁温 t_{w2}。设导热系数 λ 为定值。试推导稳态下圆筒壁内的温度分布。

解:长圆筒处于稳态导热,机械功消耗于内表面处而不属于内热源,因此导热微分方程式为

$$\frac{d}{dr}\left(r \frac{dt}{dr}\right) = 0 \qquad (a)$$

该式的通解为

$$t = c_1 \ln r + c_2 \qquad (b)$$

当利用边界条件求出积分常数 c_1 和 c_2 后,即可求得圆筒壁内的温度分布 $t = f(r)$。根据题意,边界条件为

$$r = r_1 \qquad q_1 = -2\pi\lambda r_1 \left(\frac{dt}{dr}\right)_{r=r_1} \qquad (c)$$

$$r = r_2 \qquad t = t_{w2} \tag{d}$$

式(c)中的温度梯度可以由式(b)求得

$$\left(\frac{\mathrm{d}t}{\mathrm{d}r}\right)_{r=r_1} = \left(\frac{c_1}{r}\right)_{r=r_1} = \frac{c_1}{r_1} \tag{e}$$

将式(e)代入式(c)后得到积分常数 c_1：

$$c_1 = -\frac{q_l}{2\pi\lambda} \tag{f}$$

将式(d)、式(f)代入式(b)后得到积分常数 c_2：

$$c_2 = t_{w2} - c_1 \ln r_2 = t_{w2} + \frac{q_l}{2\pi\lambda}\ln r_2 \tag{g}$$

将式(f)、式(g)代回通解式(b)得到温度分布的特解：

$$t = -\frac{\Phi_l}{2\pi\lambda}\ln r + t_{w2} + \frac{\Phi_l}{2\pi\lambda}\ln r_2$$

$$= t_{w2} - \frac{\Phi_l}{2\pi\lambda}\ln\frac{r}{r_2}$$

由上式可判断温度分布的形状是一条对数曲线。

讨论：

利用第一类边界条件求取通解中的积分常数比较简单，直接代入通解建立方程组即可求解。当边界条件为第二类或第三类边界条件时，边界上的温度是未知的，无法直接代入，在这两类边界条件中关键的是温度梯度，可由得到的通解求导得到温度梯度，再根据边界所处坐标位置得到针对该处的温度梯度，将该温度梯度代入第二类或第三类边界条件即可得到包含有积分常数的方程，进而求解积分常数。

[例题 3-6] 外径 50mm 的管道，在外包有一层厚 5mm、导热系数 0.06W/(m·K)的玻璃棉，玻璃棉之外再包一层相同厚度的石棉保温层，导热系数为 0.11W/(m·K)。钢管外侧壁温 280℃，石棉保温层外表面温度 30℃。

(1)求每米管长热损失；

(2)求玻璃棉与石棉保温层交界面温度；

(3)若两侧温度不变，但两层保温层交换位置，总热阻是否改变？热损失又如何变化？

解：

(1)此为两层圆筒壁，每米管长热损失根据式(3-21)得

$$q_l = \frac{t_{w1} - t_{w3}}{\dfrac{\ln(d_2/d_1)}{2\pi\lambda_1} + \dfrac{\ln(d_3/d_2)}{2\pi\lambda_2}} = \frac{t_{w1} - t_{w3}}{\dfrac{1}{2\pi\lambda_1}\ln\dfrac{d_1 + 2\delta}{d_1} + \dfrac{1}{2\pi\lambda_2}\ln\dfrac{d_1 + 4\delta}{d_1 + 2\delta}}$$

$$= \frac{280 - 30}{\dfrac{1}{2\pi \times 0.06}\ln\dfrac{0.05 + 2 \times 0.005}{0.05} + \dfrac{1}{2\pi \times 0.11}\ln\dfrac{0.05 + 4 \times 0.005}{0.05 + 2 \times 0.005}} = 353.79(\text{W/m})$$

(2)玻璃棉与石棉保温层交界面温度为

$$t_{w2} = t_{w1} - q_l \cdot \frac{\ln(d_2/d_1)}{2\pi\lambda_1} = 280 - 353.79 \times \frac{1}{2\pi \times 0.06}\ln\frac{0.05 + 2 \times 0.005}{0.05}$$

$$= 108.9(\text{℃})$$

(3)两层保温层交换位置后:

$$q_l' = \frac{t_{w1} - t_{w3}}{\frac{\ln(d_2/d_1)}{2\pi\lambda_2} + \frac{\ln(d_3/d_2)}{2\pi\lambda_1}} = \frac{t_{w1} - t_{w3}}{\frac{1}{2\pi\lambda_2}\ln\frac{d_1 + 2\delta}{d_1} + \frac{1}{2\pi\lambda_1}\ln\frac{d_1 + 4\delta}{d_1 + 2\delta}}$$

$$= \frac{280 - 30}{\frac{1}{2\pi \times 0.11}\ln\frac{0.05 + 2 \times 0.005}{0.05} + \frac{1}{2\pi \times 0.06}\ln\frac{0.05 + 4 \times 0.005}{0.05 + 2 \times 0.005}} = 371.64(\text{W/m})$$

讨论:

(1)圆筒壁内外两侧材料调换位置后,热阻会发生变化,这与例题3-3的平壁有显著差异,原因是圆筒壁在不同的位置面积大小不同,热阻大小也不一样,而平壁的面积大小始终不变;

(2)厚度相同情况下,导热系数小的放在内侧总热阻更大,保温效果更好。

第三节　接触热阻

在前述多层平壁和圆筒壁中,假定相邻两层在接合处紧密接触,接合面上温度相等,此时通过该处的热流密度也相等,即在接合面处有

$$\begin{cases} t_1 = t_2 \\ \lambda_1 \frac{\partial t_1}{\partial n} = \lambda_2 \frac{\partial t_2}{\partial n} \end{cases} \tag{3-22}$$

式(3-22)称为第四类边界条件或接触边界条件。式中下标1、2分别表示相接触的两层平壁,而 n 的方向是两接触表面的公法线方向。但实际上,相邻两层的接合面处由于接触不紧密会出现温度下降。之所以出现这种情况,是因为接合面处存在附加的接触热阻,见图3-9。

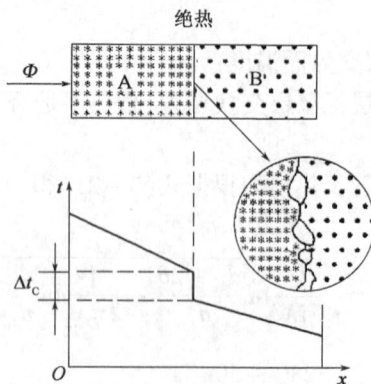

图3-9　接合面上的温度分布

接触热阻之所以产生,是由于两接触面一般均粗糙不平,而仅有某些突起的点直接接触,在这些接触点的周围形成空隙,空隙中往往充满气体或液体,大多数情况下是空气。当两固体壁面存在温度差时,接合面处的热传递机理为接触点间固体的导热和间隙中的空气导热,对流和辐射的影响一般不大。由于空气的导热系数远低于固体,因而热阻增加,导热量减少。

若单位面积的接触热阻用 r_c 表示,则图 3 - 9 中两接合平壁的热流密度可表示为

$$q = \frac{t_{w1} - t_{w2}}{\frac{\delta_1}{\lambda_1} + r_c + \frac{\delta_2}{\lambda_2}} \qquad (3-23)$$

可以看出,当两侧壁面温差 $t_{w1} - t_{w2}$ 不变的情况下,由于分母多出一个单位面积的接触热阻 r_c,从而导致热流密度 q 减少。例如活塞式内燃机的活塞为钢顶铝裙结构,若钢和铝接合面存在较大的接触热阻,会影响气缸内工质向外的散热;计算机 CPU 和散热片中间的接触热阻过大,导致 CPU 散热不好,会严重影响电脑的使用。所以本节讨论一下影响接触热阻的因素,在此基础上分析怎样有效地减小接触热阻。

影响接触热阻所涉及的因素较多,除主要的接合压力和表面粗糙度外,间隙中介质的种类也有较大的影响,此外还有材料的导热系数、硬度和温度等。

接触热阻的分析计算相当复杂,实验研究也很少提供实用而可靠的经验综合式。曾就接合压力和洁净表面的粗糙度对钢、铝接合面上接触热阻的影响进行过实验,其结果如图 3 - 10 所示,即接合压力提高或粗糙度减小时,接触热阻会下降,但当接合压力达到较高值或粗糙度参数减少到某一值时,影响趋于微弱。

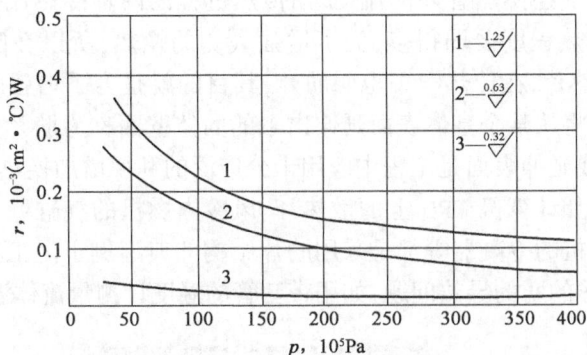

图 3 - 10　钢、铝接触热阻与接合压力、粗糙度的关系

对于粗糙程度均为 $10\mu m$ 的两铝质表面,在 $10^5 Pa$ 的接合压力下,接合面上的间隙中为甘油时,接触热阻 $r_c = 2.65 \times 10^{-5} (m^2 \cdot K)/W$;中间为空气时,接触热阻 $r_c = 2.75 \times 10^{-4} (m^2 \cdot K)/W$。后者为前者的 10 倍左右。可见间隙中的介质种类对接触热阻的影响也比较大。

接触热阻对于导热而言是不利的,但其客观存在不可避免,只能想一些方法使其尽可能地小,常用的方法有减小壁面粗糙度;适当增大接合压力;在接合面之间预置导热系数大、硬度小、延展性能好的金属薄片或粉末,或涂一层导热系数大的液体(如硅油等)。

对于接触热阻的计算,因为目前尚缺乏满意而通用的计算公式,所以需要时可以查表 3 - 1,也可以在一些文献中查取具体的实验数据和图线。

表 3-1　典型接触表面的单位面积接触热阻 r_c

表面情况	粗糙度 μm	温度 ℃	接合压力 10^5Pa	接触热阻 r_c 10^{-4}($m^2 \cdot$ K)/W
416 号不锈钢,磨削,空气	2.54	90~200	3~25	2.64
304 号不锈钢,磨削,空气	1.14	20	40~70	5.28
416 号不锈钢,磨削,空气 (带 0.025mm 黄铜垫片)	2.54	30~200	7	3.52
铝,磨削,空气	2.54	150	12~25	0.88
铝,磨削,空气	0.25	150	12~25	0.18
铝,磨削,空气 (带 0.025mm 黄铜垫片)	2.54	150	12~200	1.23
铜,磨削,空气	1.27	20	12~20	0.07
铜,铣削,空气	3.81	20	10~50	0.18
铜,铣削,真空	0.25	30	7~70	0.88

注:416 号不锈钢相当于我国的 1Cr13;304 号不锈钢相当于我国的 0Cr18Ni9。

第四节　通过肋片的稳态导热

由传热过程的基本方程 $\Phi = kA\Delta t$ 可以看出,增加换热面积 A 可以提高传热的速率 Φ,这也是增强传热的基本途径之一。如家用暖气片(图 3-11),热水在换热管内流动,空气在换热管外侧流动,当传热过程的两种冷热流体是进行气—液换热时,往往气侧的对流换热程度要弱得多,为了增强气侧的换热,所以在暖气片的换热管外侧(即空气侧)加装了散热片,在传热学中也叫肋片,其目的就是为了增强暖气片外侧的换热效果。如图 3-12 所示,将从某个基体表面延伸出来的固体壁面称为肋片,也称翅片,这种在基体表面加装扩展表面或延伸表面是工程中应用十分广泛的利用增加换热面积来强化传热的方式。除了家用暖气片,如计算机 CPU 上的散热片、风冷内燃机的气缸壁、家用空调的冷凝器、肋片管式换热器、压气机的冷凝器等都是采用肋片结构的典型例子。工程上也会遇到一些本意并非是为了强化传热的肋的导热问题,如用带套管的温度计测量流体温度时导管的导热。

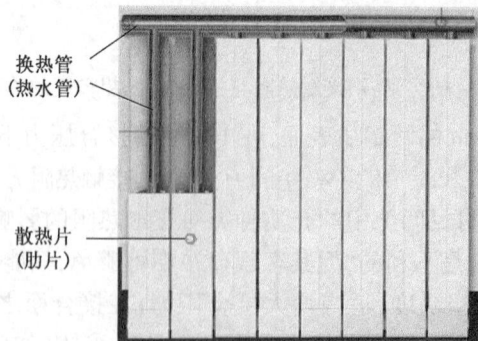

换热管
(热水管)

散热片
(肋片)

图 3-11　家用散热片局部剖视图

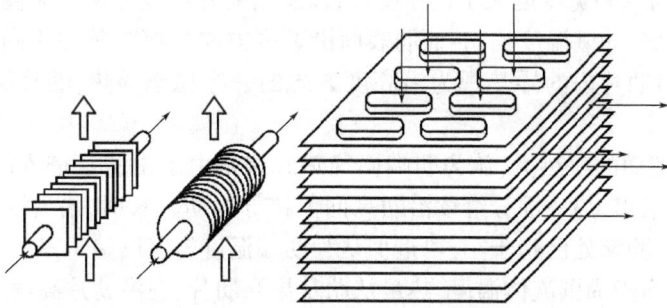

图 3 - 12 　肋片应用示意图

图 3 - 13 示出了几种典型形状的肋片,其中(a)(b)为等截面肋,(c)(d)(e)为变截面肋。下面以等截面矩形肋为研究对象,分析其处于稳态导热时的温度分布规律和散热速率以及肋片效率等问题。

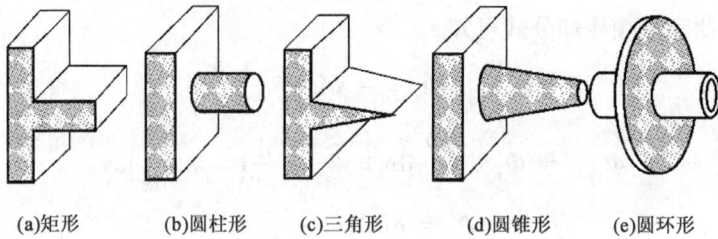

(a)矩形　　　(b)圆柱形　　　(c)三角形　　　(d)圆锥形　　　(e)圆环形

图 3 - 13 　几种典型形状的肋片

一、等截面肋片的稳态导热

1. 等截面直肋的温度场分析

如图 3 - 14 所示,该等截面矩形肋的高度为 H,厚度为 δ,宽度为 b,与高度方向垂直的横截面面积为 A,横截面的周长为 U。肋片与基体表面相交处(肋基)的温度为 t_0,肋片周围的环境温度为 t_f,肋片表面与周围流体间的表面传热系数为 h,肋片的导热系数为 λ,由于是稳态导热条件,这些参数均可看成是定值。下面,对肋片的稳态导热问题做以下假设:

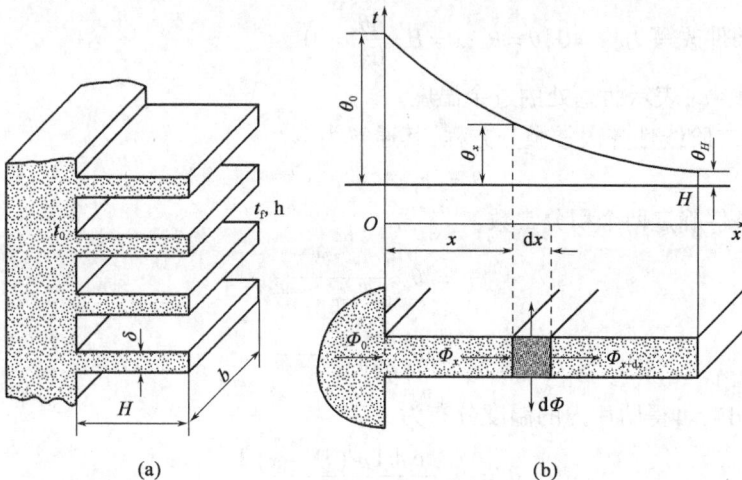

(a) 　　　　　　　　　　　(b)

图 3 - 14 　等截面矩形肋的稳态导热分析

（1）由于肋片高度和宽度远大于其厚度，所以忽略肋片厚度方向的温度变化，又由于肋片根部与肋基接触良好，肋基温度均匀，而肋表面沿宽度方向的换热条件相同，所以肋片宽度方向温度均匀，故可将肋片内的导热视为沿高度方向的一维稳态导热，肋片温度仅沿高度方向变化。

（2）忽略肋片端面的散热量，认为肋端面绝热。这是由于由肋基进入的热量一部分以对流换热方式向周围散出，另一部分继续沿肋高向前传导。肋较长时，沿着肋高方向，向前传导的热量越来越少，到肋端处已趋于零，可近似认为肋端温度梯度已趋于零。

假设肋片温度高于周围流体温度，热量从肋基导入肋片，在沿肋片高度进行一维稳态导热的同时，沿途不断有热量从肋的上下表面以对流换热和辐射换热的方式散失到周围环境中。为分析肋片的温度分布，设肋片高度方向为 x 方向，在距肋基 x 处取如图 3 - 14(b) 所示的长为 dx 的微元肋片段。根据能量守恒定律，单位时间内，在 x 处导入的热量，应该等于 $x + dx$ 处导出的热量和从肋表面散失的热量之和，即

$$\Phi_x = \Phi_{x+dx} + \Phi_c \tag{a}$$

由傅里叶定律和牛顿冷却公式可知

$$\Phi_x = -\lambda A \frac{dt}{dx}$$

$$\Phi_{x+dx} \approx \Phi_x + \frac{d\Phi_x}{dx}dx = \Phi_x + \frac{d}{dx}\left(-\lambda A \frac{dt}{dx}\right)dx$$

$$\Phi_c = hU dx(t - t_f)$$

式中，$A = b\delta$ 为垂直于导热方向的截面积，$U = 2(b+\delta)$ 为肋片的周长。

将上面各式带入式（a）中，整理得到

$$\frac{d^2 t}{dx^2} - \frac{hU}{\lambda A}(t - t_f) = 0 \tag{b}$$

边界条件为：在肋基 $x = 0$ 处，$t = t_0$；在肋端 $x = H$ 处，$\frac{dt}{dx} = 0$。

为了积分方便，引入过余温度 $\theta = t - t_f$。令 $m = \sqrt{\frac{hU}{\lambda A}}$，则方程（b）变为

$$\frac{d^2 \theta}{dx^2} - m^2 \theta = 0 \tag{c}$$

同时边界条件改写为：$x = 0$，$\theta = \theta_0$；$x = H$，$\frac{d\theta}{dx} = 0$，

其中 $\theta_0 = t_0 - t_f$，表示肋基处的过余温度。

方程（c）为二阶线性齐次常微分方程，其通解为

$$\theta = c_1 e^{mx} + c_2 e^{-mx} \tag{d}$$

利用边界条件确定两个积分常数：

$$c_1 = \theta_0 \frac{e^{-mH}}{e^{mH} + e^{-mH}}$$

$$c_2 = \theta_0 \frac{e^{mH}}{e^{mH} + e^{-mH}}$$

带入通解（d），可得肋片内的温度分布为

$$\theta = \theta_0 \frac{\cosh[m(H - x)]}{\cosh(mH)} \tag{3-24}$$

可见,肋片的过余温度从肋基开始沿高度方向按双曲余弦函数变化,肋片过余温度沿肋高方向逐渐减小,温度梯度也随肋高逐渐减小,如图3-14(b)所示。这是由于肋片表面与周围流体的复合换热使得肋片内沿肋高方向的热流量不断减小的结果。可以证明,当肋片温度低于周围流体温度时,同样也可以导出式(3-24)。

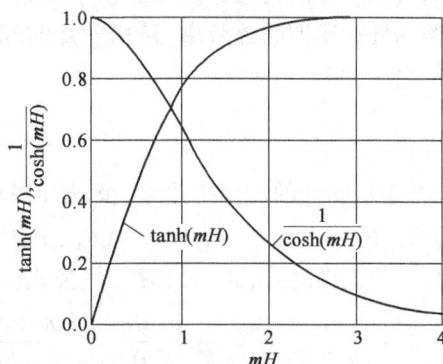

图3-15 双曲函数随 mH 的变化曲线

2. 肋端过余温度

当 $x = H$ 时,代入(3-24),可得到肋端的过余温度为

$$\theta_H = \theta_0 \frac{1}{\cosh(mH)} \qquad (3-25)$$

双曲函数随 mH 的变化规律如图3-15所示,可以看出,肋端过余温度随 mH 的增加而降低。

3. 肋片散热量

根据能量守恒定律,在稳态情况下,整个肋片的散热量全部来自于从肋基导入肋片的热量,由傅里叶定律:

$$\Phi_{x=0} = \lambda A \frac{dt}{dx}\bigg|_{x=0} = -\lambda A \frac{d\theta}{dx}\bigg|_{x=0} = \lambda m A \theta_0 \tanh(mH) \qquad (3-26)$$

从图3-15可以看出,双曲正切函数 $\tanh(mH)$ 随 mH 的增大而增大,即肋片散热量随之逐渐增大,并且刚开始增加得很快,后来逐渐缓慢并趋于一定值。由此可见,增大 mH 虽然可以有效增加肋片散热量,但当 mH 增加到一定值时,增加肋片散热量的效果就不再显著,因此在设计肋片时应综合考虑其强化传热的效果与经济性。

4. 关于肋片计算的几点说明

(1)如果肋基温度低于周围流体温度,热量从周围流体传给肋片至肋基处,可以证明以上公式同样适用。

(2)上述分析虽然是针对矩形直肋,但结果同样适用于其他形状的等截面直肋,截面形状可以是矩形、圆形、圆环形等等。

(3)上述推导过程忽略了肋片端面的散热量,认为肋端面绝热,这对于大多数薄而高的肋片来说,上述公式计算精度已足够。如果必须考虑肋端面的散热,也可以采用近似修正的方法,将肋端面面积折算到侧面上去,用修正高度 $H' = H + \Delta H$ 代替上述公式中的 H,其中 $\Delta H = \frac{A}{U}$。可推导出对于厚度为 δ 等截面矩形肋,$\Delta H = \sigma/2$,对于直径为 D 的等截面圆柱形肋,$\Delta H = D/4$。

(4)上述推导将肋片内的导热视为沿高度方向的一维稳态导热,分析表明满足 $\frac{h(A/U)}{\lambda} <$ 0.1这个计算条件,误差不会超过1%,都可看做满足一维的条件。但对于短而厚的肋片,肋片内的温度不仅沿着肋高有变化,沿着肋厚方向的温度变化也不能忽略,此时肋片内的温度场是二维的,上述计算公式不再适用。

二、变截面肋片的稳态导热

变截面肋片的稳态导热的分析解比较复杂,工程中更多的是利用肋片效率来求变截面肋片的传热量。所谓肋片效率,是指肋片实际传热量与假设整个肋片表面都处于肋基温度下的传热量之比,即

$$\eta_{\mathrm{f}} = \frac{\Phi}{\Phi_0} \tag{3-27}$$

式中,Φ 表示肋片的实际传热量,Φ_0 表示整个肋表面温度都是肋基温度下的传热量,根据牛顿冷却公式 $\Phi_0 = hA_{\mathrm{f}}(t_0 - t_{\mathrm{f}}) = hA_{\mathrm{f}}\theta_0$,其中 A_{f} 是指肋片与流体的接触面积。

对于等截面肋片,$A_{\mathrm{f}} = UH'$,将公式(3-26)代入上式,可得

$$\eta_{\mathrm{f}} = \frac{\Phi}{\Phi_0} = \frac{\lambda m A \theta_0 \tanh(mH')}{hUH'\theta_0} = \frac{\tanh(mH')}{mH'} \tag{3-28}$$

对于变截面肋片,如三角形肋和环形肋,其肋片效率曲线见图3-16和图3-17。当然,等截面矩形肋的肋片效率也可直接查图3-16。所以,在肋片散热的计算中,如肋片效率 η_{f} 已由图中曲线查得,则在算出理想传热量 Φ_0 之后,即可按 η_{f} 的定义式求出肋片的实际传热量 Φ。

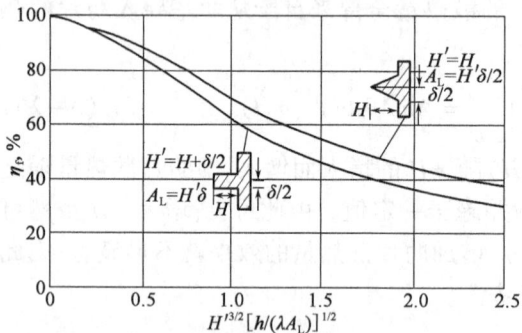

图3-16 矩形直肋和三角形肋效率曲线

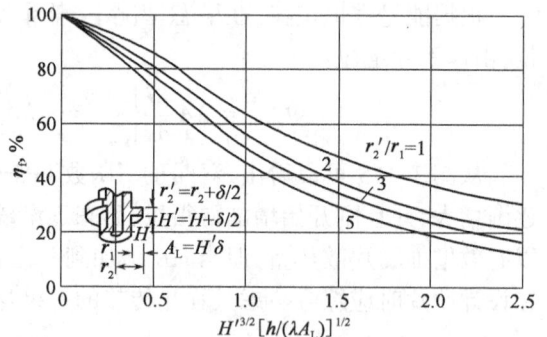

图3-17 环肋效率曲线

从等截面肋片的效率公式可以看出,肋片效率 η_{f} 是 mH' 的函数,也可以变形成 $H'^{3/2}(h/\lambda A_{\mathrm{L}})^{1/2}$ 的函数,所以肋片效率曲线的自变量是 $H'^{3/2}(h/\lambda A_{\mathrm{L}})^{1/2}$,其中 A_{L} 是形状特征面积,其计算式见肋片效率曲线。

关于肋片效率的几点说明:

(1)用肋片来增强传热量时,肋片效率的高低并不能反映增加传热量的大小。肋片效率很高时,增加的传热量反而较小;肋片效率低时,增加的传热量反而不小。这是因为若把肋片效率计算式中的实际传热量以肋片表面在平均温度 t_{m} 下来表示并代入式(3-28),得

$$\eta_{\mathrm{f}} = \frac{\Phi}{\Phi_0} = \frac{hA_{\mathrm{f}}(t_{\mathrm{m}} - t_{\mathrm{f}})}{hA_{\mathrm{f}}(t_0 - t_{\mathrm{f}})} = \frac{t_{\mathrm{m}} - t_{\mathrm{f}}}{t_0 - t_{\mathrm{f}}}$$

若 $t_0 > t_{\mathrm{f}}$,肋片越短,其表面平均温度 t_{m} 就越高,肋片效率就越大,当高度 $H \to 0$,此时 $t_{\mathrm{m}} \to t_0$,$\eta_{\mathrm{f}} \to 100\%$,而高度为0的肋片其散热量就几乎为0了。所以,肋片效率仅仅是为了计算肋片传热量而引入的一个参数,不能把肋片效率和肋片的散热效果等同起来。

那如何判断所加肋片一定起到强化传热的作用呢?在工程中,一般取 $\dfrac{\dfrac{\delta/2}{\lambda}}{\dfrac{1}{h}} \leqslant 0.25$ 作为增

强传热的条件。注意,在三角形直肋中δ应取平均厚度,即肋基厚度的一半。此判据说明要达到增强传热的目的,肋的内部导热热阻必须低于外部对流换热热阻。因此必须采用高导热系数的材料制作肋片,加薄肋胜过厚肋,肋也总是加在对流换热系数小的一侧。

(2)在等肋基厚度、等肋高的情况下,三角形肋片增强传热的效果最好,其次是梯形肋,最差是等截面矩形肋。这是因为热量沿肋高向前传递的过程中,温度越来越低,所传递的热量越来越少,所需截面积也应跟着减小(图3-18)。这样既可以节省材料、减轻总量,又能保证单位面积达到最大热流密度的传递效果。

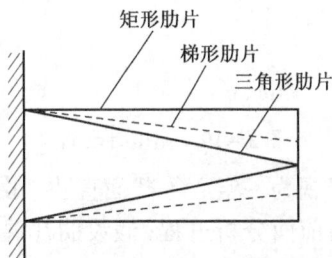

图3-18 等肋基厚度、等高度各类肋片表面积比较

[例题3-7] 一等截面矩形直肋的高40mm、宽600mm、厚5mm,导热系数为100W/(m·K),肋基处温度为100℃,周围流体温度为15℃,假设肋片表面各处的表面传热系数均为10W/(m²·K),试计算:

(1)肋片不修正肋高和修正肋高的散热量;

(2)加肋后和不加肋的散热量之比。

解:(1) $m = \sqrt{\dfrac{hU}{\lambda A}} = \sqrt{\dfrac{10 \times 2 \times (0.6 + 0.005)}{100 \times 0.6 \times 0.005}} = 6.351(\text{m}^{-1})$

不考虑肋高修正:

$\Phi = \lambda m A \theta_0 \tanh(mH)$

$\quad = 100 \times 6.351 \times 0.6 \times 0.005 \times (100 - 15) \times \tanh(6.351 \times 0.04) = 40.286(\text{W})$

考虑肋高修正:

$$H' = H + \frac{\delta}{2} = 0.04 + 0.0025 = 0.0425(\text{m})$$

$\Phi = \lambda m A \theta_0 \tanh(mH')$

$\quad = 100 \times 6.351 \times 0.6 \times 0.005 \times (100 - 15) \times \tanh(6.351 \times 0.0425) = 42.722(\text{W})$

(2)不加肋时,原肋基处接触流体的散热量为

$$\Phi' = hA(t_0 - t_f) = 10 \times 0.6 \times 0.005 \times (100 - 15) = 2.55(\text{W})$$

$$\frac{\Phi}{\Phi'} = \frac{42.722}{2.55} = 16.754$$

可见,加肋片增强传热的效果是明显的。

[例题3-8] 为了测量管道中的原油温度和保护测温用的水银温度计,采用钢制测温套管,温度计的水银泡与套管端部直接接触。为消除接触热阻,水银泡周围浸有不易挥发的硅油[图3-19(a)]。已知温度计读数为65℃,套管与管道连接处的温度t_0为30℃。套管长150mm,外径10mm,管壁厚1mm,套管导热系数为50W/(m²·K),原油与套管外表面的表面传热系数为40W/(m²·K)。求原油的真实温度和测温误差。

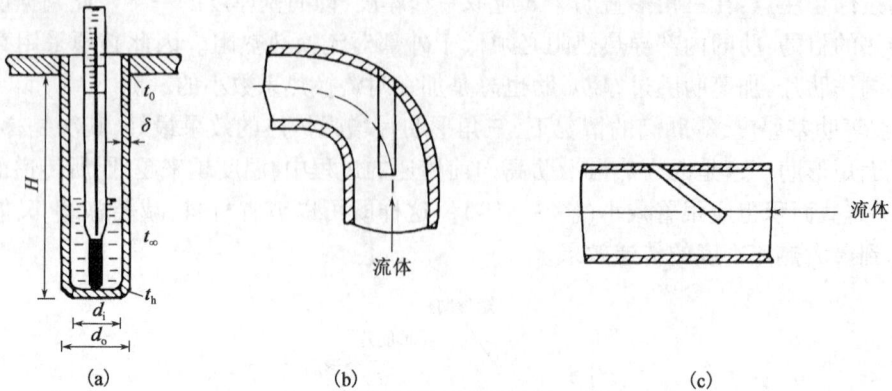

图 3 - 19　温度计套管

解:伸入原油管道内的套管可视为一空心等截面直肋。由于原油温度大于外界环境温度,所以该肋片(套管)的传热方向与前面分析过程(假设肋片温度高于周围流体温度,热量从肋基导入肋片)肋片的传热方向相反,即热量以对流换热的方式由原油传给测温套管,测温套管再通过导热将热量由顶端向根部方向传给管道壁面。稳态时,套管从原油获取的热量正好等于自套管根部散失到外界环境的导热量,因而套管端部的温度(温度计读数)必然小于原油的温度,即存在着测温误差。

由公式 $\theta_H = \theta_0 \dfrac{1}{\cosh(mH)}$ 可以看出,肋端过余温度 $\theta_H = t_H - t_f$ 中,θ_H 是套管端部温度 t_H (温度计读数)与原油温度 t_f 的差值,即测温误差,肋基过余温度 $\theta_0 = t_0 - t_f$ 是套管根部温度(套管与油管壁连接处)与原油温度的差值。式中:

$$A = \frac{\pi}{4}(d_o^2 - d_i^2) = \frac{\pi}{4}(0.01^2 - 0.008^2) = 2.826 \times 10^{-5}(m^2)$$

$$m = \sqrt{\frac{hU}{\lambda A}} = \sqrt{\frac{40 \times \pi \times 0.01}{50 \times 2.826 \times 10^{-5}}} = 29.81(m^{-1})$$

由 $\theta_H = \theta_0 \dfrac{1}{\cosh(mH)}$,即 $t_H - t_f = \dfrac{t_0 - t_f}{\cosh(mH)}$,代入数据得

$$65 - t_f = \frac{30 - t_f}{\cosh(29.81 \times 0.15)}$$

解得,$t_f = 65.82(℃)$

测温误差为 $\theta_H = t_H - t_f = 65 - 65.82 = -0.82(℃)$

误差分析:由公式 $\theta_H = \theta_0 \dfrac{1}{\cosh(mH)}$ 可以看出,要想减小误差 $\theta_H = t_H - t_f$,可以减小 θ_0 或增大 m 和 H。具体措施有:

(1)在装测温套管处的原油管道外壁敷设保温层,使 t_0 增加,从而减小 $|t_0 - t_f|$;

(2)增加套管的长度 H,若管道直径较小,可将套管斜装或装在管道转弯处,如图 3 - 19(b)、(c)所示;

(3)提高管道内流体流速,从而提高表面传热系数 h;

(4)用导热系数小的材料作为套管以减小导热量;

(5)尽量采用薄壁套管使 $\dfrac{U}{A}$ 尽量大。

— 46 —

第五节 非稳态导热的分析计算

一、概述

前面讨论的稳态导热,是指温度场不随时间变化的物体内部所进行的热传递过程。实际上,工程中经常会遇到一些工件被加热或冷却时其温度场随时间变化的非稳态导热。钻井过程中若关井,井筒和周围土壤间的导热过程属于非稳态导热,锅炉、蒸汽轮机和内燃机等动力机械处于启动、停机和变工况阶段的导热过程也是非稳态导热过程。

非稳态导热有两种形式:周期性非稳态导热和非周期性非稳态导热。在周期性非稳态导热过程中,导热体内部各点的温度以一定的规律随时间呈现周期性变化。例如,在往复式内燃机中距燃烧室壁较小距离的气缸壁内,各点温度以内燃机工作周期为周期发生波动。在非稳态导热问题中,非周期性非稳态导热是更重要的一种形式,它广泛存在于工程实际中。非周期性非稳态导热也称为瞬态导热,本书仅讨论这种瞬态导热现象(动画 3 - 3)。

讨论非稳态导热有两个目的:一是在加热或冷却时,确定物体内部某特定位置(例如中心处或一些顶角位置等)达到预定温度所需要的时间,以及在该时间内物体吸收或放出的热量;二是对物体进行加热或冷却一定时间之后,确定物体内部的温度分布情况和温度场随时间的变化率。

对于非稳态导热,当形状及边界条件复杂时将无法求出解析解,即使一些形状比较简单的物体——诸如大平壁、长圆柱等一维问题的解析解,也需求解偏微分方程式,所用数学知识已超出本书范围。本章将介绍一种易于求解的集总参数分析法。

在非稳态导热问题的讨论中经常会涉及一个重要的准则数——毕渥数 Bi,其定义式如下:

$$Bi = \frac{hL}{\lambda} \qquad (3-29)$$

式中,L 可称之为定型尺寸,是最能够代表导热体形状和大小的几何尺寸,具体取法要视使用场合和物体形状而定。

将毕渥数的定义式(3-29)变形:

$$Bi = \frac{\dfrac{L}{\lambda}}{\dfrac{1}{h}} \qquad (3-30)$$

可以看出毕渥数 Bi 的物理意义为导热体的导热热阻与表面传热热阻之间的相对大小。

二、集总参数分析法

被热流体加热的平壁,从图 3 - 20(a)可以看出,加热时间很短时平壁表面温度有所升高,但中心处温度并未改变;随着时间的推移,中心处的温度开始升高,但其温度升高始终滞后于表面位置;在经过足够长的时间之后,平壁中心、表面和外界流体温度达到一致,处于热平衡。

(a)实际情况	(b)内部导热热阻远小于表面传热热阻

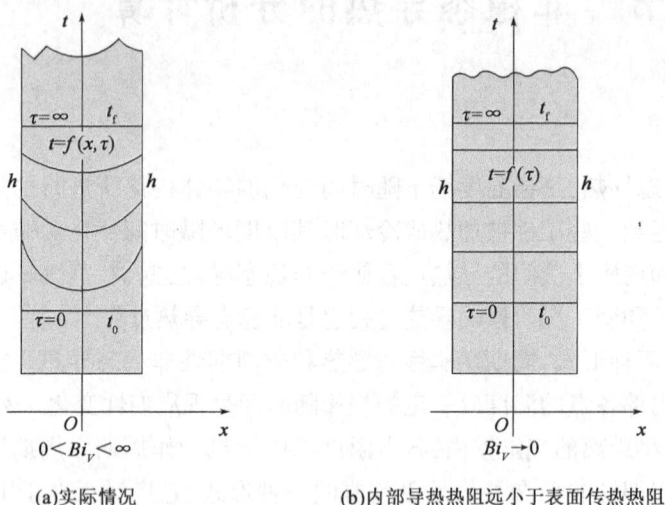

图 3 - 20　大平壁被加热时的温度随时间变化情况

图 3 - 20(b) 表示当平壁内部的导热热阻远小于其表面传热热阻时,在平壁温度逐渐升高的过程中,壁内各点温度相差不大,在任一瞬时均可近似地认为它们与平壁的平均温度非常接近。此时所需求解的温度仅为时间 τ 的函数而与坐标无关,即 $t = f(\tau)$。由于仅 τ 一个自变量,描述此导热现象的微分方程将是常微分方程,所以易于求解(动画 3 - 4)。

动画 3 - 4

由于壁内部的导热热阻远小于其表面传热热阻,壁内各处温度相差不大,温度梯度极小,因此可以把整个导热系统看作一个处于平均温度下的物体。用这种概念解题的方法称为集总参数分析法。

分析表明,对于形如平板、长圆柱及球等导热体,若毕渥数满足条件:

$$Bi_V = \frac{h\left(\dfrac{V}{A}\right)}{\lambda} < 0.1M \qquad (3-31)$$

则物体内各点温度相对偏差小于 5%,此时可用集总参数分析法求解。式中,M 是与物体几何形状有关的无量纲数。对于大平壁、长圆柱(正方形长柱体)和球(正立方体),M 分别等于 1、1/2 及 1/3。式(3 - 31)中的毕渥数采用 V/A 为定型尺寸,所以有时习惯加上下标"V",记为 Bi_V。A 是导热体与周围流体接触参与表面换热的面积。

根据前面阐述的毕渥数的物理意义,式(3 - 31)其实是说导热体的导热热阻比表面传热热阻要小得多,物体内部各点的温度十分接近,该式是判断非稳态导热能否采用集总参数分析法计算的判断依据。

图 3 - 21 示出一导热体,其初始温度为 t_0,被周围温度为 t_f 的流体冷却,表面传热系数 h 为定值。设导热体和流体相接触的各瞬间,可近似地认为导热体内各点温度相差甚小,可用其平均温度 t 表示。

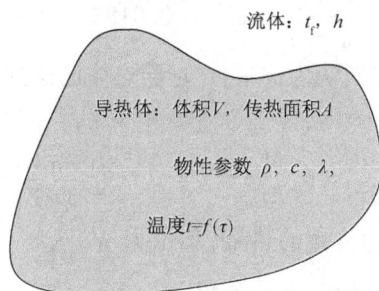

图 3 - 21　集总参数法中的导热体

经 $d\tau$ 时间后，由于散热，温度下降 dt。由能量平衡，散热量等于导热体本身热力学能的变化：

$$hA(t - t_f) = -\rho cV \frac{dt}{d\tau}$$

式中右侧取负号是由于 dt 为负值。

当考察的是导热体从周围流体吸热温度升高情况时，dt 为正值，这时能量平衡式为

$$hA(t_f - t) = \rho cV \frac{dt}{d\tau}$$

可以看出两个表达式其实是相同的，下面将以导热体被冷却的情况进行推导，但推导结果同样适用于导热体被加热的情况。

为方便进行积分，引入过余温度 $\theta = t - t_f$，则 $d\theta = dt$，代入上式得

$$\frac{d\theta}{\theta} = -\frac{hA}{\rho cV} d\tau$$

当 V、A、h、ρ、c 等为已知定值时，初始过余温度 $\theta_0 = t_0 - t_f$，对上式积分得

$$\int_{\theta_0}^{\theta} \frac{d\theta}{\theta} = -\frac{hA}{\rho cV} \int_0^{\tau} d\tau$$

$$\ln \frac{\theta}{\theta_0} = -\frac{hA}{\rho cV} \tau$$

$$\frac{\theta}{\theta_0} = \frac{t - t_f}{t_0 - t_f} = e^{-\frac{hA}{\rho cV} \tau} \tag{3-32}$$

式(3-32)是采用集总参数分析法求解非稳态导热问题的基本公式，可用于求解达到预定温度需要的时间，也可用于求解加热或冷却一定时间后导热体能达到的温度。式(3-32)表明导热体中过余温度 θ 的变化与时间 τ 呈指数函数的关系。

若非稳态导热经历的时间 $\tau = \rho cV/(hA)$ 时，由式(3-32)可以得到

$$\frac{\theta}{\theta_0} = \frac{t - t_f}{t_0 - t_f} = e^{-1} = 0.368 = 36.8\%$$

即导热体在此时的过余温度 θ 已下降到初始过余温度 θ_0 的 36.8%。$\rho cV/(hA)$ 具有时间的量纲，将其定义为时间常数，用符号 τ_c 表示，如果导热体的热容量 ρcV 小，换热条件好（即 hA 大），则单位时间所传递的热量多，导热体的温度变化快，将使导热体的温度迅速接近流体温度。当 $\tau = 4\tau_c$ 时，则

$$\frac{\theta}{\theta_0} = \frac{t - t_{\mathrm{f}}}{t_0 - t_{\mathrm{f}}} = \mathrm{e}^{-4} = 0.0183 = 1.83\%$$

即 t 与 t_{f} 已相差无几。工程上习惯认为，$\tau = 4\tau_{\mathrm{c}}$ 时导热体已达到热平衡状态。

由式(3-32)可得

$$\frac{\mathrm{d}t}{\mathrm{d}\tau} = \frac{\mathrm{d}\theta}{\mathrm{d}\tau} = \theta_0 \frac{\mathrm{d}}{\mathrm{d}\tau} \mathrm{e}^{-\frac{hA}{\rho cV}\tau} = \theta_0 \cdot \left(-\frac{hA}{\rho cV} \right) \cdot \mathrm{e}^{-\frac{hA}{\rho cV}\tau}$$

所以导热体在单位时间内传递给流体的热量(单位为 W)为

$$\Phi = -\rho cV \frac{\mathrm{d}t}{\mathrm{d}\tau} = \theta_0 hA \mathrm{e}^{-\frac{hA}{\rho cV}\tau} \tag{3-33}$$

利用式(3-33)，可得导热体在 $\tau = 0$ 到 $\tau = \tau$ 时段内传入流体的总热量(单位为 J)：

$$Q = \int_0^\tau \Phi \mathrm{d}\tau = \theta_0 \rho cV \left(1 - \mathrm{e}^{-\frac{hA}{\rho cV}\tau} \right) \tag{3-34}$$

[例题 3-9] 一厚 $\delta = 10\mathrm{mm}$ 的钢板，可视作大平壁，初温为 200℃，空气温度为 20℃，试计算钢板温度下降为 50℃、100℃所需的时间。钢板与空气间的表面传热系数 $h = 15\mathrm{W}/(\mathrm{m}^2 \cdot \mathrm{K})$。钢板的 $\lambda = 39\mathrm{W}/(\mathrm{m} \cdot \mathrm{K})$，$c = 0.475\mathrm{kJ}/(\mathrm{kg} \cdot \mathrm{K})$，$\rho = 7900\mathrm{kg}/\mathrm{m}^3$。

解：首先计算毕渥数，垂直于厚度的面积设为 F，则

$$\frac{V}{A} = \frac{F\delta}{2F} = \frac{\delta}{2}$$

$$Bi_V = \frac{h\delta}{2\lambda} = \frac{15 \times 0.01}{2 \times 39} = 0.00192 < 0.1$$

可用集总参数分析法求解。由式(3-32)有

$$\theta = \theta_0 \cdot \exp\left(-\frac{hA}{\rho cV}\tau \right) = \theta_0 \cdot \exp\left(-\frac{15\tau}{475 \times 7900 \times 0.005} \right) = \theta_0 \cdot \exp(-0.0008\tau)$$

$$\frac{\theta}{\theta_0} = \frac{t - t_{\mathrm{f}}}{t_0 - t_{\mathrm{f}}} = \frac{t - 20}{200 - 20} = \mathrm{e}^{-0.0008\tau}$$

当 $t = 50$℃时，代入上式解得 $\tau = 2239.7\mathrm{s}$；当 $t = 100$℃时，代入上式解得 $\tau = 1013.7\mathrm{s}$。

[例题 3-10] 一球形热电偶接点，设计时要求其对周围低温流体温度 t_{f} 变动的影响为：初始温度 t_0 的热电偶与流体接触后，在 1s 内所指示温度的过余温度比 $\theta/\theta_0 = (t - t_{\mathrm{f}})/(t_0 - t_{\mathrm{f}}) = 0.98$，即要求球形接点在 1s 内能使其过余温度 θ 迅速下降到初始过余温度 θ_0 的98%。设接点所用材料的 $\rho = 8000\mathrm{kg}/\mathrm{m}^3$、$c = 418\mathrm{J}/(\mathrm{kg} \cdot \mathrm{K})$、$\lambda = 52\mathrm{W}/(\mathrm{m} \cdot \mathrm{K})$，接点与流体间的换热系数 $h = 57\mathrm{W}/(\mathrm{m}^2 \cdot \mathrm{K})$。试计算球形接点的最大允许半径 r_0。

解：先计算球形接点的毕渥数：

$$\frac{V}{A} = \frac{4\pi r_0^3/3}{4\pi r_0^2} = \frac{r_0}{3}$$

$$Bi_V = \frac{hr_0}{3\lambda} = \frac{57r_0}{3 \times 52} = 0.365r_0 \tag{a}$$

如果 $Bi_V = 0.365r_0 < 0.1 \times 1/3$，则可采用集总参数分析法，并由式(3-32)求得以时间的函数表示的接点温度。但因半径 r_0 未知，需待 r_0 求出后再进行校核。

由式(3-32)得

$$\ln \frac{\theta}{\theta_0} = -\frac{hA}{\rho cV}\tau$$

$$\ln 0.98 = -\frac{57 \times 3}{8000 \times 418 \times r_0}$$

$$r_0 = 0.00253(\text{m}) = 2.53(\text{mm})$$

将解得的 r_0 值代入式(a),得

$$Bi_V = 0.365 r_0 = 0.365 \times 0.00253 = 0.00092 < 0.1 \times \frac{1}{3}$$

上述分析和计算是合适的,故 $r_0 = 2.53\text{mm}$。

第六节 导热问题的数值解法

视频 3 - 6

对于任意一个特定导热问题的研究均可通过解析法求解,其基本思路是建立描述该导热问题的微分方程,再带入单值性条件,利用适合的求解方法解得导热体内部的温度分布,进而获得热量传递规律。此方法可以通过函数关系式定量地反映各个参数间的关系,经济性和可靠性好,但仅适用于简单问题。对于复杂的二维、三维导热问题,其微分方程的解题技巧要求很高,且解的形式往往冗长繁琐,甚至由于数学上的困难,难以获得其解析解。此时,数值计算的方法得到了广泛应用。

一、导热问题数值求解的基本思想及基本概念

对物理问题进行数值求解的基本思想可以概括为:把原来在时间、空间坐标系中连续的物理量的场,如导热物体的温度场,用有限个离散点上的值的集合来代替,通过对各离散节点建立代数离散方程,将导热微分方程的求解问题转化为节点温度代数方程的求解问题。这些离散点上被求物理量值的集合称为该物理量的数值解。这一基本思想可用图 3-22 所示的求解过程的框图来表示。随着计算机科学与技术的迅速发展,数值求解方法(又称数值模拟,numerical simulation)在科学研究、工业设计及国防建设中的作用越来越重要,在石油与天然气工程领域也有广泛应用。

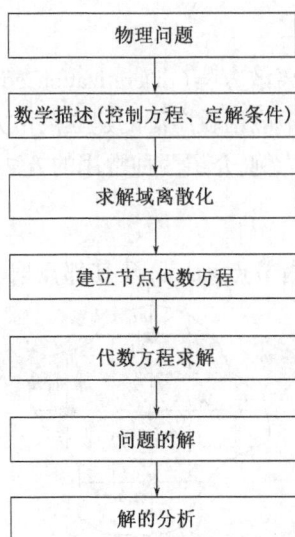

```
物理问题
   ↓
数学描述(控制方程、定解条件)
   ↓
求解域离散化
   ↓
建立节点代数方程
   ↓
代数方程求解
   ↓
问题的解
   ↓
解的分析
```

图 3-22　导热问题数值解法的流程图

下面以图 3-23 所示的二维矩形域内的稳态、无内热源、常物性的导热问题为例,对数值求解过程的一些基本概念和术语做一些简单介绍。其导热微分方程为

$$\frac{\partial^2 t}{\partial x^2} + \frac{\partial^2 t}{\partial y^2} = 0 \tag{3-35}$$

如图 3-23 所示,用一系列与坐标轴平行的网格线把求解区域划分成许多子区域,即为区域离散化。以网格线的交点作为需要确定温度值的空间位置,称为节点(也称结点,node)。其中,位于区域中心的节点为内节点;位于区域边界的节点为边界节点。相邻两节点间的距离称为空间步长(step length),记为 Δx、Δy。图 3-23 中 x 方向及 y 方向是各自均分的。根据实际问题的需要,网格的划分常常是不均匀的,这里为简便起见采用均分网格。节点的位置以该点在两个方向上的标号 m、n 来表示。

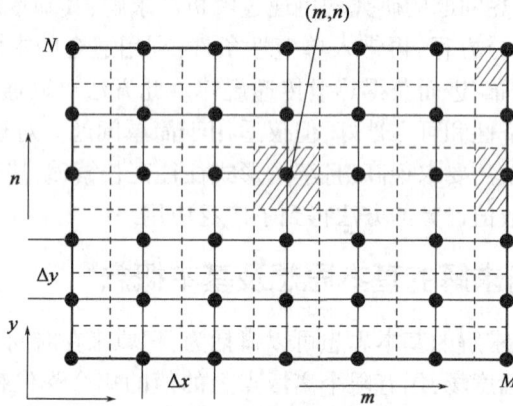

图 3-23　区域离散化

每一个节点都可以看成是以它为中心的一个小区域的代表,图 3-23 中有阴影线的小区域即是节点 (m,n) 所代表的区域,它由相邻两节点连线的中垂线构成。把节点所代表的小区域称为元体(element),又称为控制容积(control volume)。

二、建立离散方程的方法

节点上物理量的代数方程称为离散方程(discretization equation),它的建立是数值求解过程中的重要环节。在流动和传热计算中应用较广泛的建立离散方程的方法,包括有限差分法、有限元法和有限容积法。下面以内节点为例,介绍两种常用的方法,有限差分法与控制容积平衡法。

1. 有限差分法

为讨论方便,把图 3-23 中的内节点 (m,n) 及其邻点取出并放大,如图 3-24 所示。

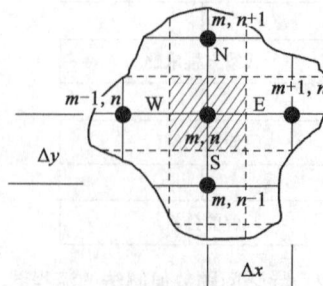

图 3-24　内节点离散方程的建立(有限差分法)

对节点$(m+1,n)$及$(m-1,n)$分别写出函数t对(m,n)点的泰勒级数展开式：

$$t_{m+1,n} = t_{m,n} + \Delta x \frac{\partial t}{\partial x} \mid_{m,n} + \frac{\Delta x^2}{2} \frac{\partial^2 t}{\partial x^2} \mid_{m,n} + \frac{\Delta x^3}{6} \frac{\partial^3 t}{\partial x^3} \mid_{m,n} + \frac{\Delta x^4}{24} \frac{\partial^4 t}{\partial x^4} \mid_{m,n} + \cdots \qquad (a)$$

$$t_{m-1,n} = t_{m,n} - \Delta x \frac{\partial t}{\partial x} \mid_{m,n} + \frac{\Delta x^2}{2} \frac{\partial^2 t}{\partial x^2} \mid_{m,n} - \frac{\Delta x^3}{6} \frac{\partial^3 t}{\partial x^3} \mid_{m,n} + \frac{\Delta x^4}{24} \frac{\partial^4 t}{\partial x^4} \mid_{m,n} + \cdots \qquad (b)$$

将式(a)、(b)相加得

$$t_{m+1,n} + t_{m-1,n} = 2t_{m,n} + \Delta x^2 \frac{\partial^2 t}{\partial x^2} \mid_{m,n} + \frac{\Delta x^4}{12} \frac{\partial^4 t}{\partial x^4} \mid_{m,n} + \cdots \qquad (c)$$

将式(c)改写成$\frac{\partial^2 t}{\partial x^2} \mid_{m,n}$的表达式，有

$$\frac{\partial^2 t}{\partial x^2} \mid_{m,n} = \frac{t_{m+1,n} - 2t_{m,n} + t_{m-1,n}}{\Delta x^2} + O(\Delta x^2) \qquad (d)$$

这是用三个离散点上的值来计算二阶导数$\frac{\partial^2 t}{\partial x^2} \mid_{m,n}$的严格表达式，其中符号$O(\Delta x^2)$称为阶段误差(truncation error)，表示未明确写出的级数余项中Δx的最低阶数为2。在进行数值计算时，希望得出用三个相邻节点上的值表示的二阶导数的近似的代数表达式，为此略去式(d)中的$O(\Delta x^2)$，可得

$$\frac{\partial^2 t}{\partial x^2} \mid_{m,n} \cong \frac{t_{m+1,n} - 2t_{m,n} + t_{m-1,n}}{\Delta x^2} \qquad (3-36a)$$

这就是二阶导数的差分表达式，称为中心差分(central difference)。同理可有

$$\frac{\partial^2 t}{\partial y^2} \mid_{m,n} \cong \frac{t_{m,n+1} - 2t_{m,n} + t_{m,n-1}}{\Delta y^2} \qquad (3-36b)$$

将式(3-36a)和式(3-36b)带入式(3-35)中，可得

$$\frac{t_{m+1,n} - 2t_{m,n} + t_{m-1,n}}{\Delta x^2} + \frac{t_{m,n+1} - 2t_{m,n} + t_{m,n-1}}{\Delta y^2} = 0 \qquad (3-37)$$

如果$\Delta x = \Delta y$，则

$$t_{m,n} = \frac{1}{4}(t_{m+1,n} + t_{m-1,n} + t_{m,n+1} + t_{m,n-1}) \qquad (3-38)$$

式(3-38)是位于计算区域内节点的代数方程。

2. 控制容积平衡法

控制容积平衡法也称为热平衡法。采用控制容积平衡法时，对每个节点所代表的元体用傅里叶导热定律直接写出其能量守恒的表达式。此时把节点看成是元体的代表。通过元体的界面所传导的热流量可以对有关的两个节点应用傅里叶定律写出，如图3-25所示。例如，从节点$(m-1,n)$通过界面W传导到节点(m,n)的热流量可表示为

$$\Phi_w = \lambda \Delta y \frac{t_{m-1,n} - t_{m,n}}{\Delta x} \qquad (e)$$

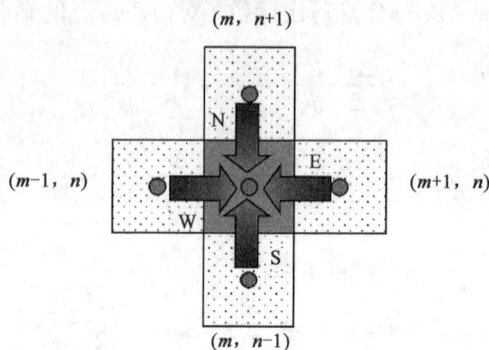

图 3 - 25   内节点离散方程的建立(控制容积平衡法)

类似地可以写出通过其他三个界面 E、N 及 S 传导给节点(m,n)的热量。

对于所研究的问题,元体(m,n)的能量守恒方程为

$$\Phi_e + \Phi_w + \Phi_n + \Phi_s = 0 \tag{f}$$

将类似于式(e)的表达式代入,得

$$\lambda \frac{t_{m-1,n} - t_{m,n}}{\Delta x} \Delta y + \lambda \frac{t_{m+1,n} - t_{m,n}}{\Delta x} \Delta y + \lambda \frac{t_{m,n+1} - t_{m,n}}{\Delta y} \Delta x + \lambda \frac{t_{m,n-1} - t_{m,n}}{\Delta y} \Delta x = 0$$

$$(3 - 39)$$

注意,式(3 - 39)中的各项热流量都以导入元体(m,n)的方向为正。对式(3 - 39)进一步简化可得出式(3 - 38)。由上述推导过程可见,用热平衡法导出式(3 - 39)的思路和过程与 2.3 节中建立导热微分方程的思路和过程完全一致,所不同的只是第 2.3 节所讨论的是一个微元体,而此处为有限大小的元体。

在控制容积平衡法中直接将能量守恒原理以及傅里叶定律应用于节点所代表的控制容积,这种方法的物理概念清晰,推导过程简捷。对于非均分网格上述推导结果同样适用,只要将节点间距离的不同反映到离散方程中,即式(3 - 39)中的 Δx、Δy 采用各个元体中的不同数值。因此,这种方法在工程数值计算中得到广泛的应用,读者应该很好掌握。

同样,对于温度未知的位于边界上的节点也可建立相应的方程,在此不再赘述。

三、代数方程求解

运用不同的离散方法可以建立导热体所有内部节点与边界节点温度的差分方程。有 n 个未知的节点温度,就可以建立 n 个节点温度差分方程,构成一个线性代数方程组,求解该方程组,就可以得到节点温度的数值解。

有关线性代数方程组的求解方法(如消元法、矩阵求逆法等)在《线性代数》等教科书中已有详细论述,在此不再介绍,仅简单介绍在导热问题数值计算中常用的简单迭代法。

设节点温度差分方程的形式为

$$\begin{cases} a_{11} t_1 + a_{12} t_2 + \cdots + a_{1n} t_n = b_1 \\ a_{21} t_1 + a_{22} t_2 + \cdots + a_{2n} t_n = b_2 \\ \vdots \\ a_{n1} t_1 + a_{n2} t_2 + \cdots + a_{nn} t_n = b_n \end{cases} \tag{3 - 40}$$

其中 $a_{ij}(i \downarrow j = 1, 2, \cdots, n)$、$b_i$ 为常数,且 $a_{ij} \neq 0$。

将该方程组改为 $t_1, t_2, \cdots, t_n$ 的显函数形式:

$$\begin{cases} t_1 = \dfrac{1}{a_{11}}(b_1 - a_{12} t_2 - \cdots - a_{1j} t_j \cdots - a_{1n} t_n) \\[2mm] t_2 = \dfrac{1}{a_{22}}(b_2 - a_{21} t_1 - \cdots - a_{2j} t_j \cdots - a_{2n} t_n) \\[2mm] \vdots \\[2mm] t_n = \dfrac{1}{a_{nn}}(b_n - a_{n1} t_1 - \cdots - a_{nj} t_j \cdots - a_{nn} t_n) \end{cases} \qquad (3-41)$$

先合理地假设一组节点温度的初值 t_1^0, t_2^0, $\cdots$, t_n^0, 带入式(3-30),求得一组节点温度值 t_1^1, t_2^1, $\cdots$, t_n^1;再将 t_1^1, t_2^1, $\cdots$, t_n^1 代数式(3-41),又求得一组新的节点温度值 t_1^2, t_2^2, $\cdots$, t_n^2;以此类推,每次都将新求得的节点温度代回方程组,求得一组更新的节点温度值。其中,节点温度的上角标表示迭代次数。将此种迭代运算反复进行,直至前后相邻两次对应的节点温度值间的最大偏差小于预定的允许偏差为止,即

$$\max |t_i^k - t_i^{k-1}| < \varepsilon \qquad (3-42)$$

即可认为迭代运算已经收敛,此时求得的最后一组节点温度即是所求的各节点温度。

[例题 3-11]　某二维导热体的已知条件和网格划分情况如图 3-26 所示,试求节点 4、5、6 的温度和流体带走的热量。设指定允许误差 $\varepsilon \leqslant 0.03℃$。

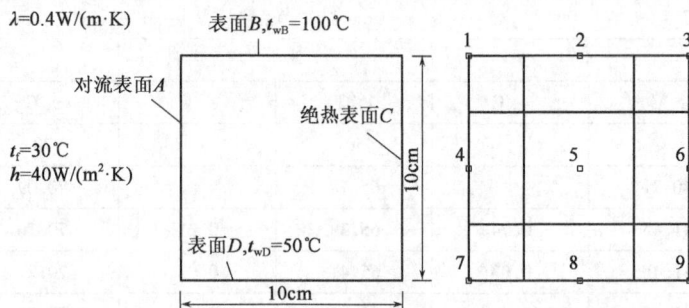

图 3-26　例题 3-10 图

解:对于节点 4,利用控制容积平衡法,有

$$h(t_f - t_4)\Delta y + \lambda \frac{t_1 - t_4}{\Delta y} \frac{\Delta x}{2} + \lambda \frac{t_5 - t_4}{\Delta x}\Delta y + \lambda \frac{t_7 - t_4}{\Delta y} \frac{\Delta x}{2} = 0$$

化简得

$$t_4 = \frac{2t_5 + t_1 + t_7}{4} + \frac{h(t_f - t_4)\Delta y}{2\lambda}$$

对于节点 5,利用相同方法,有

$$\lambda \frac{t_4 - t_5}{\Delta x}\Delta y + \lambda \frac{t_2 - t_5}{\Delta y}\Delta x + \lambda \frac{t_6 - t_5}{\Delta x}\Delta y + \lambda \frac{t_8 - t_5}{\Delta y}\Delta x = 0$$

化简得

$$t_5 = \frac{t_4 + t_6 + t_2 + t_8}{4}$$

同理,对于节点 6,有

$$\lambda \frac{t_5 - t_6}{\Delta x} \Delta y + \lambda \frac{t_3 - t_6}{\Delta y} \frac{\Delta x}{2} + 0 + \lambda \frac{t_9 - t_6}{\Delta y} \frac{\Delta x}{2} = 0$$

化简得

$$t_6 = \frac{2t_5 + t_3 + t_9}{4}$$

构成方程组,即

$$\begin{cases} t_4 = \dfrac{2t_5 + t_1 + t_7}{4} + \dfrac{h(t_f - t_4)_w \Delta y}{2\lambda} \\[3mm] t_5 = \dfrac{t_4 + t_6 + t_2 + t_8}{4} \\[3mm] t_6 = \dfrac{2t_5 + t_3 + t_9}{4} \end{cases}$$

假设节点 5 及节点 6 的初始温度为 50℃ 及 70℃,迭代计算过程见表 3-2。

表 3-2   例 3-10 计算过程表

迭代次数	节点					
	4		5		6	
	t,℃	ε,℃	t,℃	ε,℃	t,℃	ε,℃
0			50		70	
1	40.71		65.18		70.09	
2	41.45	0.74	65.39	0.21	70.16	0.07
3	41.48	0.03	65.41	0.02	70.21	0.05
4	41.49	0.01	65.43	0.02	70.22	0.01

则流体带走的热量为

$$\Phi = \Phi_{1-t_f} + \Phi_{4-t_f} + \Phi_{7-t_f}$$

$$= h \frac{\Delta y}{2}(t_1 - t_f) + h\Delta y(t_4 - t_f) + h \frac{\Delta y}{2}(t_7 - t_f)$$

$$= 40 \times \frac{0.05}{2} \times (100 - 30) + 40 \times 0.05 \times (41.49 - 30) + 40 \times \frac{0.05}{2} \times (50 - 30)$$

$$= 113(\text{W})$$

思 考 题

1. 一个由三层不同材料组成的复合平壁,其定值导热系数 $\lambda_1 > \lambda_2 > \lambda_3$,厚度 $\delta_1 = \delta_2 = \delta_3$,壁温 $t_{w1} > t_{w4}$,试画出温度分布曲线。

2. 运用傅里叶定律和变值导热系数 $\lambda = \lambda_0(1 + bt)$,证明圆筒壁一维稳态无内热源导热时平均导热系数 $\lambda_m = \lambda_0(1 + bt_m)$,式中 $t_m = \dfrac{1}{2}(t_{w1} + t_{w2})$。

3. 有一空心球壁,内、外壁直径分别为 d_1 和 d_2,壁温 $t_{w1} > t_{w2}$,λ 设为定值,试用傅里叶定律求证球壁的一维径向稳态导热公式为

$$\Phi = \frac{2\pi\lambda}{\dfrac{1}{d_1} - \dfrac{1}{d_2}}(t_{w1} - t_{w2})$$

4. 试分别阐述单层、多层的大平壁常物性无内热源稳态导热温度分布线的特点;分别阐述单层、多层的长圆筒壁常物性无内热源稳态导热温度分布曲线的特点。

5. 影响接触热阻的主要因素有哪些?减小接触热阻的方法有哪些?

6. 什么是集总参数分析法?该方法最大的特点是什么?在什么情况下可以使用集总参数分析法,需要满足的判断式是什么?

7. 一圆柱体侧面绝热,过轴心取一剖面。初始温度均匀并为 t_0,如其上下两面的温度突然升至 t_w 且维持不变,试大致绘出 τ 时刻圆柱体内等温面线的分布情况(要求相邻二等温线温差相同)。

8. 什么叫时间常数?试分析测量恒定的流体温度时 τ_c 对测量准确度的影响。

习 题

3-1 厚 250mm 的平壁,两侧壁温为 60℃ 和 20℃,试求平壁为下列各种材料时的热流密度:(1) 耐火砖:$\lambda_1 = 0.68W/(m \cdot K)$;(2) 木材:$\lambda_2 = 0.15W/(m \cdot K)$;(3) 大理石:$\lambda_3 = 1.3W/(m \cdot K)$。

3-2 砖墙厚 15cm,导热系数 0.6W/(m·K)。在砖墙外侧敷设保温材料,其导热系数为 0.14W/(m·K)。为使热流密度不超过 1000W/m²,问需敷设多厚的保温材料,设砖墙内侧壁温为 900℃,保温材料的外壁温度为 20℃。

3-3 用平底锅烧开水时,如热流密度为 42.4kW/m²,则与水接触的锅底温度为 110℃,设锅底结起一层厚 3mm 的水垢,其导热系数为 1W/(m·K),热流密度及与水接触面的温度保持不变。试求水垢与金属锅底接触面的温度。

3-4 某平壁厚 10cm,两侧壁温度为 100℃ 和 300℃,平壁材料的导热系数 $\lambda = 0.099(1 + 0.0002t)W/(m \cdot K)$。求通过平壁的热流密度,并作壁内温度分布曲线。

3-5 钢板厚 6mm,导热系数为 40W/(m·K)。钢板左侧处于真空中,单位面积吸收辐射能量 5000W/m²;钢板右侧壁温恒定为 30℃。求钢板左侧壁温,并作钢板内温度分布曲线。

3-6 墙厚 250mm，内侧壁温 25℃，外界空气的温度为 -10℃，求通过单位壁面积的热损失。设砖墙的导热系数为 0.42W/(m·K)，空气侧的表面传热系数为 35W/(m²·K)。

3-7 某锅炉的炉墙由一层耐火砖 $[\delta_1 = 120mm, \lambda_1 = 0.93W/(m·K)]$ 和一层红砖 $[\delta_3 = 250mm, \lambda_3 = 0.7W/(m·K)]$ 砌成，两层砖之间填入硅藻土 $[\delta_2 = 50mm, \lambda_2 = 0.14W/(m·K)]$。若炉墙内表面（耐火砖层）温度 $t_1 = 980℃$，外表面（红砖层）温度 $t_2 = 45℃$，试求炉墙每平方米面积的散热量。若填料层用红砖，且要求散热损失仍保持不变，红砖层需多厚？炉墙总厚度加厚还是减薄了？为什么？

3-8 外径为 50mm 的钢管，外包一层 8mm 厚的石棉保温层，其导热系数为 0.12W/(m·K)，然后又包一层 20mm 厚的玻璃棉，其导热系数为 0.045W/(m·K)。钢管外侧壁温为 300℃，玻璃棉层外侧温度为 40℃，求石棉层和玻璃棉层间的温度。

3-9 外径 150mm，壁温 250℃ 的管道，外敷导热系数为 0.12W/(m·K) 的蛭石保温材料。为使单位长度的热损失不大于 160W/m，求蛭石层的厚度。设蛭石层外侧壁温为 40℃。

3-10 工厂蒸汽管道外表面温度为 400℃，外径为 170mm。为了减少热损失和保障工作安全，在蒸汽管道外敷设保温层，且保温材料外表面温度不得超过 50℃。如果采用的水泥蛭石保温材料的导热系数随温度的变化函数为 $\lambda = \lambda_0(1 + bt)$，单位为 W/(m·K)，其中 $\lambda_0 = 0.103W/(m·K)$，$b = 0.0019℃^{-1}$，并把每米长管道的热损失控制在 420W/m 以内，试求蛭石保温层的厚度。（提示：可参考思考题 2 的结论。）

3-11 有一由 A 和 B 两种不同金属材料组成的两层大平壁，已知其接合面接触良好，材料 A 的壁厚为 55mm，导热系数为 82W/(m·K)，壁内有均匀分布的内热源，发热率为 $q_v = 2 \times 10^6$ W/m³。材料 B 的厚度为 25mm，导热系数为 120W/(m·K)，壁内无内热源。平壁 A 的外侧表面绝热，平壁 B 的外侧表面被 25℃ 的水冷却，表面传热系数为 1500W/(m²·K)，试求在稳态下：(1)平壁 A 外表面的温度和平壁 B 外表面的温度；(2)沿平壁的厚度方向绘出平壁内的温度分布示意曲线。

3-12 一根长度为 100mm、直径为 5mm 的黄铜棒，是一温度为 200℃ 的铜体的水平伸展体。铜棒周围空气温度 $t_f = 20℃$，表面传热系数为 30W/(m²·K)，黄铜导热系数为 130W/(m·K)。试问棒上距铜体 50mm 处的温度为多少？

3-13 在套管中插入温度计测定管道内的蒸汽温度。已知管道壁温为 40℃，套管壁厚为 2.5mm，套管的导热系数为 40W/(m·K)，蒸汽与套管间表面的传热系数为 100W/(m²·K)，当套管长度为 80mm 时，温度计指示的读数为 150℃。试求：(1)流体的实际温度及测温误差；(2)如果控制测温误差小于 0.5%，温度计套管的最小长度应为多少？

3-14 体温计的水银泡长 1cm、直径为 7mm。体温计自酒精溶液中取出时，由于酒精蒸发，体温计水银泡维持 18℃。护士将体温计插入病人口中，水银泡表面的当量表面传热系数 $h = 100W/(m²·K)$。如果测温误差要求不超过 0.2℃，求体温计插入病人口中后，至少要多长时间才能将体温计从体温为 40℃ 的病人口中取出。水银泡的当量物性参数为：$\rho = 8000kg/m³$，$c = 430J/(kg·K)$。由于水银泡尺寸较小，认为可以按照集总参数分析法计算。

3-15 初温相同、材料相同的金属薄板、细圆柱体和小球放在相同介质中加热。如薄板厚度、细圆柱体直径、小球直径相等，表面传热系数相同，求把它们加热到同样温度所需时间之比。

3-16 用一插入气罐中的水银温度计测量气体温度。温度计初始温度20℃,与气体的表面传热系数为11.6W/(m²·K)。把温度计视为长20mm、直径4mm的短圆柱,并忽略水银泡外一层薄玻璃的作用,试计算5min后温度计的过余温度为初始过余温度的百分之几。如要使温度计的过余温度不大于初始过余温度的百分之一,至少要多少时间?已知水银的$\lambda = 10.63W/(m·K)$,$\rho = 13110kg/m^3$,$c = 0.138kJ/(kg·K)$。

3-17 如图3-27所示,一个具有梯形剖面的长杆,杆在垂直纸面方向的尺寸远大于两侧面和上下端面的尺寸。已知两侧面处于均匀温度状态,上下两端面绝热。如果材料的导热系数为20W/(m·K),试用数值解法求单位杆长传递的热量。

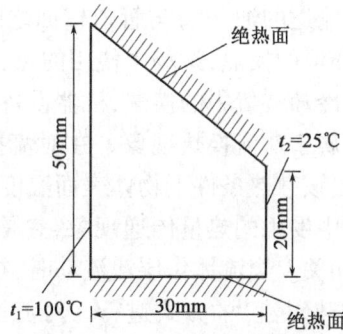

图3-27 习题3-17图

第四章　对流换热原理

对流换热是指温度不同的流体与固体壁面直接接触时所发生的热传递过程。它在工程中有着广泛的应用,具有重要的实际意义。如:在石油钻井工程中,钻井液与井筒壁面的换热,钻井设备的表面与大气环境之间的换热;在采油过程中,注蒸汽热采过程中蒸汽与井筒、地层之间的换热;在储运工程中,管道中输送的油(气)与管道壁面之间的换热,管道外表面与大气环境的换热,站场设备表面与大气环境的换热,站场中使用的热交换器内部流体与间壁之间的换热;在机械工程中,冷却水在循环冷却装置中的换热,机器设备的表面、仪器仪表的表面与大气环境的换热,芯片的散热等等,都属于对流换热现象。在对流换热计算中,工程上首先关心的是在各种条件下的散热量是多少、该散热条件下物体表面温度或内部温度是多少等问题。

对流换热是在流体流动进程中发生的热量传递现象,它是依靠流体质点的移动进行热量传递的,与流体的流动情况密切相关。当流体作层流流动时,在垂直于流体流动方向上的热量传递,主要以热传导(也有较弱的热对流)的方式进行。对流换热与热对流不同,它既有热对流,也有导热,不是基本的传热方式。

这一章,我们要进一步探讨对流换热的机理,分析影响对流换热的各种因素,并简要介绍用量纲分析法确定对流换热系数的方法等。

在第一章绪论中曾经指出:对流换热是一个复杂的物理现象。换热过程中,热量的传递既靠流体中分子间的微观导热作用,又靠流体微团不断运动和相互混合时的热对流作用。这种过程是导热和热对流同时起作用的过程,过程中所传热量的基本计算依据是牛顿冷却定律

$$\Phi(\mathrm{W}) = h_\mathrm{c} A(t_\mathrm{f} - t_\mathrm{w})$$

或:
$$q(\mathrm{W/m^2}) = h_\mathrm{c}(t_\mathrm{f} - t_\mathrm{w})$$

式中,对流换热系数 h_c 表征着对流换热的强弱程度。在数值上,它等于流体和壁面之间的温度差为 1K 时,每单位时间单位面积的对流换热量,单位为 $\mathrm{W/(m^2 \cdot K)}$。

对流换热系数是对流换热过程中的物理量,不是物性参数。对流换热热量计算的方法是首先根据对流换热的流动特点确定该对流换热过程的对流换热系数 h_c,然后根据牛顿冷却定律计算对流换热热量的大小,所以,实际换热量的计算重点是如何确定换热过程的对流换热系数 h_c。

第一节　速度边界层和热边界层

视频 4 - 1

液体和气体的导热系数相对于大多数固体材料或金属材料都很小,而且对于给定的流体,在具体的换热条件下,流体的温度变动一般不大,因此对流换热量以及相应的对流换热系数的大小,将更多地取决于流体的运动情况。根据大量的实验结果发现,黏性流体在靠近壁面处一定厚度的流体区域内,流体的速度和温度变化最显著,它们的状况直接支配着对流换热热量的传递,对流换热系数的大小主要取决于该

区域内流体的流动和换热状况。下面以流体流过平板为例分析介绍流体的流动和换热的状况。

一、速度边界层

流体力学指出,具有黏性且能湿润固体壁面的流体流过壁面会产生黏性力。根据牛顿内摩擦定律,流体黏性切应力 τ 与垂直于运动方向的速度梯度 du/dy 成正比:

$$\tau(\mathrm{N/m^2}) = \mu \cdot du/dy \tag{4-1}$$

式中,μ 称为流体的动力黏度,单位为 Pa·s。

当黏性流体以来流速度 u_∞ 流过固体壁面时,由于流体的黏性产生的壁面摩擦力,使紧贴壁面处流体的速度降为零,离壁面愈远的流体速度越接近于来流速度 u_∞,沿壁面法线方向上出现了速度梯度。流体力学中,把具有明显速度梯度的那一层流体薄层叫做速度边界层,也称流动边界层。图4-1表明了速度边界层在平板上的形成和发展过程。

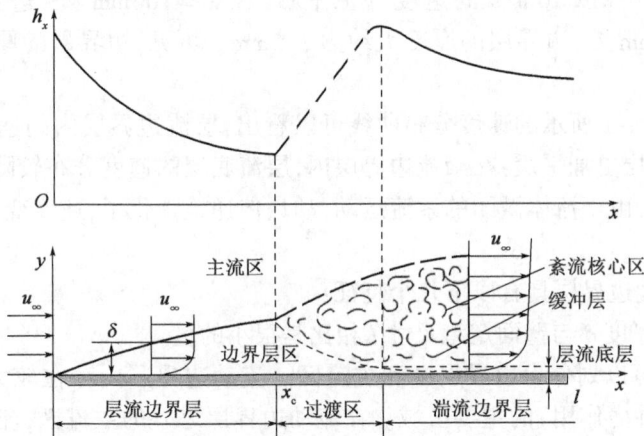

图4-1 流体流经平板时边界层的形成和发展

若在离平壁前缘 x 处,用仪器测量壁面法线方向 y 上各点的流速,可得到如图4-1所示的速度分布曲线。该曲线表明流速 u 沿 y 方向由零逐渐接近于来流速度。通常以 $u=0.99u_\infty$ 为界,认为界外流体,壁面摩阻的影响很微小,流体流速基本维持不变,称主流区;界内流体速度变化强烈,具有明显的速度梯度,为边界层区。由速度为0的壁面到流体速度达到 $0.99u_\infty$ 处离壁面的垂直距离定义为边界层的厚度,用符号 δ 表示。

根据流体力学的无滑移理论:流体以流速 u_∞ 流经平板时,在入口边缘,即 $x=0$ 处,边界层的厚度 $\delta=0$;流进平板后,壁面黏滞力的影响逐渐地向流体内部传递,边界层的厚度 δ 随着流过平板的距离 x 的增大而逐渐增厚。厚度较小时,由于层内有大的速度梯度,相应地有较大的黏滞力牵制流体,使层内流体微团在 x_c 以前一段距离内只能沿着壁面平行地分层流动,形成层流边界层。随着流动距离 x 的增大,边界层厚度增加,必然导致壁面黏滞力对流体的影响减弱,边界层内的速度梯度变小,速度分布在接近边界层外缘处变得平缓,层内流体的黏滞力阻止不了主流区流体的任何微小扰动,惯性力的影响相对增大,自距入口前缘 x_c 起,层流边界层逐渐变得不稳定起来,层内流体逐渐失去层流特性而呈现出横向脉动和旋涡状,朝紊流过渡。

此后，随着流经平板距离 x 的继续增大，层内流体微团沿主流运动方向的横向脉动和旋涡越来越剧烈，边界层最终过渡为旺盛紊流，形成紊流边界层。自紊流开始出现起，由于流体微团传递动量的能力比层流强，壁面黏滞力传到流体内部的距离可以更远一些，使边界层明显加厚。层流边界层与旺盛紊流边界层之间的区域称为过渡区，流态为过渡流。从平板前缘开始到层流向紊流过渡区的距离 x_c 称为临界距离 x_c，对应的雷诺数称为临界雷诺数 Re_c，如图 4-1 所示。必须指出：在紊流边界层内，紧贴壁面处的薄层内的流体，由于黏滞力仍然很大，依旧保持层流状态，这一极薄层称为紊流边界层的层流底层，也称为黏性底层。该层上方的流体，由于黏性较小，流动呈旺盛的紊流状态，这一层称为紊流核心区。两者之间还有一层从层流到紊流的过渡层，称为缓冲层。紊流边界层是由层流底层、缓冲层和紊流核心区组成的。

根据流体力学知识，层流边界层厚度为

$$\delta = 5\sqrt{\frac{x\nu}{u_\infty}} = \frac{5x}{\sqrt{\dfrac{u_\infty x}{\nu}}} = \frac{5x}{\sqrt{Re_x}} \qquad (4-2)$$

例如，20℃的空气以 10m/s 的速度外掠平板，在 $x = 100$mm 处，边界层的厚度大约为 1.8mm；在 $x = 200$mm 处，边界层的厚度大约为 2.5mm。可见，边界层的厚度 δ 与壁的定型尺寸 L 相比极小。

另外，根据图 4-1 所示的速度分布曲线可以看出：层流边界层内的速度分布线相对于紊流边界层的层流底层更加平缓；在紊流边界层内，层流底层的速度分布较陡，温度梯度很大，而在底层以外的区域，由于流体微团的紊流运动，动量传递被强化了，速度变化趋于平缓，速度梯度较小。

综上所述，速度边界层具有以下几个特征：

(1)边界层的厚度 δ 与壁面定型尺寸 l 相比是很小的量。

(2)整个流场可以划分为边界层区和主流区。流动边界层内存在较大的速度梯度，是发生动量扩散(即黏性力作用)的主要区域。在流动边界层之外的主流区，流体可近似认为是无黏性的理想流体。

(3)根据流动状态，边界层沿流动方向分为层流边界层和紊流边界层。紊流边界层又分为层流底层、缓冲层与紊流核心区三层结构，层流底层内的速度梯度远大于紊流核心区内的速度梯度。

二、热边界层

热边界层又称温度边界层，它和速度边界层的概念相类似。实验表明，当流体流过与其温度不同的固体壁面时，在紧贴壁面的那一层流体中，沿壁面法线方向流体温度发生显著变化，流体的温度由壁面温度 t_w 变化到主流温度 t_f。传热学中，把流体温度发生剧烈变化、具有明显温度梯度的这一流体薄层称为热边界层。图 4-2 为流体流过平板时热边界层的形成和发展过程。

假定常物性流体进入平板时的温度各处均匀一致，为 t_f，平板表面温度也各处均匀一致，为 t_w，且 $t_f < t_w$。由图 4-2 可见，热边界层内，垂直壁面法线方向上温度分布情况是，紧贴壁面的流体温度等于壁面温度 t_w；随着离壁面距离的增加，温度逐渐降低，直到某处等于流体主流温度 t_f 后，流体温度基本不变。通常，把从壁面处到 $\theta = \dfrac{t - t_w}{t_f - t_w} = 0.99$ 处的那一层流体视为

热边界层,其厚度用符号 δ_t 表示。

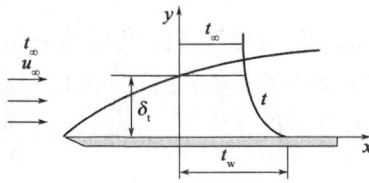

图 4 - 2   流体流过平板时热边界层的形成和发展

随着流体流过平板距离 x 的增加,温度发生变化的范围也越来越大,即热边界层越厚。显然,流体温度的分布与发展和流体的流动情况有关,极大地受到速度边界层的影响。流体呈层流状态时,流体微团沿相互平行的流线进行,没有横向流动,不发生物质交换,壁面法线方向上的热量传递依靠分子的导热进行,层内温度变化较大,温度梯度较大。对于紊流边界层,其层流底层的热量传递也是靠导热,温度梯度较大;而在紊流核心区的热交换,不仅仅依靠分子的导热,更主要依靠流体涡流扰动的横向掺混混合,从而使得紊流核心区温度变化平缓,温度梯度较小,温度分布比较均匀一致。层流底层的温度梯度最大(动画 4 - 1)。

动画 4 - 1

综上所述,热边界层具有以下几个特征:

(1)热边界层的厚度 δ_t 与壁面定型尺寸 L 相比是很小的量。热量交换的热边界层厚度 δ_t 与动量交换的速度边界层的厚度 δ 是相互关联、相互影响的。

(2)换热的整个温度场划分为热边界层区和主流区。热边界层内存在较大的温度梯度,是发生热量扩散的主要区域,热边界层之外的温度梯度可以忽略,没有温差也就没有热交换。

(3)根据边界层内的流体流动状态,热边界层内的流动也分为层流边界层和紊流边界层。紊流边界层同样也分为层流底层、缓冲层与紊流核心三层结构。层流底层内的温度梯度远大于紊流核心区。

(4)在层流边界层与层流底层内,垂直于壁面方向上的热量传递靠流体的导热。紊流边界层的紊流核心区热量传递不但有流体的导热,更主要是依靠流体微团的横向脉动掺混,温度梯度较小,热阻较小,紊流边界层的主要热阻在其层流底层内。

三、对流换热微分方程

综上所述可以看出,流体与固体壁面之间的对流换热比单纯的导热过程要复杂得多。流体与壁面的温差主要集中在热边界层内;热边界层以外,基本没有温差,没有热量传递;通过紧贴壁面的层流边界层或层流底层的热量只能以导热方式进行。据此,如果紧贴壁面速度为零的薄层流体内、距离壁面前端为 x 处的法线方向的局部温度梯度用 $(\partial t / \partial y)_{w,x}$ 表示,流体的导热系数为 λ_f,则经过壁面 x 处,以导热方式传过这一薄层的局部热流密度 q_x,可直接由傅里叶定律计算:

$$q_x = - \lambda_f \, (\partial t / \partial y)_{w,x} \qquad\qquad (\mathrm{a})$$

所有的传热量都必须通过这薄层流体,所以式(a)中的 q_x 也就是通过壁面 x 处的对流换热热流密度,若壁面温度为 $t_{w,x}$,流体温度为 $t_{f,x}$,局部换热系数为 $h_{c,x}$,由牛顿冷却公式得

$$q_x = h_{c,x} \, (t_w - t_f)_x \qquad\qquad (\mathrm{b})$$

联解式(a)和式(b),可得局部对流换热系数为

$$h_{c,x} = - \frac{\lambda_f}{(t_w - t_f)_x} \left(\frac{\partial t}{\partial y} \right)_{w,x} \qquad (4-3)$$

式(4-3)描述了局部对流换热系数与流体温度场的关系,称为对流换热过程微分方程式。由(4-3)式可知:在流体性质 λ_f 和传热温差 $(t_w - t_f)_x$ 一定的情况下,局部对流换热系数 $h_{c,x}$ 的大小取决于壁面处的温度梯度 $\left(\frac{\partial t}{\partial y} \right)_{w,x}$ 。一切能提高 $\left(\frac{\partial t}{\partial y} \right)_{w,x}$ 的因素都能强化对流换热过程,提高换热系数;反之,将削弱对流换热过程。对于不存在相变(如无沸腾、冷凝等现象)的单相流体对流换热过程,各种因素可通过影响边界层厚度而影响温度梯度 $\left(\frac{\partial t}{\partial y} \right)_{w,x}$ 。

如果层流底层的厚度减小,则相应的温度边界层的厚度也要减小,从而使得温度梯度 $\left(\frac{\partial t}{\partial y} \right)_{w,x}$ 上升,$h_{c,x}$ 也增高。因此,通过改变流动状况,使层流底层厚度减薄,是强化对流换热的主要途径之一。下面我们就着重围绕这一线索来分析各种因素对平均对流换热系数 h_c 的影响。

第二节 影响对流换热的因素

影响对流换热系数 h_c 的因素很多。研究表明,对流换热的强弱与流体的流动原因、流态、流体的物性、壁面的几何特征以及流体相对于壁面的位置、流体有无相变等有关。

视频 4-2

一、流体流动的原因

根据引起流体流动的原因,可将对流换热分为强迫流动对流换热和自然流动对流换热两大类。

1. 强迫对流换热

如果引起流体流动的原因是由泵、风机或压差等外力作用所造成,称强迫流动,其换热称为强迫对流换热,也常称为强制对流换热。储运工程中油气输送管线、伴热管线中流体与壁面的换热,大中型内燃机中流过散热器中的水、风等都属于此类。

2. 自然对流换热

如果流体的流动是由于流体冷热部分的密度不同引起的浮升力造成的,则称为自由流动,其换热称为自然对流换热。室内的暖气片的散热、无风环境下蒸汽或其他热流体输送管道的热量损失,都是自然对流换热。

夏天,人在室内无风情况下,人体表面与空气间的换热属于自然对流换热;在打开室内风扇情况下,空气的流动是在外力推动下的流动,人体表面与空气间的换热属于强迫对流换热。经验表明,一般情况下,强迫对流换热的换热系数大于自然对流换热的换热系数。

二、流体流动的流态

1. 层流换热

边界层内为层流流动时的换热称作层流换热;由于壁面与流体的换热方向与流体沿壁面

的流动方向正交,流体在边界层内是分层流动,使得穿过边界层的热量只能依靠流体的导热方式进行,从而其热边界层内的温度梯度较大,热阻较大,对流换热较弱,对流换热系数较小。

2. 紊流换热

边界层内为紊流流动时的换热称为紊流换热;紊流边界层也分为层流底层、缓冲层与紊流核心区三层结构。在紊流核心区内的流体流动具有强烈的横向掺混,其热量传递不仅仅依靠流体的导热,更主要依靠流体微团的横向掺混,所以其热阻较小,温度梯度较小,换热能力较强,虽然在其层流底层依然是分层流动,使得穿过层流底层的热量只能依然是依靠流体的导热方式进行,但毕竟层流底层的厚度远比一般层流流动的边界层厚度小很多,所以其导热距离小,导热热阻也不大,因此一般情况下紊流换热的换热强度大于层流换热的换热强度。

例如,在散热管道中,增加管内流体的流速,将其流态由层流状态转化为紊流状态,可以提高管道内流体与管道内壁之间的换热能力,提高对流换热系数。由上可以推知,提高速度可使 Re 增加,边界层厚度减薄,这是提高对流换热系数的有效途径。

三、流体的物性

影响对流换热过程的流体物性参数主要有导热系数、比热容、密度、动力黏度、气体的体积膨胀系数等。

1. 导热系数

导热系数 $[\lambda, W/(m \cdot K)]$ 大的流体,其导热能力也强,在穿过层流边界层时的导热热阻小,流体的换热能力强,对流换热系数大。

2. 比热容和密度

比热容 $[c_p, J/(kg \cdot K)]$ 和密度 $(\rho, kg/m^3)$ 大的流体,单位体积的热容量大,即单位体积流体的载热能力强,热对流转移热量的能力强,增强了流体与壁面之间的热交换,对流换热系数大。

3. 黏度

黏度 $(\mu, Pa \cdot s)$ 大的流体,黏滞力大,边界层增厚,对流换热被削弱,对流换热系数降低。这从雷诺数 Re 也可以看出,当其他条件大致相同时,黏性大的流体,Re 数值小,影响流体的流态,进而影响对流换热系数。

在分析物性参数的影响时,应辩证地看问题,注意物性的综合效果。例如,导热系数大的流体,在促进流体与固体壁面之间对流换热的同时,会使热边界层增厚,贴壁流体的温度梯度下降,又不利于对流换热系数的提高,流体实际维持的温度分布与流体的导温系数 $a = \lambda/(\rho c)$ 有关。导温系数 a 大,使温度分布均匀,温度梯度减小,不利于对流换热。

4. 体积膨胀系数

体积膨胀系数 $(\alpha_V, 1/K)$ 的定义式为

$$\alpha_V = \frac{1}{V}\left(\frac{\partial V}{\partial t}\right)_p = -\frac{1}{\rho}\left(\frac{\partial \rho}{\partial t}\right)_p \tag{4-4}$$

在自然对流的情况下,还需要考虑流体体积膨胀系数的影响,因为流体的温差所产生的浮升力与其体积膨胀系数有关。根据阿基米德浮力原理,单位体积流体在温差 $\Delta t = t_w - t_f$ 时的浮升力为

$$f = (\rho_w - \rho_f)g = [\rho_f(1 + \alpha_V \Delta t) - \rho_f]g = \rho_f \alpha_V g \Delta t \qquad (4-5)$$

在强迫对流换热中,由于流体微团所受外力远大于浮升力,浮升力的作用较小,可以忽略不计,所以体积膨胀系数的影响不能表现出来。

四、换热面的几何形状、大小和位置

参与对流换热过程的固体壁面的形状、大小和位置,都会影响到流体的流动状况,以及壁面附近的边界层的形成情况,进而影响对流换热的强弱,影响对流换热系数的大小。

固体壁面的形状、大小是影响对流换热流动的主要因素,特征数中代表换热表面几何特点的尺寸 L 称为定型尺寸。例如,在进行流态判据时,需要进行 Re 的计算,其中壁面的形状决定了计算 Re 中定型尺寸的选择,在管道内流动的流体取管道内径,在不规则流道中流动的流体取当量直径,其数值的大小决定着 Re 的大小。

至于位置的影响,可观察热面朝上和热面朝下的平壁向空气自然对流散热的情况。如图 4-3 所示,热面朝上时,气流发热上升,容易展开流动,气流扰动激烈;热面朝下时,抑制了流动,使流动比较平静,对流换热系数比朝上时要小些。所以,不同壁面的位置对换热系数是有影响的。

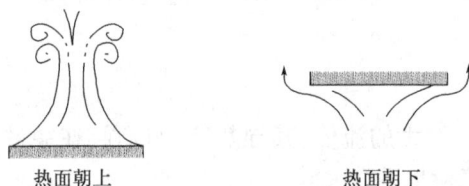

热面朝上   热面朝下

图 4-3　换热面相对位置的影响

五、相态变化

相态变化(简称相变)主要是指在换热过程中,参与换热的液体因受热而沸腾,或气体因放热而发生凝结的现象。发生相变时,流体的温度基本保持相应压力下的饱和温度。这时,流体与壁面间的换热量等于流体吸收或放出的潜热,同时由于存在两相流动与单相流动情况不同,所以,一般说来,对同一种流体,有相变时比无相变时的换热强度要大得多。

例如被蒸汽烫伤要远比被同温度的开水烫伤要严重得多,说明有相变的换热比无相变的换热要强烈得多,换热系数大得多。

综上所述,可以看出,对流换热过程比较复杂,流体中热量的传递与流体流动的动量的传递是相互影响、相互关联的,影响对流换热的因素很多,只有对上述情况分门别类进行分析和实验,才能了解对流换热系数的变化规律,获得反映各种情况的对流换热系数的计算公式(动画 4-2)。

动画 4-2

第三节　对流换热的数学描述

由本章第一节推导的关于局部对流换热系数的公式 $h_{c,x} = -\dfrac{\lambda_f}{(t_w - t_f)_x}\left(\dfrac{\partial t}{\partial y}\right)_{w,x}$

视频 4-3

可知,要想求得对流换热系数 h_c,首要任务是求出流体的温度场。根据前一节的边界层理论,速

度边界层和温度边界层互相影响,相应地,速度场和温度场也必然密切相关,所以求解流体的速度场又将是求解温度场的必要条件。所以,本节将从求解流体的温度场出发,推导和建立对流换热温度场和速度场的数学描述,从而为进一步对流换热现象的理论分析打下基础。本节重点介绍关于对流换热数学描述的理论分析和重要结论,限于学时,关于建立对流换热数学描述的微分方程的推导过程与求解可见高学时的传热学教材。

对物理现象的完整数学描述包括假设条件、基本微分方程、单值性条件、求解方法等。下面依次介绍对流换热完整数学描述的这几部分内容。

一、假设条件

对流换热是指流体与固体壁面间的热交换,而固体内的热量传递由导热原理进行分析,故而对流换热的分析对象为与固体壁面接触进行换热的流体,固体壁面为流体对流换热的边界,针对流体的对流换热数学描述,其基本假设为

(1)流体为连续介质。连续介质的假设符合一般流体的基本性质,适用于非稀薄气体外的所有流体的分析,使得对流换热的流体这种分析对象能够满足微分方程中的连续可微的基础条件。

(2)流体为不可压缩流体。考虑到一般进行对流换热的液体的压力都不太高,或气体压力变化不大,均假设为不可压缩流体,不考虑压缩过程对流体密度等物性的影响,使问题的描述得到简化。

(3)流体的物性参数为常量。流体的导热系数、密度、比热、黏度等物性参数采用定值或一定温度变化区间内的平均值,不考虑换热流场中各部分温度变化对物性的影响。

(4)流体为牛顿流体。工程中大多数常见的对流换热流体为牛顿流体,采用牛顿流体的本构方程进行描述,具有较好的普适性。

(5)流体中无内热源。假设进行对流换热的流体内无化学反应等内热源符合大多数实际对流换热的流体换热特性。

(6)流体与壁面无滑移现象。由于流体的黏性,使得壁面上的流体黏滞在壁面表面上,流体的运动速度降为零,满足无滑移现象的假设。

(7)二维问题。将复杂的三维问题简化为二维问题,更能够揭示物理量之间的基本关系,简化问题的复杂性。

二、基本方程

对流换热物理现象的数学描述的基本方程即是通过对物理过程中涉及物质的微元体进行能量、动量和质量守恒方程的建立,求解物理量的基本关系。

1. 能量方程

能量方程从对流换热过程的能量守恒关系,说明对流换热过程遵守热力学第一定律的基本规律,依据对换热流体微元体的能量交换分析,可建立二维对流换热的能量方程为

$$\rho\, c_p \left(\frac{\partial t}{\partial \tau} + u\, \frac{\partial t}{\partial x} + v\, \frac{\partial t}{\partial y} \right) = \lambda \left(\frac{\partial^2 t}{\partial x^2} + \frac{\partial^2 t}{\partial y^2} \right) \tag{4-6}$$

式中　ρ——流体的密度;

c_p——流体的比定压热容；

t——流体微元体的温度；

τ——计算时间；

u——流体微元体 x 方向分速度；

v——流体微元体 y 方向分速度；

λ——流体的导热系数。

式(4-6)即为常物性、无内热源、不可压缩牛顿流体的二维对流换热的能量微分方程。若流体为静止状态，即 $u=0,v=0$，该方程即转换为常物性、无内热源、连续介质的二维导热微分方程：

$$\frac{\partial t}{\partial \tau} = a\left(\frac{\partial^2 t}{\partial x^2} + \frac{\partial^2 t}{\partial y^2}\right) \tag{4-7}$$

式中 a——流体的导温系数，定义式为 $a = \dfrac{\lambda}{\rho c_p}$。

建立能量方程的目的是求解流场的温度分布，由温度分布得到温度梯度，进而根据对流换热微分方程求解对流换热系数 h_c，再根据牛顿冷却公式计算对流换热的热流密度 q。从对流换热能量方程的表达式中也可以看到，能量方程描述的是流体温度场 t 随时间坐标 τ 和空间坐标 x、y 之间的关系，同时也建立了温度场 t 和速度场 u、v 的关系。而速度场的确定需要补充流体的动量方程组。

2. 动量方程

动量方程从动量守恒方面，说明对流换热中流体的受力及运动规律遵守动量守恒定律的基本规律，根据流体力学理论，依据对换热流体微元体的动量交换分析，可建立二维对流换热的动量方程为

x 方向的动量微分方程：

$$\rho\left(\frac{\partial u}{\partial \tau} + u\frac{\partial u}{\partial x} + v\frac{\partial u}{\partial y}\right) = F_x - \frac{\partial p}{\partial x} + \eta\left(\frac{\partial^2 u}{\partial x^2} + \frac{\partial^2 u}{\partial y^2}\right) \tag{4-8}$$

y 方向的动量微分方程：

$$\rho\left(\frac{\partial v}{\partial \tau} + u\frac{\partial v}{\partial x} + v\frac{\partial v}{\partial y}\right) = F_y - \frac{\partial p}{\partial y} + \eta\left(\frac{\partial^2 v}{\partial x^2} + \frac{\partial^2 v}{\partial y^2}\right) \tag{4-9}$$

式(4-8)和式(4-9)中等号左边项为流体微元体的惯性力项，表示流体微元体的动量变化。等号右边第一项为体积力项(如重力、离心力、电磁力等)，作用在流体微元体上的体积力大小与微元体的体积成正比；第二项为压力梯度项；第三项为黏性力项。该方程即为流体力学的 N—S 方程。

建立动量方程的目的是为了建立流体流速与受力之间的关系，进而求解流场的速度分布。前面建立的三个方程(4-6)、(4-8)、(4-9)中有四个未知数，分别是温度 t、x 方向速度 u、y 方向速度 v 和压力 p，还需补充一个连续性方程才能构成封闭的方程组。

3. 连续性方程

连续性方程从质量守恒方面说明在对流换热中连续流动的流体遵守质量守恒的基本规律。依据对换热流体微元体的质量交换分析，可建立二维对流换热的质量守恒方程为

$$\frac{\partial u}{\partial x} + \frac{\partial v}{\partial y} = 0 \tag{4-10}$$

连续性方程从质量守恒方面说明了连续流动中各分速度之间的相关性,为速度分布的求解奠定基础。

上述能量微分方程(4-6)、动量微分方程(4-8)和(4-9)、连续性方程(4-10)四个方程,就构成了常物性、无内热源、不可压缩、二维流动的对流换热微分方程组,它描述了对流换热流场中流体的温度t、x方向速度u、y方向速度v和压力p之间的关系。理论上讲,这四个方程构成的微分方程组在相应的边界条件下就可以求解出流场中流体的温度t、x方向速度u、y方向速度v和压力p。

下面介绍能够确定对流换热微分方程组唯一解的边界条件的数学描述。

三、单值性条件

和导热问题的完整数学描述类似,确定对流换热微分方程组唯一解的条件叫定解条件,也叫单值性条件。单值性条件包括几何条件、物理条件、初始条件和边界条件。一般在提出具体的对流换热问题时,几何条件和物理条件已知给定,而时间条件是给出初始时刻流场的温度场和速度场,对于稳态对流换热问题,不需要时间条件。下面重点说明对流换热的边界条件。

1. 第一类边界条件

第一类边界条件是给出边界上流体的温度分布,若是固体边界,则边界处壁面温度等于该处流体温度,如表示某时刻$y=0$表面(边界面)的温度分布为

$$t = t_w\big|_{y=0,x}$$

如果壁面温度保持均匀恒定,与位置和时间无关,则称为恒壁温,此时$y=0$表面的温度分布为

$$t = t_w\big|_{y=0}$$

2. 第二类边界条件

第二类边界条件是给出边界上流体的热流密度,根据傅里叶定律,可以建立热流密度与温度梯度的关系。如表示某时刻$y=0$表面(边界面)的热流密度,可以表示为

$$q_w\big|_{y=0,x} = -\lambda\frac{\partial t}{\partial n}\bigg|_{y=0,x}$$

如果壁面热流密度保持恒定,与位置无关称为恒热流边界。如果该边界面绝热,热流密度为零,即为绝热边界,此时边界面法线方向的温度梯度也为零:

$$q_w\big|_{y=0,x} = -\lambda\frac{\partial t}{\partial n}\bigg|_{y=0,x} = 0$$

一般求解对流换热问题没有第三类边界条件,因为第三类边界条件是已知流体与固体表面的对流换热系数(表面传热系数)和流体的温度,而求取对流换热系数就是求解对流换热问题的最终目的,如果已知,就无需再求解。

四、求解方法

由前面的分析我们已经得到了对流换热现象完整的数学描述,从理论上讲,这四个方程在已知的定解条件下就可以求解流体的速度场和温度场。但是,由于N—S(纳维—斯托克斯)方程的复杂性和非线性,要针对实际问题求解上述方程组却是非常困难,到目前为止,数学上

还不能得到完整的动量方程的解析解。直到 1904 年德国科学家普朗特提出边界层概念,利用数量级分析法对方程组作实质性的简化,得到边界层对流换热微分方程组,化解了之前控制方程组的非线性问题,进而采用数学分析方法对简单对流换热现象进行求解(关于具体理论求解过程,可参阅高学时传热学教材)。这种通过建立对流换热物理现象完整数学描述,进而求解出该数学描述方程组的方法叫做解析法,求得的解叫解析解。虽然解析法和一些简单对流换热现象的解析解有一定的工程实用价值,但对于实际大多数对流换热问题,解析法几乎是不可能得到的。到目前为止,实验研究是解决复杂对流换热问题最主要、最普遍和最可靠的方法。

第四节　量纲分析在对流换热中的应用

　　实验分析法是在微分方程组的指导下,对具体的某个物理现象进行分析,找出对待定物理量的影响因素。例如无相变管内强迫对流换热现象,根据本章第二节内容"影响对流换热的因素",影响管内强迫对流换热强弱(也就是影响对流换热系数 h_c)的因素分别有:(1)流体流动的起因;(2)流体流动的流态;(3)流体的物性;(4)换热面的几何因素;(5)流体是否发生相变。上述五个因素中,第一个因素已经不需要考虑,因为已经确定是强迫对流换热现象。第二个因素是流体的流态,对于强迫对流换热现象,流体的流态取决于雷诺数 Re 的大小,而根据雷诺数 Re 的定义式 $Re = \dfrac{ud\rho}{\mu}$ 可知,影响 Re 的大小有流速 u、管径 d、流体密度 ρ 和流体黏度 μ。第三个影响因素是流体的物性,影响强迫对流换热的物性参数有流体的导热系数 λ、比热容 c、密度 ρ、黏度 μ。第四个影响因素是换热面的几何因素,对于管内流动现象,其影响流动现象的几何尺寸主要是圆管内径的大小 d。第五个影响因素对于无相变对流换热现象可以不予考虑,综上所述,无相变管内强迫对流换热现象中对流换热系数 h_c 的影响因素主要有流速 u、管径 d、流体密度 ρ、流体黏度 μ、流体导热系数 λ 和流体比热容 c,共计 6 个影响参数,可以表达成幂函数的形式:

$$h_c = A\, d^a\, \lambda^b\, \mu^c\, u^d\, \rho^e\, c^f$$

式中,A 为常数。

　　如果欲通过正交实验,一个变量一个变量地变动来获得 h_c 与每个变量的依变关系,假设每个变量只变动 5 次,就需要 $5^6 = 15625$ 个实验数据,实验任务十分繁重。而且,即使进行大量实验,在整理实验数据时,也将因变量太多,无法得到一个具有普遍意义的计算公式,并且实验范围很小,公式的适用范围很小。但是,如果采用量纲分析法,以无量纲数群作为新的变量组织实验,会大大减轻实验工作量,所得结果可以推广应用到与实验系数相似条件下的相似物理现象中。

　　目前,工程上实用的计算对流换热系数 h_c 的各种公式,主要是通过实验研究获得的,称为经验公式,也称为实验关联式或特征数关联式。本节将简介在量纲分析法的指导下如何组织对流换热实验、如何求取对流换热经验公式的方法。

一、基本概念

　　众所周知,任何一个物理量都可以用一定的单位进行度量,而且同一类物理量有着共同的名称。通常,我们把用来度量被测物理量的度量标准称为单位,把用来说明同一类物理量属性的名称叫做量纲或因次。例如,米、厘米、毫米等都是度量长度的单位,长度是量纲。可见,一个物理量,不论采用什么样的具体单位,这些单位的属性都是一样的,量纲是物理量度量单位属性的一种反映。按照国际标准,物理量 Q 的量纲记为 $\dim Q$,国际物理学界沿用的习惯记为 $[Q]$。

自然界中,物理量是很多的,但绝大多数物理量之间有着一定的联系。据此,人们常用几个彼此独立的常用的物理量作为基本量,它们的量纲作为基本量纲。国际单位制中规定的基本量纲共七个,分别是长度、质量、时间、热力学温度、电流、物质的量、发光强度,传热学中涉及到的主要是长度、质量、时间和温度 4 个基本量纲,分别用代号 $[L]$、$[M]$、$[\tau]$ 和 $[T]$ 表示。

其他物理量的量纲,则根据物理量间的特定关系由基本量纲导出,称为导出量纲,如对流换热系数 h_c 的量纲,根据其定义式 $h_c = \Phi/A(t_f - t_w)$,或单位 $W/(m^2 \cdot K)$,可以导得其量纲为 $[M][\tau]^{-3}[T]^{-1}$。

由于在传热学中所涉及的物理量只涉及上述 4 个基本量纲,所以传热学中各物理量的量纲均可用如下的量纲通式来概括:

$$[Y] = [L]^a[M]^b[\tau]^c[T]^d \qquad (4-11)$$

式中,a、b、c 和 d 为任何有理数,不同的物理量 Y,其量纲指数 a、b、c 和 d 可取值不同。表 4-1 列出了传热学中常用的一些物理量的量纲和单位。

表 4-1　常用物理量的量纲和单位

物理量	符号及定义式	量纲	单位
长度	L	$[L]$	m
时间	τ	$[\tau]$	s
质量	M	$[M]$	kg
温度	T	$[T]$	K
速度	u	$[L\tau^{-1}]$	m/s
密度	ρ	$[ML^{-3}]$	kg/m³
热量	Q	$[ML^2\tau^{-2}]$	J
比热容	c	$[L^2\tau^{-2}T^{-1}]$	J/(kg·K)
动力黏度	μ	$[ML^{-1}\tau^{-1}]$	Pa·s
体积膨胀系数	α	$[T^{-1}]$	1/K
导热系数	λ	$[LM\tau^{-3}T^{-1}]$	W/(m·K)
对流换热系数	h_c	$[M\tau^{-3}T^{-1}]$	W/(m²·K)

量纲分析又叫因次分析,是 20 世纪初提出的在物理领域中建立数学模型的一种方法。量纲分析是对物理现象或问题所涉及的物理量的属性进行分析,从而建立因果关系的方法。

历史上最早把物理量的属性看作物理量量纲的是傅里叶。在同一个时期,雷诺和瑞利应用量纲的概念屡屡取得成功。后来,白金汉提出:每一个物理定律都可以用几个零量纲幂次的量(称之为 π 数)来表述。布里奇曼将白金汉的提法称之为 π 定理。现在常用的两种量纲分析方法就是瑞利法和 π 定理法。

对物理量进行量纲分析是很有价值的。首先,可以用来判断由各个物理量组成的数理方程是否有错,因为任何一个概念清楚,表达正确的方程式,等号两边同名量纲的指数一定相等,这一原则通常称为量纲的和谐性原理(也叫齐次性原理)。其次,如果把描述一个物理现象的、由众多变量组成的有量纲的数学表达式,转换成几个无量纲的数群组成的无量纲方程式,可使变量数减少,表达范围更广,且与所用单位制无关。

瑞利法的分析步骤是分析该物理现象的影响因素,把影响因素相应的参数整理成幂函数的形式,通过这些参数对应的物理量的量纲分析,依据量纲和谐性原理,建立对应的无量纲数(亦称为特征数或准则数)之间的关系式,通过实验分析无量纲关系式中的待定系数和待定指数,从而确定该无量纲关系式的具体形式。该无量纲关系式也称为特征数关联式,工程中常称为经验公式。

π 定理法的分析步骤将在下面强迫对流换热特征数关联式的分析推导中演示。

二、特征数关联式

1.强迫对流换热基本特征数关联式

从上节可知,在大多数情况下,影响无相变对流换热过程的换热系数 h_c 的物理因素可归纳为流体流态、物性、壁面状态和几何条件、流动原因 4 个方面。对于管内强迫流动,如果假定物性是常数,不随温度而变,研究的是管壁平均换热系数,壁面热状态和管长的影响可不予考虑,影响换热系数 h_c 的因素有流道定型尺寸 L(管内流动一般用管径 d)、导热系数 λ、动力黏度 μ、平均流速 u、流体密度 ρ、比热容 c。于是,管内强迫对流换热时对流换热系数 h_c 的一般数学表达式为

$$h_c = f(L, \lambda, \mu, u, \rho, c) \tag{a}$$

或

$$h_c = A\, L^a\, \lambda^b\, \mu^c\, u^d\, \rho^e\, c^f \tag{b}$$

式中,A 是一个无量纲的比例常数。

下面以量纲分析法中的 π 定理法为例对此对流换热过程进行量纲分析。所谓 π 定理法是指:任何一个物理定律总可以表示为确定的函数关系。对于某一类物理问题,如果问题中有 n 个自变量,这些物理量的基本量纲为 m 个,则该物理现象可用 $N = n - m$ 个独立的无量纲数群(特征数)关系式表示。

由于此无相变管内强迫对流换热现象涉及共 7 个物理量、4 个基本量纲,所以无量纲 π 的数目 $N = 7 - 4 = 3$ 个;由 L, λ, μ, u 4 个物理量作为基本量,流体密度 ρ,比热容 c,对流换热系数 h_c 分别与四个基本量组成 3 个 π 数,有

$$\pi_1 = L^a\, \lambda^b\, \mu^c\, u^d\, \rho$$
$$\pi_2 = L^e\, \lambda^f\, \mu^g\, u^h\, c$$
$$\pi_3 = L^i\, \lambda^j\, \mu^k\, u^l\, h_c$$

以量纲式写出 π_1:

$$1 = [L]^a [LM\tau^{-3}T^{-1}]^b [ML^{-1}\tau^{-1}]^c [L\tau^{-1}]^d [ML^{-3}]$$

根据量纲和谐性原理,等式两边同名量纲的指数应相等的原则,得到 4 个基本量纲的指数存在如下关系:

$$[L]: \qquad 0 = a + b - c + d - 3$$
$$[M]: \qquad 0 = b + c + 1$$
$$[\tau]: \qquad 0 = -3b - c - d$$

[T]： $\qquad 0 = -b$

所以，$a = 1, b = 0, c = -1, d = 1$，代入 π_1，再将指数相同的量归并、整理得

$$\pi_1 = L^1 \lambda^0 \mu^{-1} u^1 \rho = \frac{Lu}{\dfrac{\mu}{\rho}} = \frac{Lu}{\nu} = Re$$

同理可推出

$$\pi_2 = \frac{\mu c}{\lambda} = Pr$$

$$\pi_3 = \frac{L h_c}{\lambda} = Nu$$

这三个 π 数分别称为雷诺数、普朗特数和努塞尔数，相应地用符号 Re、Pr 和 Nu 表示，根据 π 定理，则该强迫对流换热现象可用 π_1、π_2 和 π_3 这三个独立的无量纲数群（特征数）表示

$$f(Re, Pr, Nu) = 0 \qquad\qquad (4-12)$$

或

$$Nu = f(Re, Pr) \qquad\qquad (4-13)$$

式（4-12）和式（4-13）称为特征数关联式，式中方程的具体形式由实验确定。

式（4-13）之所以写成努塞尔数对其他特征数的显函数形式，是因为对流换热系数 h_c 是作为未知量出现的。通常，在量纲分析中，把包含未知量（或待定量）的特征数称为待定特征数，不包含未知量的特征数称为已定特征数。可以看出，经过量纲分析处理后，原先含有 6 个自变量的有量纲的关系式（b）变为无量纲的特征数关联式（4-13）后，只有两个自变量。如果仍然是对每个自变量取 5 个不同的值组合实验，则只需获得 $5^2 = 25$ 组实验数据，即做 25 次实验即可找得函数的关系式。这样，不仅使实验工作量从 15625 次减少到 25 次，而且实验结果也便于整理和应用。

2. 自然对流换热基本特征数关联式

至于自然对流换热，无论是理论分析还是实验分析，都发现正是由于壁面和流体之间存在的温度差，流体密度不均匀所产生的浮升力导致了自然对流运动的发生和发展。自然对流换热系数 h_c 与其影响因素的一般关系式为

$$h_c = f(\rho g \alpha_V \Delta t, L, \rho, \mu, c, \lambda) \qquad\qquad (c)$$

式中，$\rho g \alpha_V \Delta t$ 体现了浮升力的影响；L 反映了物体几何特点的影响；ρ, μ, c 和 λ 则表示物性的影响。

同前一样，利用 π 定理法，对式（c）进行无量纲化整理后，可以得到

$$\pi_1 = \frac{\alpha_V g \Delta T L^3}{\nu^2} = Gr$$

$$\pi_2 = \frac{\mu c}{\lambda} = Pr$$

$$\pi_3 = \frac{L h_c}{\lambda} = Nu$$

所以自然对流换热现象可用 π_1、π_2 和 π_3 这三个独立的无量纲数群（特征数）表示

$$f(Gr, Pr, Nu) = 0$$

或

$$Nu = f(Gr, Pr) \tag{4-14}$$

式中，Gr 称为格拉晓夫特征数，它体现了浮升力对换热的影响，在自然对流换热中，它的作用相当于强迫流动中 Re 的作用。同样，特征数关联式（4-14）的具体函数形式由实验确定。

三、特征数的意义

前述 4 个特征数都有明确的物理意义，分别表达着某一方面的影响因素。

1. 努塞尔数 Nu

努塞尔数的定义式为

$$Nu = \frac{Lh_c}{\lambda} \tag{4-15}$$

努塞尔数 Nu 包含对流换热系数 h_c，是个待定特征数，Nu 数越大，h_c 也越大，换热越强烈。它是一个表征对流换热程度强弱的特征数。

2. 雷诺数 Re

雷诺数的定义式为

$$Re = \frac{Lu}{\nu} \tag{4-16}$$

雷诺数的大小反映了流体流动时惯性力与黏性力的对比关系。Re 数大说明惯性力大，流态呈紊流状态；反之，Re 数小，说明黏性力大，流态呈层流状态。它是表征流态特征的特征数，是强迫对流换热流体流态的判据（动画 4-3）。

3. 格拉晓夫数 Gr

格拉晓夫数的定义式为

动画 4-3

$$Gr = \frac{\alpha_V g \Delta T L^3}{\nu^2} \tag{4-17}$$

格拉晓夫数反映了自然对流换热中流体浮升力与黏性力的对比关系。Gr 大，表明浮升力较大，流体自由流动较剧烈，自然对流换热较强。它是一个表征流体自然流动状态的特征数。式中的 α 为流体的体积膨胀系数，对于理想气体 $\alpha = 1/T$，T 为气体的热力学温度。

4. 普朗特数 Pr

普朗特数的定义式为

$$Pr = \frac{\nu}{a} = \frac{\mu c}{\lambda} \tag{4-18}$$

普朗特数由流体的物性量组成，是一个表征流体物性对换热影响的特征数。它是表征速度边界层与热边界层厚度相对大小的特征数。速度边界层越厚，表明流体的动量扩散能力就越强；反之，热边界层越厚，表明流体的热量扩散能力就越强。所以普朗特数的物理意义常常描述为流体动量扩散能力与热量扩散能力的比值。例如，对于 $Pr \approx 1$ 的空气，两个边界层的厚度大致相等；对于 $Pr \gg 1$ 的黏性油，其速度边界层厚度远大于热边界层的厚度；对于 $Pr \ll 1$ 的液态金属，其热边界层的厚度远大于速度边界层的厚度。

根据理论分析法也可以计算出速度边界层厚度 δ 和热边界层厚度 δ_t 与 Pr 数的定量关系：

$$\frac{\delta_t}{\delta} = 0.977 Pr^{-\frac{1}{3}} \approx Pr^{-\frac{1}{3}} \tag{4-19}$$

从该定义式中也可以看出两种边界层厚度与 Pr 数的关系。

[例题 4 – 1] 温度为 20℃ 的水以 1m/s 的速度平行掠过长 200mm、温度为 60℃ 的平板，试计算平板末端流动边界层和热边界层的厚度（取流体外掠平板的临界雷诺数为 5×10^5）。

解: 边界层内的平均温度为

$$t_m = \frac{1}{2}(t_w + t_\infty) = 40\ (℃)$$

(1) 查附录 6 得，40℃ 时饱和水的运动黏度为 $\nu = 0.659 \times 10^{-6}\ \text{m}^2/\text{s}$，$Pr$ 为 4.31。

在离平板前沿 200mm 处，雷诺数为

$$Re = \frac{ul}{\nu} = \frac{1\text{m/s} \times 0.2\text{m}}{0.659 \times 10^{-6}\ \text{m}^2/\text{s}} = 3.035 \times 10^5$$

边界层为层流。根据式(4 – 2)，流动边界层在平板末端的厚度为

$$\delta = 5x \cdot Re^{-1/2} = 5 \times 0.2 \times (3.035 \times 10^5)^{-0.5} = 0.0018\ (\text{m}) = 1.8\ (\text{mm})$$

由式(4 – 19)可求出热边界层的厚度为

$$\delta_t = \delta\, Pr^{-1/3} = 1.8 \times (4.31)^{-1/3} = 1.106\ (\text{mm})$$

可见，水的流动边界层比热边界层厚。

讨论:

(1) 根据前面的理论知识可知，普朗特数 Pr 的物理意义是流体动量扩散能力与热量扩散能力的比值，若流体的普朗特数 Pr 大于 1，则表明流体的动量扩散能力比热量扩散能力强，相应地在同一位置流动边界层会比热边界层厚，本题的计算结果也和该理论完全吻合。

(2) 若把题目中的流体换成空气，其他条件不变，用相同的方法可以计算出空气的流动边界层在平板末端的厚度为 9.2mm，热边界层的厚度为 10.4mm。而空气的 Pr 在 40℃ 时是 0.699，说明空气的动量扩散能力比热量扩散能力弱，流动边界层厚度较热边界层相比发展得慢，从计算数据中也能明显看到相同位置处流动边界层厚度小于热边界层厚度。

(3) 对比空气和水在相同条件下的边界层厚度，可以看到空气的 δ 为 9.2mm，水是 1.8mm，这是因为相同温度下空气的运动黏度比水大，进而速度边界层发展得厚；对比空气和水在相同条件下的热厚度，可以看到空气的 δ_t 为 10.4mm，水是 1.106mm，所以相应的相同条件下空气的对流换热热阻比水的大得多，这也就是一般水侧的对流换热系数大于气侧的原因。

四、定性温度、定型尺寸和特征速度

特征数关联式的具体形式，往往是在不同的实验工况下测定一系列 Nu、Re、Gr 和 Pr 的对应值，经整理而成的经验公式，在整理过程中和使用这些经验公式时，必须注意下面几个问题。

1. 定性温度

当流体与壁面发生换热时，无论在流动方向上，还是在与流动方向垂直的方向上，流体温度都在发生变化。流体温度不同，会引起物性的变化，实验中常需要选取一个有代表性的温度来确定物性参数，并将其当作常数来处理。

最常见的定性温度的取值方法有以下三种：(1) 流体的平均温度 t_f；(2) 固体壁面的平均温度 t_w；(3) 流体温度与壁面温度的平均温度 $t_m = \frac{1}{2}(t_f + t_w)$，$t_m$ 也称为热边界层的平均温度。

为了表示定性温度的取法,通常在特征数或物理量的右下角标出角码 f、w 或 m 以示区别,如 Nu_f 就表示定性温度取流体的平均温度,Nu_m 表示定性温度取热边界层的平均温度。

2. 定型尺寸

如前所述,在特征数中还出现代表换热表面几何特点的尺寸 L,这个特征尺寸称为定型尺寸。

通常选取对流动和换热情况有决定性影响的尺寸作为定型尺寸。例如,管内的换热过程,定型尺寸选管内径 d;管外强迫换热时,定型尺寸选管外径 d;纵掠平板,选流动方向的板长 L;非圆型管道内流动,则用当量直径 d_e 作为定型尺寸。当量直径的计算式与流体力学相同:

$$d_e = \frac{4A}{U} \tag{4-20}$$

式中　A——非圆形管道的横截面积,m^2;

　　　U——非圆形管道截面与流体接触的周长,称湿润周长,m。

3. 特征速度

特征速度主要是指在强迫对流换热中,雷诺特征数 $Re = \dfrac{Lu}{\nu}$ 中所含的流速 u,它是对流动有显著影响的流体速度,常见的取值方法有取流体断面平均流速 u、取流体来流速度 u_∞ 和流道中最大流速 u_{max} 三种,流体断面平均流速 u 多用于流体在管内的强迫流动,流体来流速度 u_∞ 多用于沿平板流动、外绕单管流动等,流道中最大流速 u_{max} 主要是用于流体外绕管束流动。

总之,在给出特征数关联式时,应同时指出所采用的定性温度、定型尺寸和特征速度;使用这些经验公式时,也必须严格按方程式中规定的定性温度、定型尺寸和特征速度来计算,才能正确地使用这些经验公式。

思 考 题

1. 为什么边界层厚度沿着流动方向越来越厚?为什么紊流边界层厚度比层流边界层厚度增长得快?边界层厚度受哪些因素的影响?

2. 在层流边界层和紊流边界层中的热量传递方式有何区别?

3. 相同情况下,水的对流换热系数比空气大,原因何在?

4. 为什么边界层内的流动情况对换热系数有重要影响?对流换热中,流体内哪一部分温度梯度最大?为什么?有人说,对一定表面传热温差相同的同种流体,可以用贴壁处温度梯度绝对值的大小来判断对流换热系数的大小,你认为对吗?

5. 导热问题的第三类边界条件为 $-\lambda \left(\dfrac{\partial t}{\partial n}\right)_w = h(t_w - t_f)$,而对流换热微分方程可写为 $-\lambda \left(\dfrac{\partial t}{\partial n}\right)_{y=0} = h(t_w - t_f)$,二者在形式上相似,请说明上述两式的区别。

6. 对流换热微分方程(4-3)中没有流体的速度这个参数,是否说明对流换热系数与流速无关?试分析原因。

7. 请简述对流换热的影响因素。

8. 对流换热问题完整的数学描述都包括哪些内容?

9. 对流换热微分方程组有几个方程,每个方程推导的理论依据是什么? 方程组涉及到哪些未知量?

10. 试比较特征数 Nu 和 Bi 的异同。

11. 什么是特征数? 传热学涉及的 4 个特征数是如何定义的? 各有何物理意义?

12. 通过量纲分析法,强迫对流换热和自然对流换热特征数关联式的基本形式分别是什么?

13. 试用瑞利法推导强迫对流换热特征数关联式和自然对流换热特征数关联式的基本形式。

14. 分析流体物性参数变化时对流换热系数的变化趋势,并以水和空气在相同条件下的对流换热系数相对大小予以说明。

第五章　对流换热的分析计算

第四章应用量纲分析法理论得出了对流换热特征数关联式的基本形式,即强迫对流换热基本特征数关联式 $Nu = f(Re, Pr)$ 和自然对流换热基本特征数关联式 $Nu = f(Gr, Pr)$,本章将针对不同对流换热现象推荐这两个基本特征数关联式的具体形式,这些特征数关联式也称为对流换热经验公式或者对流换热实验关联式,因为是历年国内外对流换热研究学者在实验研究的基础上总结的经验公式。设定不同的对流换热相关参数条件和不同的数据处理方法,得到的经验公式也不一样,所以关于对流换热的经验公式有上百种。本章仅就不同的对流换热现象推荐常用的一些经验公式,旨在针对工程中不同的对流换热现象掌握对流换热的计算方法,从而解决工程中诸如热力管道、各类换热器、散热器等对流换热的相关计算。本章重点介绍几种典型的对流换热过程及其特征数关联式:

(1)单相流体管内强迫对流换热;
(2)单相流体外掠壁面强迫对流换热;
(3)单相流体自然对流换热。

第一节　单相流体管内强迫对流换热

视频 5 - 1

单相流体管内强迫对流换热是日常生活和工业中最为常见的对流换热现象。例如:生活热水在墙壁内管道中的流动;炼油厂星罗棋布的热力管道中热流体与管内壁的对流换热;采油工艺中高温原油沿油管向上流动时与管壁的对流换热;原油长输管道内热油与管壁的对流换热;换热器内管道中流体的流动;锅炉过热器内蒸汽的换热;内燃机上润滑油冷却器中冷却水与管壁的换热等等。

一、管内强迫对流换热的特点

流体在管内强迫流动时,边界层的形成和发展如图 5 - 1 所示。流体以匀速流入管口后,因黏性力而使管壁处的流体流速降低,形成边界层,随黏滞力向管中心的传播,边界层逐渐加厚。在稳态流动情况下,由于管内各截面流量不变,管中心处流速将随边界层的加厚而增大。经过一段距离后,管壁两侧的边界层在管中心汇合,边界层停止发展,它的厚度等于管的半径,至此流动状态达到定型。从入口到边界层定型前的这段管长称为入口段,其后则称为充分发展段。

如图 5 - 1(a)所示,如果边界层流体的流动在入口段一直为层流,则充分发展段的流动也为层流,整个管内流体的流动称为层流。定型后,层流的速度分布为抛物线型。相应地,沿流动方向,对流换热系数在层流时随着边界层厚度的增加而减小,在定型段不再变小而趋于定值。

如图 5 - 1(b)所示,如果边界层流体的流动在入口段已发生层流、紊流转变,则充分发展段为紊流流动,整个管内流体的流动称为紊流。对于紊流流动,定型后层流底层的速度变化大,而紊流核心区速度比较均匀。相应地,沿流动方向对流换热系数在紊流流动的层流区随着边界层厚度的增加而减小,当边界层从层流区过渡到紊流区,对流换热系数会有所增加,随后稍有下降并趋于定值不变。

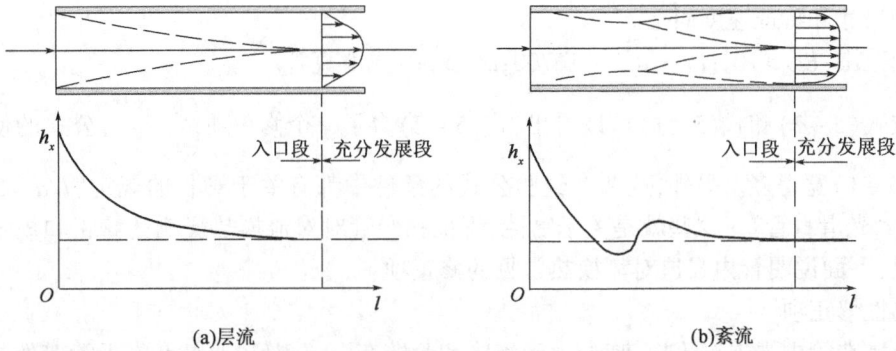

(a)层流   (b)紊流

图 5-1 圆管内边界层的发展及对流换热系数 h_x 的变化

可以看出,管内对流换热不管是层流流动还是紊流流动,入口段的平均对流换热系数总是大于充分发展段的对流换热系数。

由流体力学知道,流体在管内强迫流动时,会呈现以下三种流态:

(1)当 $Re > 10^4$ 时,流体的流态为旺盛紊流;

(2)当 $2300 \leqslant Re \leqslant 10^4$ 时,流体的流态为过渡流;

(3)当 $Re < 2300$ 时,流体的流态为层流。

下面分别介绍这三种流态下的特征数关联式。

二、管内强迫对流换热特征数关联式

1. 管内紊流特征数关联式

(1)迪图斯—贝尔特(Dittus - Boelter)公式(1930 年):

$$Nu_f = 0.023 \, Re_f^{0.8} \, Pr_f^n \tag{5-1}$$

迪图斯—贝尔特公式是管内紊流特征数关联式使用最为广泛的经验公式。式中,流体被管壁加热时,$n = 0.4$;流体被管壁冷却时,$n = 0.3$。

定性温度:式中特征数下标 f 的含义在前面已经说明,取进、出口流体温度的算术平均值,即 $t_f = \frac{1}{2}(t_{f1} + t_{f2})$。

定型尺寸:对于圆管,取管内径 d;对于非圆管,取当量直径 d_e。

特征速度:取管内平均流速。

适用范围:流体与壁面存在中等以下温度差(即该温差下物性场不均匀性带来的误差不超过计算允许误差。油类 $< 10℃$,水 $< 20℃$,气体 $< 50℃$);$Re_f = 10^4 \sim 1.2 \times 10^5$;$Pr_f = 0.7 \sim 160$;$l/d > 50$;光滑直管。

(2)西德和泰特(Sieder - Tate)公式(1936 年):

$$Nu_f = 0.027 \, Re_f^{0.8} \, Pr_f^{\frac{1}{3}} \left(\frac{\mu_f}{\mu_w}\right)^{0.14} \tag{5-2}$$

当流体与壁面之间的温差较大而不满足公式(5-1)时,可考虑公式(5-2)。

定性温度:由式中特征数的下标可以看出,除了 μ_w 的定性温度为壁面温度 t_w,其他物性的定性温度仍为流体的平均温度 t_f。

定型尺寸和特征速度同上。

适用范围: $Re_f > 10^4$; $Pr_f = 0.7 \sim 16700$; $l/d > 50$;光滑直管。

比较式(5-2)和式(5-1)可以看出,式(5-2)多了一个修正项 $\left(\frac{\mu_f}{\mu_w}\right)^{0.14}$,公式的使用范围也比式(5-1)宽得多。另外,这两个经验公式的条件中都有关于管长的规定"$l/d > 50$"以及必须用于"光滑直管"。这些就是关于物性、管长和弯管对对流换热影响的修正和规定。针对这些情况,下面说明管内强迫对流换热常见的修正项:

①物性修正项。

当流体在管内强迫对流换热时,由于流体和管壁有温差,管中心处和靠近管壁处的流体温度必然不同,而绝大多数流体的物性参数都是温度的函数,所以管内流体从中心到管壁处的物性也会存在差异。特别是黏度的差异,会使流体在被加热和被冷却时的速度场、温度场以及边界层的厚度不同,最终导致对流换热系数的不同。为考虑物性场不均匀性的影响而添加的修正项叫做物性修正项,如公式(5-2)中的 $\left(\frac{\mu_f}{\mu_w}\right)^{0.14}$。通常修正项是乘在经验公式的右端。

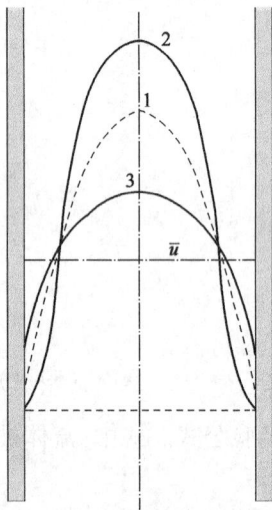

图5-2 黏度随温度变化对速度场的影响图

图5-2示出了黏度随温度变化对速度场的影响。曲线1是等温流动,曲线2为冷却液体或加热气体的情况,曲线3为加热液体或冷却气体的情况。可以看出,当液体被加热时,说明管壁温度比液体温度高,即 $t_w > t_f$,所以 $\mu_w < \mu_f$, $\left(\frac{\mu_f}{\mu_w}\right) > 1$,近壁处的液体要比等温流或者液体被冷却时流得快,换热效果好,对流换热系数要大些。当液体被冷却时正好相反。加热液体和冷却气体为同一种情况,是因为加热液体时液体黏度变小,流动性变好,而气体恰恰是被冷却时黏度变小,流动性变好。部分经验公式对于气体和液体采用不同的修正方法:对于液体, $c_t = \left(\frac{\mu_f}{\mu_w}\right)^n$;对于气体, $c_t = \left(\frac{T_f}{T_w}\right)^n$;有些经验公式气体和液体都采用 $c_t = \left(\frac{Pr_f}{Pr_w}\right)^n$。

②管长修正项。

由前面管内强迫对流换热的特点可知,无论是层流流动还是紊流流动,入口段的平均对流换热系数总是大于充分发展段的对流换热系数。所以对于短管($l \le 50d$)而言,入口段的效应就更明显,而对于长管($l > 50d$)而言,入口段的效应往往可以忽略。所以一般说来,当 $l \le 50d$ 时,通常在经验公式右端乘以一个管长修正系数 c_l。c_l 可用下式计算:

$$c_l = 1 + \left(\frac{d}{l}\right)^{0.7} \tag{5-3}$$

③弯管修正项。

公式(5-1)和公式(5-2)的适用条件中都有"光滑直管",而对于弯管而言,在管道弯曲段,由于离心力的作用,会使流体产生如图5-3所示的二次环流,加强了流体的扰动和混合,使对流换热得到强化。通常,对于管道存在弯曲段的情况可以考虑在经验公式右端乘以弯管修正系数c_R。

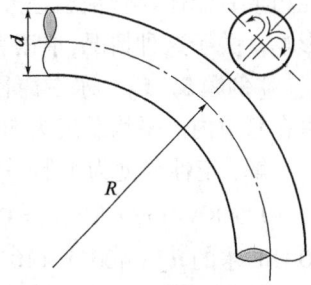

弯管修正系数推荐如下:

对于气体 $$c_R = 1 + 1.77\frac{d}{R} \tag{5-4}$$

对于液体 $$c_R = 1 + 10.3\left(\frac{d}{R}\right)^3 \tag{5-5}$$

式中 d——管道内径;

R——弯管的曲率半径。

(3)格尼林斯基(Gnilinski)公式(1976年):

对于气体:

$$Nu_f = 0.0214(Re_f^{0.8} - 100)Pr_f^{0.4}\left[1 + \left(\frac{d}{l}\right)^{2/3}\right]\left(\frac{T_f}{T_w}\right)^{0.45} \tag{5-6}$$

式(5-6)的适用范围:$0.6 < Pr_f < 1.5, 0.5 < \dfrac{T_f}{T_w} < 1.5, 2300 < Re_f < 10^6$

对于液体:

$$Nu_f = 0.012(Re_f^{0.87} - 280)Pr_f^{0.4}\left[1 + \left(\frac{d}{l}\right)^{2/3}\right]\left(\frac{Pr_f}{Pr_w}\right)^{0.11} \tag{5-7}$$

式(5-7)的适用范围:$1.5 < Pr_f < 500, 0.05 < \dfrac{Pr_f}{Pr_w} < 20, 2300 < Re_f < 10^6$

格尼林斯基公式是精度较高的计算管内充分发展的紊流对流换热的经验公式,可以看出公式中考虑了物性修正和管长修正。从雷诺数的范围可以看出,该公式也适用于从层流到紊流之间的过渡流换热,但会得出偏高的计算结果。

2. 管内层流特征数关联式

光滑圆管内的层流对流换热有大量的理论和实验分析工作。对于常物性流体的管内层流对流换热,如果管子较长,进口段的影响可以忽略不计,近似认为管内为充分发展的层流流动,此时Nu的数值为常数,大小与Re无关,具体如下:

$$Nu_f = 4.36(热流密度为常数的边界)$$
$$Nu_f = 3.66(管壁温度为常数的边界)$$

如果管子较短,则进口段的影响不能忽略,西德和泰特(Sieder-Tate)推荐恒壁温管内层流强迫对流换热的经验公式如下:

$$Nu_f = 1.86\left(Re_f Pr_f \frac{d}{l}\right)^{1/3}\left(\frac{\mu_f}{\mu_w}\right)^{0.14} \tag{5-8}$$

式(5-8)的适用范围:$Re_f \leqslant 2300, 0.48 < Pr_f < 16700, 0.0044 < \dfrac{\mu_f}{\mu_w} < 9.75, \left(Re_f Pr_f \dfrac{d}{l}\right)^{1/3}$

$\left(\dfrac{\mu_f}{\mu_w}\right)^{0.14} \geqslant 2$。需要指出,利用上式计算层流流动的换热时,结果有时会同实际情况有较大出

图5-3 弯管中的二次环流

入,因为该经验公式没有考虑自然对流换热的影响,只适用于严格的层流。但是,在流速低、管径粗或者流体与管壁温差大的情况下,很难维持纯粹的强迫层流,而或多或少会有自然对流的影响。关于这种情况,请读者参考其他传热学书籍。

[**例题 5-1**] 水在内径为 $d = 50\text{mm}$、长 $l = 2\text{m}$ 的直管道内流动,其平均流速 $u = 0.8\text{m/s}$。水在管道内的平均温度为 50℃。若管壁温度为 $t_\text{w} = 70℃$,求水在管内的对流换热系数。

解:定性温度为水的平均温度:$t_\text{f} = 50℃$。由附录 6 查得,当 $t_\text{f} = 50℃$ 时水的物性参数为 $\lambda_\text{f} = 0.648\text{W/(m·K)}$,$\nu_\text{f} = 0.556 \times 10^{-6}\text{m}^2/\text{s}$,$Pr_\text{f} = 3.54$,$\mu_\text{f} = 549.4 \times 10^{-6}\text{kg/(m·s)}$;当 $t_\text{w} = 70℃$ 时水的 $\mu_\text{w} = 406.1 \times 10^{-6}\text{kg/(m·s)}$。

管内雷诺数为

$$Re_\text{f} = \frac{ud}{\nu_\text{f}} = \frac{0.8 \times 0.05}{0.556 \times 10^{-6}} = 7.19 \times 10^4 > 10^4$$

所以流态为紊流。又 $\dfrac{l}{d} = \dfrac{2}{0.05} = 40 < 50$,所以需要管长修正。

由公式(5-3)得

$$c_l = 1 + \left(\frac{d}{l}\right)^{0.7} = 1 + \left(\frac{0.05}{2}\right)^{0.7} = 1.08$$

选用经验公式(5-2):

$$Nu_\text{f} = 0.027 \, Re_\text{f}^{0.8} \, Pr_\text{f}^{\frac{1}{3}} \left(\frac{\mu_\text{f}}{\mu_\text{w}}\right)^{0.14} c_l$$

$$= 0.027 \times (7.19 \times 10^4)^{0.8} 3.54^{\frac{1}{3}} \left(\frac{549.4 \times 10^{-6}}{406.1 \times 10^{-6}}\right)^{0.14} \times 1.08 = 356$$

$$h_c = \frac{Nu_\text{f} \lambda_\text{f}}{d} = \frac{356 \times 0.648}{0.05} = 4613.76 \, [\text{W/(m}^2\text{·K)}]$$

讨论:

(1)如果本题用经验公式(5-1),则:

$$Nu_\text{f} = 0.023 \, Re_\text{f}^{0.8} \, Pr_\text{f}^n \, c_l = 0.023 \times (7.19 \times 10^4)^{0.8} 3.54^{0.4} \times 1.08 = 316.3$$

故

$$h_c = \frac{Nu_\text{f} \lambda_\text{f}}{d} = \frac{316.3 \times 0.648}{0.05} = 4099.248 [\text{W/(m}^2\text{·K)}]$$

(2)如果本例用经验公式(5-7),则

$$Nu_\text{f} = 0.012 (Re_\text{f}^{0.87} - 280) Pr_\text{f}^{0.4} \left[1 + \left(\frac{d}{l}\right)^{\frac{2}{3}}\right] \left(\frac{Pr_\text{f}}{Pr_\text{w}}\right)^{0.11}$$

$$= 0.012 \times [(7.19 \times 10^4)^{0.87} - 280] \times 3.54^{0.4} \left[1 + \left(\frac{0.05}{2}\right)^{\frac{2}{3}}\right] \left(\frac{3.54}{2.55}\right)^{0.11}$$

$$= 370$$

故

$$h_c = \frac{Nu_\text{f} \lambda_\text{f}}{d} = \frac{370 \times 0.648}{0.05} = 4795.2 \, [\text{W/(m}^2\text{·K)}]$$

(3)对比三个经验公式的结果,发现最大相对误差在 17%,其实对流换热经验公式的最大不确定度一般为 25%,虽然由经验公式计算的结果一般可满足工程计算对精度的要求,但并不代表计算值就是实际对流换热系数的真实值;对比经验公式(5-2)和式(5-7)的计算结果,相对误差仅为 4%,说明根据此题的已知条件比较适合选择这两个考虑了物性修正的经验公式。

由例题 5 - 1 可总结出对流换热计算中求取对流换热系数和热流量的一般步骤:(1)确定定性温度;(2)根据定性温度查取物性参数;(3)确定定型尺寸和特征速度;(4)计算 Re 或 $(Ra = Gr \times Pr)$,判断流态;(5)选择合适的特征数关联式;(6)根据具体情况确定修正项;(7)使用特征数关联式计算 Nu;(8)计算 $h_c = \dfrac{Nu\lambda}{L}$;(9)计算 $\Phi = h_c A(t_f - t_w)$。

[例题 5 - 2] 流量为 100kg/h 的 30 号透平机油在内径为 12mm 的管内流动,该机油在管道进口处温度为 60℃,管内壁温度为 20℃,管长为 20m,试计算机油在管子出口处的温度。

解: 由于出口温度未知,所以无法确定定性温度。本题可以用试算法先假设一个出口温度来启动计算。根据进口处温度和管壁温度假设出口温度为 40℃,则油的定性温度为

$$t_f = \frac{1}{2}(t_{f1} + t_{f2}) = \frac{1}{2}(60 + 40) = 50(℃)$$

由附录 8 查得,当 $t_f = 50$℃时 30 号透平机油的物性参数为

$\rho_f = 880$kg/m^3,$\lambda_f = 0.127$W/(m · K),$\nu_f = 31 \times 10^{-6}$ m^2/s,$Pr_f = 418$,$c_{pf} = 1.943$kJ/(kg · K);

当 $t_w = 20$℃时该机油的 $\rho_w = 899$kg/m^3,$\nu_w = 162 \times 10^{-6}$ m^2/s。

由质量流量 $q_m = \rho u A_c$,得

$$u = \frac{q_m}{\rho A_c} = \frac{100}{880 \times \frac{1}{4}\pi \times 0.012^2 \times 3600} = 0.28(\text{m/s})$$

管内雷诺数:

$$Re_f = \frac{ud}{\nu_f} = \frac{0.28 \times 0.012}{31 \times 10^{-6}} = 108 < 2300$$

所以流态为层流。

经计算:

$$0.0044 < \frac{\mu_f}{\mu_w} = \frac{31 \times 10^{-6} \times 880}{162 \times 10^{-6} \times 899} = 0.187 < 9.75$$

$$\left(Re_f Pr_f \frac{d}{l}\right)^{1/3}\left(\frac{\mu_f}{\mu_w}\right)^{0.14} = \left(108 \times 418 \times \frac{0.012}{20}\right)^{1/3}(0.187)^{0.14} = 2.37 \geqslant 2$$

满足经验公式(5 - 8)的适用范围,所以

$$Nu_f = 1.86\left(Re_f Pr_f \frac{d}{l}\right)^{1/3}\left(\frac{\mu_f}{\mu_w}\right)^{0.14} = 1.86 \times 2.37 = 4.41$$

$$h_c = \frac{Nu_f \lambda_f}{d} = \frac{4.41 \times 0.127}{0.012} = 46.67[\text{W/(m}^2 \cdot \text{K)}]$$

根据能量守恒定律可知:流体单位时间的内能变化量应该等于流体与管壁的对流换热量,所以

$$q_m c_{pf}(t_{f1} - t_{f2}) = h_c \pi dl\left(\frac{t_{f1} + t_{f2}}{2} - t_w\right)$$

$$\frac{100}{3600} \times 1.943 \times 10^3 \times (60 - t_{f2}) = 46.67 \times 3.14 \times 0.012 \times 20 \times \left(\frac{60 + t_{f2}}{2} - 20\right)$$

解得

$$t_{f2} = 40.3(℃)$$

计算结果和假设值的相对误差极小,结束运算。

（1）如果计算结果与假设值相差较大（一般工程计算相对误差不超过 5%），则需要迭代计算，即重新假设出口温度，直到计算结果和假设值相对误差小于 5%，结束运算。重新假设的出口温度一般取本次计算的计算值。

（2）如前所述，恒壁温条件下管内层流流动充分发展段的 $Nu_f = 3.66$，与本题的 $Nu_f = 4.41$ 比较接近，而本题的管长为 20m，说明入口段的影响已经较小。

（3）请读者考虑：如果出口温度已知，管长未知，该如何计算？

（4）请读者考虑：如果出口温度已知，管壁温度未知，该如何计算？

第二节　单相流体外掠壁面强迫对流换热

视频 5 - 2

所谓外掠（外绕）壁面的对流换热是指流体在换热壁面外侧的流动和换热，其中流动边界层和热边界层的发展不会受到其他壁面的限制而能自由发展。本节分别讨论三种流体外掠壁面的情况，分别是外掠平板的对流换热、外掠单根圆管的对流换热、外掠圆管管束的对流换热。

一、外掠平板的对流换热

1. 外掠平板对流换热的特点

由第四章流体外掠平板流动边界层的结构可知，流体在外掠平板的过程中边界层可以从层流区过渡到紊流区，这样的边界层称为混合边界层。平板上边界层从层流区过渡到紊流区的转折点称为临界点，此处的雷诺数 Re 称为临界雷诺数 Re_c，且 $Re_c = \dfrac{u_\infty x_c}{\nu}$，一般取流体外掠平板的临界雷诺数为 5×10^5。从平板前缘到临界点的距离称为临界距离 x_c，由临界雷诺数的定义式可以算出临界距离 x_c。如果平板的长度 $L < x_c$，则说明整个平板上都是层流流动；如果平板的长度 $L > x_c$，则说明平板上的边界层发生了层流到紊流的转变；还有一种情况，如果平板的长度 $L >> x_c$，说明从平板前缘到临界点的层流边界层（也就是临界距离 x_c）和板长 L 相比极小，可近似认为整个平板上都是紊流流动。下面详细讨论这三种情况的特征数关联式。

2. 外掠平板对流换热特征数关联式

1）整板层流的特征数关联式（$L < x_c$）

流体外掠平板的整板层流对流换热的理论研究比较成熟，实验结果也和理论解吻合很好。整板层流的局部 Nu 的特征数关联式的理论解为

$$Nu_{xm} = \frac{h_{cx}x}{\lambda_m} = 0.332\, Re_{xm}^{1/2} Pr_m^{1/3} \tag{5-9}$$

式（5-9）中的定型尺寸为 x，即从平板前缘开始到平板上的某个位置，取值范围可以是 0 到 L，所以 h_{cx} 为平板上的局部对流换热系数。可见，整个平板的平均对流换热系数 h_c 可由

$h_c = \dfrac{1}{L}\displaystyle\int_0^L h_{cx}\mathrm{d}x$ 求出。经积分得整板层流的平均对流换热特征数关联式为

$$Nu_m = \frac{h_c L}{\lambda_m} = 0.664\, Re_m^{1/2} Pr_m^{1/3} \tag{5-10}$$

式(5-9)和式(5-10)适用范围:$Re_m \leqslant 5\times10^5$,$0.6 < Pr_m < 1000$,壁温恒定。

2)整板紊流的特征数关联式($L \gg x_c$)

当板长 $L \gg$ 临界距离 x_c 时,整板紊流的局部 Nu 数的特征数关联式为

$$Nu_{xm} = \frac{h_{cx}x}{\lambda_m} = 0.0296\, Re_{xm}^{4/5} Pr_m^{1/3} \tag{5-11}$$

同样,经积分可得整板紊流的平均对流换热特征数关联式为

$$Nu_m = \frac{h_c L}{\lambda_m} = 0.037\, Re_m^{4/5} Pr_m^{1/3} \tag{5-12}$$

公式(5-11)和公式(5-12)的适用范围为:$5\times10^5 < Re_m < 10^7$,$0.6 < Pr_m < 60$,壁温恒定。

3)整板层紊流共存的特征数关联式($L > x_c$)

当板长 L 大于临界距离 x_c 时,整个平板是层紊流共存的情况,整个平板的平均对流换热系数 h_c 可由式 $h_c = \dfrac{1}{L}\left(\displaystyle\int_0^{x_c} h_{cx1}\mathrm{d}x + \int_{x_c}^L h_{cx2}\mathrm{d}x\right)$ 积分得到,其中 h_{cx1} 和 h_{cx2} 可分别由式(5-9)和式(5-11)得到。经积分,整板层紊流共存的特征数关联式为

$$Nu_m = \frac{h_c L}{\lambda_m} = 0.037(Re_m^{4/5} - 23500)Pr_m^{1/3} \tag{5-13}$$

公式(5-13)适用范围:$5\times10^5 < Re_m < 10^8$,$0.6 < Pr_m < 60$,壁温恒定。

可以看出,外掠平板的经验公式中特征数的下标都用了"m",说明定性温度取来流流体温度和壁面温度的平均值,即 $t_m = \dfrac{1}{2}(t_f + t_w)$,特征速度为来流流体的速度。

[例题 5-3] 飞机在1000m的高空以300m/s的速度飞行。近似认为高空的空气是静止的,大气压为 0.899×10^5Pa,温度为6℃。设机翼的曲度可忽略并当作一块矩形平板看待,机翼表面的平均温度为30℃,翼弦长1.5m。试求整个机翼的平均对流换热系数和机翼散热的热流密度。

解:从相对运动的角度,本题可看作是流体沿平板的流动。

定性温度为 $\qquad t_m = \dfrac{1}{2}(t_f + t_w) = \dfrac{1}{2}(6 + 30) = 18(℃)$

由附录4可查得干空气的物性参数,但附录4中给出的压力是 $p = 1.01325\times10^5$Pa,与题设压力不符,但由于 λ、ν、μ、c_p、Pr 与压力的关系较小,故仍可用表中的数值。根据线性内插法,计算得定性温度为18℃时空气的物性参数为:$\lambda_m = 2.574\times10^{-2}$ W/(m·K),$\mu_m = 18\times10^{-6}$ kg/(m·s),$\nu_m = 14.88\times10^{-6}$ m^2/s,$Pr_m = 0.7034$。

一般取流体外掠平板的临界雷诺数为 5×10^5,由 $Re_c = \dfrac{u_\infty x_c}{\nu}$ 得

$$5\times10^5 = \frac{300\, x_c}{14.88\times10^{-6}}$$

$$x_c = 0.0248(\mathrm{m})$$

由于 $x_c < l = 1.5$m,所以选择层紊流共存的经验公式(5-13):

$$Re_m = \frac{ul}{\nu_m} = \frac{300 \times 1.5}{14.88 \times 10^{-6}} = 3.024 \times 10^7$$

$$Nu_m = \frac{h_c L}{\lambda_m} = 0.037(Re_m^{4/5} - 23500) Pr_m^{1/3}$$

$$\frac{h_c \times 1.5}{2.574 \times 10^{-2}} = 0.037[(3.024 \times 10^7)^{4/5} - 23500]0.7034^{1/3}$$

解得

$$h_c = 531.6 \left[W/(m^2 \cdot K) \right]$$

则

$$q = h_c(t_w - t_f) = 531.6 \times (30 - 6) = 12758.4 \ (W/m^2)$$

二、外掠单根圆管的对流换热

1. 外掠单根圆管对流换热的特点

流体外掠单根圆管也常称为流体横掠单根圆管。所谓"横掠",是指流体的来流速度方向与管轴垂直的情况。例如,风吹过电线、电缆,暴露在空气中的热力管道,钻井平台下海水中的隔水管等等都属于流体横掠圆管的对流换热现象。

如图5-4(a)所示,当流体外掠圆管时,和外掠平壁相同之处是,从圆管前驻点开始,沿着圆管表面也会形成边界层。当$10 < Re < 1.4 \times 10^5$时,边界层为层流;当$Re \geq 1.4 \times 10^5$时,边界层会从层流区过渡到紊流区。与外掠平壁不同的是,边界层不会沿着圆管表面一直发展,而是会在圆管表面的某个位置脱离圆管,即绕流脱体现象。如图5-4(b)所示,在圆管的前半部,沿流动方向的流通截面积变小,流速增加,压力降低;而在圆管的后半部,沿流动方向的流通截面积变大,流速减小,压力增大。而近壁处由于黏性力较大,此处流体流速较低,当其动量不足以克服压力的增加而继续保持向前流动时,就会产生反方向的流动,即形成漩涡,使边界层脱离圆管壁面,即所谓的脱体现象。如图5-4(b)所示,从圆管前驻点开始顺着圆周方向沿圆管表面到圆管尾部的角度叫做迎流角φ,由于绕流圆管边界层的对称性,迎流角的取值范围是$0° \leq \varphi \leq 180°$。当边界层为层流流动($10 \leq Re < 1.4 \times 10^5$)时,边界层在$\varphi = 80°$左右脱离圆管;当边界层从层流转为紊流流动($Re \geq 1.4 \times 10^5$)时,边界层在$\varphi = 140°$左右脱离圆管;当流体以极低流速($Re < 10$)绕流圆管时,不出现脱体。

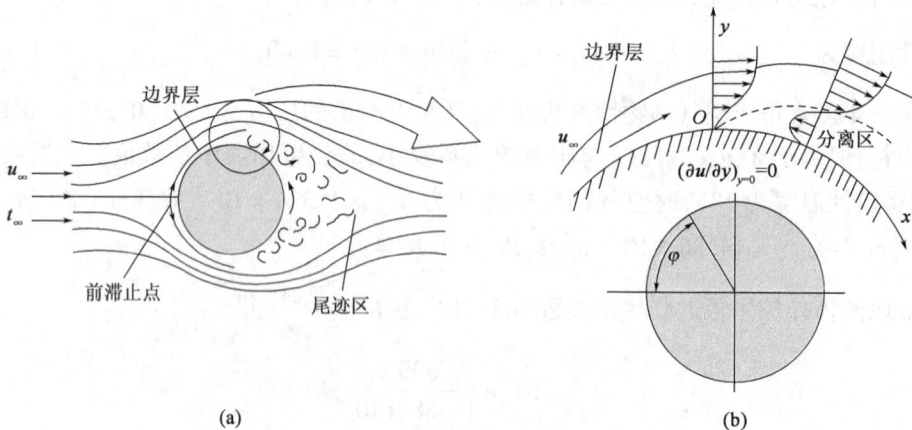

(a)   (b)

图5-4　流体横掠单根圆管时的流动

流体横掠单圆管的边界层发展和脱体决定了其对流换热的特点。图 5－5 是吉特(Giedt)所测得的流体横掠常热流圆管表面的局部努塞尔特数 Nu_φ 随迎流角 φ 的变化曲线。图中下面两条曲线变化规律相似,是雷诺数 Re 较低边界层为层流时的情况;图中上面四条曲线变化规律相似,是雷诺数 Re 较高、边界层从层流过渡到紊流时的情况。曲线从迎流角 $\varphi = 0°$ 开始随着迎流角 φ 的增加而下降,是层流边界层不断增厚的缘故;当 $\varphi = 80°$ 时,Re 数较小的下面两条曲线出现转折,Nu_φ 开始随着 φ 的增加而增大,这是由于层流边界层在 $\varphi = 80°$ 左右脱离圆管,形成漩涡扰动,增强了对流换热效果。Re 数较大的四条曲线随着迎流角的增加第一次上升的原因是边界层从层流区过渡到了紊流区;当 $\varphi = 110°$ 左右时,紊流不再增强而紊流边界层厚度却急剧增加,这是曲线第二次下降的原因;当 $\varphi = 140°$ 时,Nu_φ 又明显上升,这是由于紊流边界层在 $\varphi = 140°$ 脱离圆管,形成漩涡扰动,增强了对流换热。

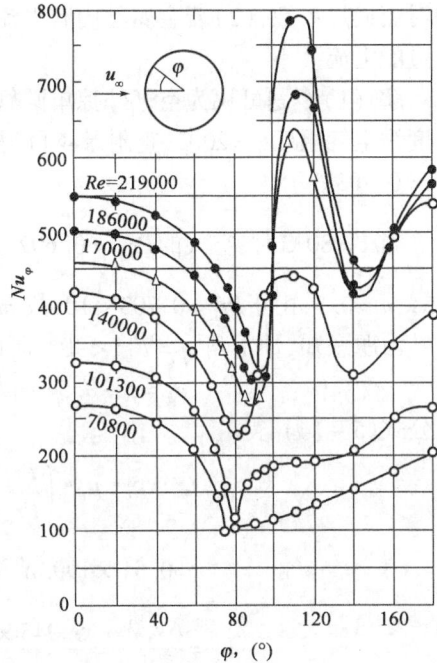

图 5－5　横掠圆管局部努塞尔特数随迎流角的变化

2. 外掠单根圆管的对流换热特征数关联式

流体横掠单根圆管的对流换热,茹考思卡斯(A. A. Zhukauskas)推荐用下面的经验公式:

$$Nu_f = C\, Re_f^n\, Pr_f^m \left(\frac{Pr_f}{Pr_w}\right)^{0.25} \qquad (5-14)$$

式(5－14)的适用范围:$0.7 < Pr_f < 500$,$1 < Re_f < 10^6$。当 $Pr \leqslant 10$ 时,$m = 0.37$;当 $Pr > 10$ 时,$m = 0.36$。式中除 Pr_w 的定性温度为壁面温度 t_w 外,其他物性的定性温度为来流温度 t_f,定型尺寸为圆管外直径 d,雷诺数中的特征速度为来流速度 u_∞。式中常数 C 和指数 n 的数值列于表 5－1 中。

表 5－1　式(5－14)中的 C 和 n

Re	C	n
$1 \sim 40$	0.75	0.4
$40 \sim 1 \times 10^3$	0.51	0.5
$1 \times 10^3 \sim 2 \times 10^5$	0.26	0.6
$2 \times 10^5 \sim 1 \times 10^6$	0.076	0.7

公式(5－14)只适用于流体来流方向与管轴夹角(称为冲击角)$\psi = 90°$ 的情况。如果流体的来流方向与管轴夹角(即冲击角)$\psi < 90°$,则流体对圆管的垂直冲击速度要减弱,并且流体斜向冲刷圆管在管外表面流程变长,相当于绕流椭圆管,边界层分离点后移,漩涡区缩小,从而使整个圆管表面的对流换热程度减小。因此对于冲击角 $\psi < 90°$ 的情况,要在经验公式(5－14)右端乘以冲击角修正系数 c_ψ,推荐如下:

$$c_\psi = 1 - 0.54 \cos^2\psi \qquad (5-15)$$

[例题 5－4]　直径为 1mm、表面温度为 80℃ 的金属丝置于温度为 20℃ 的空气中,空气的

流速为3m/s,空气速度方向与金属丝轴向方向的夹角为70°。(1)试计算空气与金属丝表面的对流换热系数;(2)若金属丝内有电流通过且金属丝的电阻率为$3 \times 10^{-8} \Omega \cdot m$,求金属丝内通过的电流。

解:(1)本题可视为空气外掠单圆管的对流换热问题,所以选择经验公式(5-14)。定性温度为空气温度$t_f = 20℃$,查附录4可得:$\lambda_f = 2.59 \times 10^{-2} W/(m \cdot K)$,$\nu_f = 15.06 \times 10^{-6} m^2/s$,$Pr_f = 0.703$。

当$t_w = 80℃$时,空气的$Pr_w = 0.692$,$Re_f = \dfrac{u_\infty d}{\nu_f} = \dfrac{3 \times 0.001}{15.06 \times 10^{-6}} = 199.2$。查表5-1得$C = 0.51$,$n = 0.5$;由于$Pr_f = 0.703 < 10$,故$m = 0.37$。

由题意知,冲击角$\psi = 70° < 90°$,所以需要考虑冲击角修正项:

$$c_\psi = 1 - 0.54 \cos^2 \psi = 1 - 0.54 \times \cos^2 70° = 0.937$$

由公式(5-14),得

$$Nu_f = C Re_f^n Pr_f^m \left(\frac{Pr_f}{Pr_w}\right)^{0.25} c_\psi$$

$$= 0.51 \times 199.2^{0.5} 0.703^{0.37} \left(\frac{0.703}{0.692}\right)^{0.25} \times 0.937 = 5.945$$

$$h_c = \frac{Nu_f \lambda_f}{d} = \frac{5.945 \times 2.59 \times 10^{-2}}{0.001} = 154 \left[W/(m^2 \cdot K)\right]$$

(2)由于$q_l = h_c(t_w - t_f)\pi d = I^2 R = I^2 \dfrac{\rho L}{\frac{1}{4}\pi d^2}$,则

$$154 \times (80 - 20) \times 3.14 \times 0.001 = I^2 \times \frac{3 \times 10^{-8}}{\frac{1}{4} \times 3.14 \times 0.001^2}$$

解得
$$I = 27.55(A)$$

讨论:

(1)本例题常用于热线式风速仪的原理应用。热线式风速仪,顾名思义是测量空气流速的仪器。其基本原理是通过测得的电流强度根据流体外掠单根圆管理论来计算空气流速。

(2)请读者思考,本例题如果已知电流强度,未知空气流速,其他条件不变,该如何求取空气流速?

关于流体横掠单圆管,丘吉尔(S. W. Churchill)和伯恩斯坦(M. Bernstein)提出了一个在更宽的范围内适用的综合计算关联式,即Churchill-Bernstein关联式:

$$Nu_m = 0.3 + \frac{0.62 Re_m^{1/2} Pr_m^{1/3}}{[1 + (0.4/Pr_m)^{2/3}]^{0.25}} \left[1 + \left(\frac{Re_m}{282000}\right)^{5/8}\right]^{0.8} \qquad (5-16)$$

其适用范围为$Re_m Pr_m > 0.2$,定性温度为热边界层的平均温度,即$t_m = \dfrac{1}{2}(t_f + t_w)$。

[例题5-5] 在油田联合站含油污水的处理过程中,油田污水依托沉降罐进行油水分离。在有风条件下,沉降罐罐侧与环境的对流换热可用Churchill-Bernstein关联式描述。若风的方向垂直于罐体长度方向,风速为2m/s,沉降罐表面的温度为40℃,空气温度为-20℃,沉降罐罐体直径为0.6m,高度为0.9m,求此条件下沉降罐罐侧的对流散热量。

解: 定性温度为

$$t_m = \frac{1}{2}(t_w + t_f) = \frac{1}{2} \times (40 - 20) = 10(\text{℃})$$

此温度下空气的物性参数为

$$\lambda_m = 0.0251 \left[W/(m^2 \cdot K) \right]$$

$$\nu_m = 14.16 \times 10^{-6} (m^2/s)$$

$$Pr_m = 0.705$$

$$Re_m = \frac{ud}{\nu_m} = \frac{2 \times 0.6}{14.16 \times 10^{-6}} = 84746$$

根据 Churchill – Bernstein 关联式(5 – 16):

$$Nu_m = 0.3 + \frac{0.62 Re_m^{1/2} Pr_m^{1/3}}{[1 + (0.4/Pr_m)^{2/3}]^{0.25}} \left[1 + \left(\frac{Re_m}{282000} \right)^{5/8} \right]^{0.8}$$

$$= 0.3 + \frac{0.62 \times 84746^{1/2} \times 0.705^{1/3}}{[1 + (0.4/0.705)^{2/3}]^{0.25}} \left[1 + \left(\frac{84746}{282000} \right)^{5/8} \right]^{0.8}$$

$$= 192.36$$

$$h_c = \frac{Nu_m \lambda_m}{d} = \frac{192.36 \times 0.0251}{0.6} = 8.047 \left[W/(m^2 \cdot K) \right]$$

沉降罐罐侧的对流散热量为

$$\Phi = h_c \pi dl(t_w - t_\infty) = 8.047 \times \pi \times 0.6 \times 0.9 \times (40 + 20) = 819.08(\text{W})$$

讨论:

本例题若采用经验公式(5 – 14),计算出的对流换热系数为 8.96 W/(m² · K),与本例题所采用的经验公式(5 – 16)的计算结果相对误差为 10.19%。若工程中此类问题需要考虑保温措施并核定保温效果,建议使用经验公式(5 – 14),取较大的对流换热系数以保证更好的保温效果。同时基于以上计算结果,因对流换热系数较小,所以实际计算还需要酌情考虑辐射换热量。

三、外掠管束的对流换热

1. 外掠管束对流换热的特点

外掠管束也常称为横掠管束,是指流体横掠多根规则排列的管外表面的对流换热,在换热器中最为常见,比如壳管式换热器(动画 5 – 1)。管束的排列方式通常有顺排和叉排两种,如图 5 – 6 所示。流体冲刷叉排和顺排管束的对流换热情况是不同的。叉排时流体在管间交替收缩和扩张的弯曲通道中流动,比顺排在管间的流动扰动剧烈,因此一般说叉排比顺排的换热程度好。但叉排和顺排相比也有其缺点,叉排管束的流动阻力比顺排大,并且管外表面的污垢比顺排难以清洗。

动画 5 – 1

流体横掠第一排管子的对流换热情况和横掠单管一样,但从第二排起,后排管子都处于前排管子的尾迹中,在尾迹漩涡的作用下,后排管子的平均对流换热系数要大于前排,这种影响一般要延续到 10 排以上才会逐渐稳定下来。横掠管束的对流换热影响因素除了 Re、Pr 外,还有管束的排列方式为叉排还是顺排、管子横向间距 s_1 和纵向间距 s_2、管排数等等。

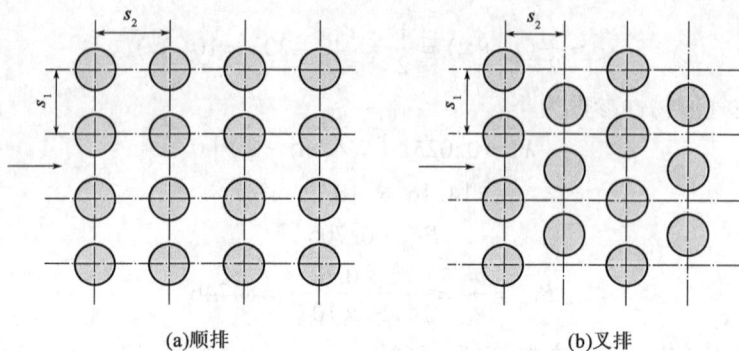

(a)顺排　　　　　　　　　　(b)叉排

图5-6　流体横掠管束的排列方式

2. 外掠管束的对流换热特征数关联式

对于流体横掠管束的对流换热,茹卡乌斯卡斯(А. А. Жукаускас)推荐的经验公式列于表5-2中。

表5-2　流体横掠管束特征数关联式

排列方式	Re 范围		特征数关联式	
顺排	$1 \sim 10^2$		$Nu_f = 0.9 \, Re_f^{0.4} \, Pr_f^{0.36} \, (Pr_f/Pr_w)^{0.25}$	(5-17)
	$10^2 \sim 10^3$		$Nu_f = 0.52 \, Re_f^{0.5} \, Pr_f^{0.36} \, (Pr_f/Pr_w)^{0.25}$	(5-18)
	$10^3 \sim 2 \times 10^5$		$Nu_f = 0.27 \, Re_f^{0.63} \, Pr_f^{0.36} \, (Pr_f/Pr_w)^{0.25}$	(5-19)
	$2 \times 10^5 \sim 2 \times 10^6$		$Nu_f = 0.033 \, Re_f^{0.8} \, Pr_f^{0.36} \, (Pr_f/Pr_w)^{0.25}$	(5-20)
叉排	$1 \sim 5 \times 10^2$		$Nu_f = 1.04 \, Re_f^{0.4} \, Pr_f^{0.36} \, (Pr_f/Pr_w)^{0.25}$	(5-21)
	$5 \times 10^2 \sim 10^3$		$Nu_f = 0.71 \, Re_f^{0.5} \, Pr_f^{0.36} \, (Pr_f/Pr_w)^{0.25}$	(5-22)
	$10^3 \sim 2 \times 10^5$	$\dfrac{s_1}{s_2} \leqslant 2$	$Nu_f = 0.35 \, (s_1/s_2)^{0.2} Re_f^{0.6} \, Pr_f^{0.36} \, (Pr_f/Pr_w)^{0.25}$	(5-23)
		$\dfrac{s_1}{s_2} > 2$	$Nu_f = 0.4 \, Re_f^{0.6} \, Pr_f^{0.36} \, (Pr_f/Pr_w)^{0.25}$	(5-24)
	$2 \times 10^5 \sim 2 \times 10^6$		$Nu_f = 0.031 \, (s_1/s_2)^{0.2} Re_f^{0.8} \, Pr_f^{0.36} \, (Pr_f/Pr_w)^{0.25}$	(5-25)

表5-2中经验公式的适用范围是:式中定性温度为管束进出口流体的平均温度;定型尺寸为管子外径 d ;Re 数中的流速取管束中的最大流速,由图5-7根据连续性方程,可知

顺排时: $$u_{max} = u_\infty \frac{s_1}{s_1 - d};\tag{5-26}$$

叉排时:　当 $2(s_2' - d) > (s_1 - d)$ 时, $u_{max} = u_\infty \dfrac{s_1}{s_1 - d}$ 　　　　(5-27)

当　　　　　　　 $2(s_2' - d) < (s_1 - d)$ 时, $u_{max} = \dfrac{1}{2} u_\infty \dfrac{s_1}{s_2' - d}$ 　　　(5-28)

流体横掠管束常见的修正系数有管排修正系数 c_z 和冲击角修正系数 c_ψ 。表5-2中的经验公式只适用于管排数大于等于16的情况,对于排数小于16的情况,需要在表5-2中的经验公式右端乘以管排修正系数 c_z ,见表5-3。当流体来流速度方向和管束轴向夹角(即冲击角) $\psi < 90°$ 时,和流体外掠单管一样,需要考虑冲击角修正。流体横掠管束的冲击角修正系数 c_ψ

的取值见表 5 - 4。如果冲击角 $\psi = 0°$，即流体纵向掠过管束，可按管内强迫对流换热经验公式计算，其中定型尺寸取管束间流通截面的当量直径 d_e。

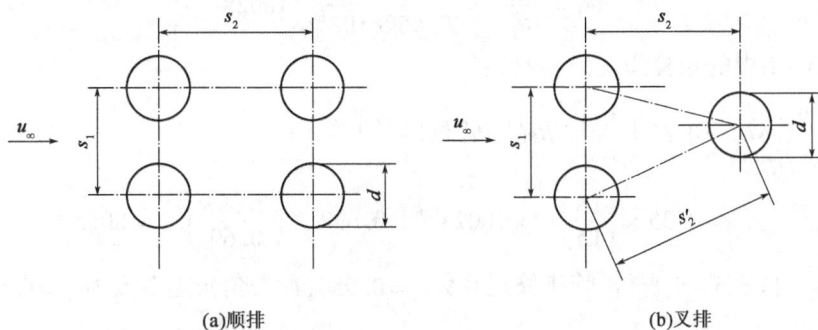

(a)顺排　　　　　　　　　　　　　　(b)叉排

图 5 - 7　管束中的流动

表 5 - 3　流体横掠管束的管排修正系数c_z

总排数		1	2	3	4	5	6	7	8	9	10	11	12	13	14	15	≥16
顺排		0.7	0.8	0.865	0.91	0.928	0.942	0.954	0.965	0.972	0.978	0.983	0.987	0.99	0.992	0.994	1
叉排	$10^2 < Re < 10^3$	0.832	0.874	0.914	0.939	0.955	0.963	0.97	0.976	0.98	0.984	0.987	0.99	0.993	0.996	0.999	1
	$Re > 10^3$	0.619	0.758	0.84	0.897	0.923	0.942	0.954	0.965	0.971	0.977	0.982	0.986	0.99	0.994	0.997	1

表 5 - 4　流体横掠管束的冲击角修正系数c_ψ

排列方式	c_ψ					
	15°	30°	45°	60°	70°	80°~90°
顺排	0.41	0.7	0.83	0.94	0.97	1
叉排	0.41	0.53	0.78	0.94	0.97	1

[**例题 5 - 6**]　由 7 排管子(叉排)组成的空气加热器，管外径为 12mm，管子间距 s_1 为 18mm，s_2 为 15mm，管壁温度为 90℃。空气的来流速度为 5m/s，其平均温度为 50℃，冲击角为 70°，求空气与管束的平均对流换热系数。

解：本题属于流体外掠管束的对流换热问题，所以选择表 5 - 2 中的经验公式。定性温度为空气温度 $t_f = 50$℃，查附录 4 可得

$$\lambda_f = 2.83 \times 10^{-2} W/(m \cdot K), \nu_f = 17.95 \times 10^{-6} m^2/s, Pr_f = 0.698$$

当 $t_w = 90$℃时空气的 $Pr_w = 0.690$。

由于 $s_1 = 18mm, s_2 = 15mm$，则

$$s_2' = \sqrt{\left(\frac{s_1}{2}\right)^2 + s_2^2} = \sqrt{\left(\frac{0.018}{2}\right)^2 + 0.015^2} = 0.0175(m)$$

又
$$2(s_2' - d) = 2 \times (0.0175 - 0.012) = 0.011(m)$$

$$s_1 - d = 0.018 - 0.012 = 0.006(m)$$

因此
$$2(s_2' - d) > s_1 - d$$

由公式(5 - 27)，得

$$u_{\max} = u_\infty \frac{s_1}{s_1 - d} = 5 \times \frac{0.018}{0.006} = 15 \ (\text{m/s})$$

$$Re_f = \frac{u_{\max} d}{\nu_f} = \frac{15 \times 0.012}{17.95 \times 10^{-6}} = 10028$$

所以选择表 5 - 2 中的经验公式(5 - 23):

$$Nu_f = 0.35 \left(\frac{s_1}{s_2}\right)^{0.2} Re_f^{0.6} Pr_f^{0.36} \left(\frac{Pr_f}{Pr_w}\right)^{0.25}$$

$$= 0.35 \times \left(\frac{18}{15}\right)^{0.2} \times 10028^{0.6} \times 0.698^{0.36} \left(\frac{0.698}{0.69}\right)^{0.25} = 80.5$$

由表 5 - 3 和表 5 - 4 查得:管排修正系数 $c_z = 0.954$,冲击角修正系数为 $c_\psi = 0.97$,所以

$$h_c = \frac{Nu_f \lambda_f}{d} \cdot c_z \cdot c_\psi = \frac{80.5 \times 2.83 \times 10^{-2}}{0.012} \times 0.954 \times 0.97 = 175.7 \ \text{W/(m}^2 \cdot \text{K)}$$

第三节　单相流体自然对流换热

视频 5 - 3

第四章讲过,自然对流和强迫对流的流动起因不同,自然对流不是外力作用引起的流动,流体流动的起因是由于流体和壁面之间存在温差,流体在近壁处被加热或者冷却使得流体内部温度场不均匀,导致密度场不均匀而使流体内出现浮升力,浮升力的作用使流体产生的流动叫做自然对流。在日常生活和技术设备中,自然对流换热是又一种常见的现象。例如,冬季在不通风的房屋里利用炉子或暖气设备来取暖,家用冰箱背面冷凝器的散热,不用风扇强制冷却的电器元件的散热等等都是自然对流换热的现象。

自然对流换热过程中,流体沿高温或低温壁面流动也会形成边界层。根据自然对流所在空间的大小、边界层的形成和发展是否受到其他壁面的影响,自然对流换热可分为大空间自然对流换热和小空间自然对流换热。本节重点介绍大空间自然对流换热,对于小空间自然对流换热,由于小空间几何尺寸的多样性,本节只讨论其中的一些简单情况。

一、大空间自然对流换热

1. 大空间自然对流换热的特点

大空间自然对流换热也称为无限空间自然对流换热,所谓大空间,并不是几何形式上很大或无限大,而是指流体沿壁面所发展的自然对流边界层不受周围其他表面的影响。前面提到的暖气设备和冰箱背面的散热以及电器元件的自然冷却过程都属于大空间自然对流换热。

大空间自然对流换热边界层的发展和流体外掠物体壁面有相似之处。下面以高温竖直壁面附近空气的自然对流换热为例来分析。如图 5 - 8(a)所示,竖壁壁面温度 t_w 高于周围空气温度 t_∞,一开始空气处于静止状态。近壁处的空气被高温壁面加热,使得该处空气温度升高,密度减小,空气中产生向上的浮升力,从而沿着壁面向上流动。与流体外掠平板的强迫对流换热边界层类似,如果竖壁足够高,自然对流的边界层从竖壁的下缘开始,沿着竖壁从下往上也会从层流区过渡到紊流区。从图 5 - 8(a)中也可以看到,竖壁自然对流局部对流换热系数 h_{cx} 沿壁面高度的发展变化。从竖壁下缘开始,随着高度的增加,h_{cx} 在减小,这是层流边界层厚度

沿流动方向不断增厚的结果。当边界层从层流转变到紊流,可以看到 h_{cx} 由于紊流的作用而有所增加。当边界层发展到旺盛紊流阶段,紊流已充分发展而不再增强,因此 h_{cx} 也保持定值不变。实验也证明,旺盛紊流时的 h_{cx} 几乎是个常量。

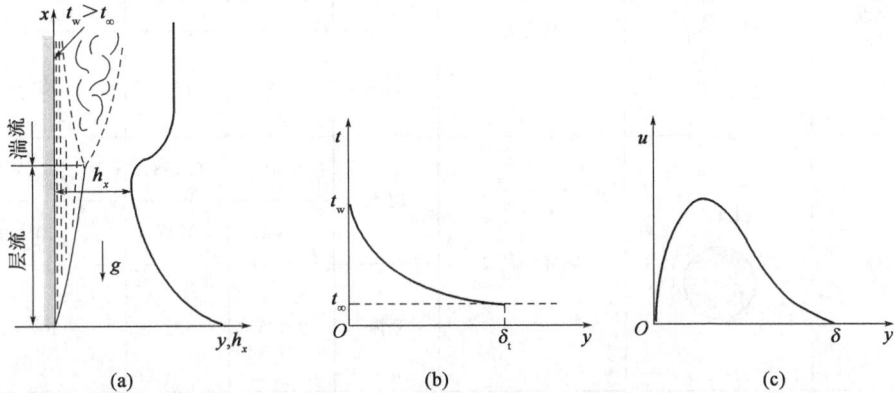

图5-8 竖壁自然对流边界层的发展和温度速度分布曲线

竖壁自然对流边界层内的温度分布如图5-8(b)所示。在贴壁处,空气温度等于壁面温度 t_w,沿着离开壁面的方向温度逐渐降低为空气不受热时的自身温度。由于近壁处空气和竖壁的温差较大,所以壁面附近空气的温度变化较快,而离竖壁越远温差越小,温度变化也趋于缓慢。图5-8(c)表示了边界层速度分布的特点。可以看出,竖壁附近空气的速度分布具有两头小中间大的特点。贴壁处空气速度为0,这是由于黏性流体受壁面摩擦阻力影响而产生的无滑移边界条件,而在边界层外边界,由于此处的空气温度已经降至空气自身的温度,没有温差自然就没有浮升力,空气速度在此处也等于0。理论解证明,层流边界层内的最大自然对流流速大约在 $y = \frac{1}{3}\delta$ 处。

2. 大空间自然对流换热特征数关联式

大空间自然对流换热的特征数关联式可以整理成幂函数的形式:

$$Nu_m = C(Gr_m Pr_m)^n \tag{5-29}$$

由公式(5-29)可以看出,特征数的下标都是"m",说明定性温度取流体温度和壁面温度的平均值,即 $t_m = \frac{1}{2}(t_f + t_w)$。式中 Gr 是用于判断自然对流时流体流态是层流还是紊流的,其定义式为 $Gr = \frac{g\alpha_V \Delta t L^3}{\nu^2}$。$Gr$ 的定义式中各个物理量的含义及 Gr 的物理意义在第四章中有过介绍,此处不再赘述。需要注意,对于理想气体,Gr 数中的体积膨胀系数 $\alpha_V = \frac{1}{T}$。在自然对流换热的特征数关联式中,由于 Gr 和 Pr 常以乘积的形式出现,因此习惯上常常以二者的乘积作为自然对流换热流体流态的判据。Gr 和 Pr 的乘积又称为瑞利数(Ra):

$$Ra = GrPr \tag{5-30}$$

对于壁面温度恒定的自然对流换热,表5-5列出了几种典型情况的公式(5-29)中的系数 C 和指数 n。

表 5 – 5 公式 (5 – 29) 中的 C 和 n 值

壁面形状与位置	流动情况	定型尺寸	流态	C	n	$(GrPr)_m$的范围
竖直平壁或竖直圆柱		高度 H	层流	0.59	0.25	$10^4 \sim 10^9$
			紊流	0.1	1/3	$10^9 \sim 10^{13}$
水平圆柱		圆柱外径 d	层流	0.85	0.188	$10^2 \sim 10^4$
			层流	0.48	0.25	$10^4 \sim 10^7$
			紊流	0.125	1/3	$10^7 \sim 10^{12}$
热面朝上或冷面朝下的水平壁		矩形取两个边长的平均值;圆盘取 $0.9d$;非规则形状取面积与周长之比	层流	0.54	0.25	$2 \times 10^4 \sim 8 \times 10^6$
			紊流	0.15	1/3	$8 \times 10^6 \sim 10^{11}$
热面朝下或冷面朝上的水平壁			层流	0.58	0.2	$10^5 \sim 10^{11}$

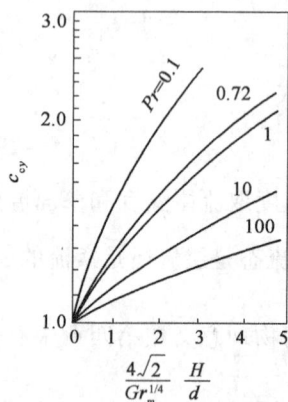

图 5 – 9 曲率修正系数 c_{cy}

表 5 – 5 中,竖直圆柱和竖直平壁归为一类,是由于当竖直圆柱的 $\dfrac{d}{H}$ 较大时,圆柱曲率对边界层的影响很小,可以近似认为竖直圆柱和竖直平壁边界层的发展以及对流换热情况一样。但当 $\dfrac{d}{H} < \dfrac{35}{Gr^{0.25}}$ 时,圆柱曲率对边界层的影响不可忽略,此时需要在经验公式右端乘以曲率修正系数 c_{cy},c_{cy} 的取值见图 5 – 9。

[例题 5 – 7] 一水平架空的直径为 0.3m 的蒸汽管道,因某种原因保温材料脱落,裸管表面温度为 220℃,周围空气温度为 40℃,假设空气相对静止。(1)试计算每米管长的对流散热损失;(2)如果圆管与空气的辐射换热量为 2600W/m,则圆管与空气之间的复合换热系数又为多少?

解:

(1)由题意可知本题属于大空间自然对流换热问题,所以选择经验公式(5 – 29)。定性温度为 $t_m = \dfrac{1}{2}(t_f + t_w) = \dfrac{1}{2}(40 + 220) = 130℃$,查附录 4 根据线性内插法计算可得空气为 130℃ 时的物性参数为

$$\lambda_m = 3.415 \times 10^{-2} \mathrm{W/(m \cdot K)}, \nu_m = 26.625 \times 10^{-6} \mathrm{m^2/s}, Pr_m = 0.685$$

$$(GrPr)_m = \frac{g\,\alpha_{vm}\Delta t d^3}{\nu_m^2} Pr_m$$

$$= \frac{9.8 \times (220-40) \times 0.3^3}{(26.625 \times 10^{-6})^2 (130+273)} \times 0.685 = 1.142 \times 10^8$$

查表 5-5，$C = 0.125, n = \frac{1}{3}$，故

$$Nu_m = C(Gr_m Pr_m)^n = 0.125(1.142 \times 10^8)^{1/3} = 60.6$$

$$h_c = \frac{Nu_m \lambda_m}{d} = \frac{60.6 \times 3.415 \times 10^{-2}}{0.3} = 6.898 [\mathrm{W/(m^2 \cdot K)}]$$

$$q_l = h_c \pi d(t_w - t_f) = 6.898 \times 3.14 \times 0.3 \times (220-40) = 1169.62 (\mathrm{W/m})$$

(2)每米圆管与空气总的换热量为

$$q_l + q_r = h\pi d(t_w - t_f)$$

$$1169.62 + 2600 = h \times 3.14 \times 0.3 \times (220-40)$$

$$h = 22.23 [\mathrm{W/(m^2 \cdot K)}]$$

讨论：

(1) Gr 的定义式为 $Gr = \frac{g\,\alpha_V \Delta t\, L^3}{\nu^2}$，此题中圆管为水平放置，定型尺寸取圆管外径 d，所以 Gr 在此题的计算式为 $Gr = \frac{g\,\alpha_V \Delta t\, d^3}{\nu^2}$。需要注意，如果是竖直放置的圆管，定型尺寸取管长，此时 Gr 的计算式为 $Gr = \frac{g\,\alpha_V \Delta t\, l^3}{\nu^2}$。

(2) 圆管总散热量是对流换热量与辐射换热量的总和，对这类表面温度不高的物体，辐射换热量与自然对流换热量往往在数量级上是相当的，其中辐射换热量是不能忽视的散热量。

[例题 5-8] 石油化工站内的架空管网是连接站内所有装置设备的途径，是石油化工厂站的运行动脉。对于一水平放置的架空管道，其外径 $d = 500\mathrm{mm}$，外壁温度 $t_w = 50℃$，冬季外部环境温度 $t_\infty = 0℃$。求该架空管道外壁面的对流散热量。

解：处于无风环境时，可作为水平管道的自然对流换热问题来考虑，定性温度为

$$t_m = \frac{1}{2}(t_w + t_\infty) = \frac{1}{2} \times (50+0) = 25(℃)$$

此温度下空气的物性参数分别为 $\lambda_m = 0.0263\mathrm{W/(m^2 \cdot K)}$，$\nu_m = 15.62 \times 10^{-6}\mathrm{m^2/s}$，$Pr_m = 0.702$。

计算瑞利数 Ra，可得：

$$(GrPr)_m = \frac{g\alpha_V \Delta t d^3}{\nu_m^2} Pr_m = \frac{g\Delta t d^3}{T_m \nu_m^2} Pr_m$$

$$= \frac{9.8 \times (50-0) \times 0.5^3}{(273+25) \times (15.62 \times 10^{-6})^2} \times 0.702 = 5.914 \times 10^8$$

根据 $(GrPr)_m$ 的值,查表 5-5,可知:

$$C = 0.125, n = \frac{1}{3}$$

故: $Nu_m = C(Gr_m Pr_m)^n = 0.125 \times (5.914 \times 10^8)^{1/3} = 104.9$

$$h_c = \frac{Nu_m \lambda_m}{d} = \frac{104.9 \times 0.0263}{0.5} = 5.518 [W/(m^2 \cdot K)]$$

单位管长的对流散热量为

$$\Phi = h_c \pi d(t_w - t_\infty) = 5.518 \times \pi \times 0.5 \times (50-0) = 433.39(W/m)$$

二、小空间自然对流换热

1. 小空间自然对流换热的特点

小空间自然对流换热也称为有限空间自然对流换热,指流体处在狭小的空间内发生对流,边界层的发展受到其他换热面的影响或阻碍而不能自由发展的情况。如双层玻璃中的空气夹层(动画5-2)、平板式太阳能集热器的空气夹层等。本节仅讨论两平行平壁间竖直和水平两种几何位置中的气体夹层的小空间自然对流换热。

动画 5-2

如图 5-10 所示,两平壁的壁面温度分别为 t_{w1} 和 t_{w2},且 $t_{w1} > t_{w2}$,气体夹层的厚度为 δ,竖壁的高度为 H,此处 Gr 的定义式为 $Gr = \frac{g\alpha_V(t_{w1}-t_{w2})\delta^3}{\nu^2}$。当 Gr 极低时,夹层内气体的热量传递方式为纯导热现象;随着 Gr 渐渐增大,夹层内会依次出现环流、层流和紊流流动。

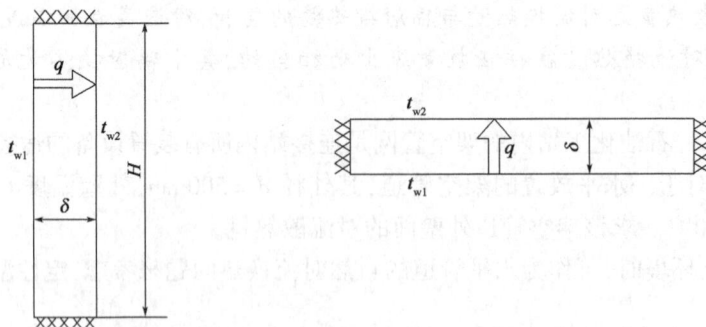

图 5-10　垂直和水平平板气体夹层($t_{w1} > t_{w2}$)

2. 小空间自然对流换热特征数关联式

竖壁和水平壁中的气体夹层的小空间自然对流换热特征数关联式列于表 5-6 中。表中特征数的定性温度$t_m = \frac{1}{2}(t_{w1} + t_{w2})$，定型尺寸为夹层气体的厚度$\delta$，$Pr$的范围是$0.5 \sim 2$。对于竖直夹层，$\frac{H}{\delta}$的范围是$11 \sim 42$。

表 5-6 小空间自然对流换热特征数关联式

几何位置	特征数关联式	$(GrPr)_m$的范围
竖直夹层	$Nu_m = 1$	< 2000
	$Nu_m = 0.197(Gr_m Pr_m)^{0.25}\left(\frac{\delta}{H}\right)^{1/9}$　(5-31)	$6 \times 10^3 \sim 2 \times 10^5$
	$Nu_m = 0.073(Gr_m Pr_m)^{1/3}\left(\frac{\delta}{H}\right)^{1/9}$　(5-32)	$2 \times 10^5 \sim 1.1 \times 10^7$
水平夹层	$Nu_m = 1$	< 1700
	$Nu_m = 0.059(Gr_m Pr_m)^{0.4}$　(5-33)	$1700 \sim 7000$
	$Nu_m = 0.212(Gr_m Pr_m)^{0.25}$　(5-34)	$7000 \sim 3.2 \times 10^5$
	$Nu_m = 0.061(Gr_m Pr_m)^{1/3}$　(5-35)	$> 3.2 \times 10^5$

热量通过有限空间是冷热两壁自然对流换热的综合结果，因此通常把两侧的换热用一个当量对流换热系数h_e来表示，则通过夹层的热流密度q为

$$q = h_e(t_{w1} - t_{w2}) \tag{5-36}$$

[**例题 5-9**] 某建筑物墙壁内空气夹层厚$\delta = 80\text{mm}$，高2.6m，夹层两侧壁温分别为25℃和15℃，求它的当量对流换热系数及对流换热热流密度。

解： 由题意可知本题是竖壁夹层的小空间自然对流换热问题。

定性温度为$t_m = \frac{1}{2}(t_{w1} + t_{w2}) = \frac{1}{2}(25 + 15) = 20(\text{℃})$。由附录 4 查取空气为$20\text{℃}$的物性参数为

$$\lambda_m = 2.59 \times 10^{-2}\text{W/(m·K)}, \nu_m = 15.06 \times 10^{-6}\text{m}^2/\text{s}, Pr_m = 0.703$$

$$\alpha_m = \frac{1}{T_m} = \frac{1}{20 + 273} = 3.41 \times 10^{-3}(1/\text{K})$$

$$(GrPr)_m = \frac{g\,\alpha_{Vm}\Delta t\delta^3}{\nu_m^2}Pr_m$$

$$= \frac{9.8 \times 3.41 \times 10^{-3} \times (25 - 15) \times 0.08^3}{(15.06 \times 10^{-6})^2} \times 0.703 = 5.3 \times 10^5$$

查表 5-6，选择经验公式(5-33)：

$$Nu_m = 0.073(Gr_m Pr_m)^{\frac{1}{3}}\left(\frac{\delta}{H}\right)^{\frac{1}{9}} = 0.073 \times (5.3 \times 10^5)^{\frac{1}{3}}\left(\frac{0.08}{2.6}\right)^{\frac{1}{9}} = 4.04$$

$$h_e = \frac{Nu_m \lambda_m}{\delta} = \frac{4.04 \times 2.59 \times 10^{-2}}{0.08} = 1.31\,[\text{W/(m}^2\text{·K)}]$$

$$q = h_e(t_{w1} - t_{w2}) = 1.31 \times (25 - 15) = 13.1(\text{W/m}^2)$$

关于本章内容需要说明以下两点：

(1) 关于气体的对流换热现象，其表面总的换热量其实不仅仅包括本章讨论的对流换热量，还应该考虑表面和周围环境的辐射换热量，而且有时辐射换热量往往占有很大的比重，不可忽略。

(2)本章只单纯介绍了强迫对流换热和自然对流换热,其实有时强迫对流换热现象中会伴随有自然对流换热,这种情况称为混合对流换热。混合对流换热已超出本书范围,感兴趣的读者可查阅相关文献。

思 考 题

1. 什么是管内流动的入口段和充分发展段? 为什么管内强迫对流换热入口段的平均对流换热系数大于充分发展段?

2. 管内强迫对流换热常见的修正项有哪些? 其中哪些修正项是大于1的,哪些是小于1的? 大于1的修正项对对流换热有何影响?

3. 流体流过弯曲管道或螺旋管道时,对流换热系数会增加,试分析其原因。

4. 试简述管内强迫对流换热求取对流换热系数的基本步骤。

5. 试举例说明,对管内强迫对流换热的定量计算何时应采用试算法(迭代法)? 如何判断迭代过程达到收敛?

6. Pr 数大的流体一般黏度也比较大,经验告诉我们,黏度大的流体的对流换热系数一般比较小,但是在对流换热计算公式 $Nu = f(Re,Pr)$ 中,Pr 高就意味着 Nu 高,相应的对流换热系数 h_c 也大,这是否矛盾? 试解释原因。

7. 流体在内径为 d 的圆管内作紊流换热,如果将管子的内径减为原来的一半,而体积流量不变,其他条件也不变,试分析对流换热系数有无变化? 定量分析变化多少?

8. 外掠管束对流换热可能要考虑哪些修正项?

9. 试分析换热器中管束顺排排列和叉排排列各自的优缺点。

10. 什么是大空间自然对流换热和小空间自然对流换热? 如何区分?

11. 什么情况下,可以把竖直夹层和水平夹层内空气的自然对流换热作为纯导热过程?

12. 在地球表面某实验室内设计的自然对流换热实验,到太空中是否仍然有效,为什么?

13. 有人说只有在高温下辐射换热才起主要作用,所以室内暖气片与空气的换热量只需要考虑对流换热量,不需要考虑暖气片对环境的辐射换热,这种说法对吗?

习 题

5-1 质量流量为 0.5kg/s 的水流过长为 12m 的直管,水在管内的平均温度为 20℃,管子内径 $d = 20mm$,管壁温度为 60℃,求水与管壁的对流换热系数及热流量。

5-2 圆管内径为 20mm,管长为 2.5m,管内空气平均温度为 40℃,平均流速为 1.8m/s,管壁温度为 60℃,求空气在管内的对流换热系数及每小时的对流换热量。

5-3 一短管的内径为 6mm,长为 150mm,水在管内的流速为 1.5m/s,水的入口温度为 40℃,管壁平均温度为 60℃,求水的出口温度。

5-4 水以 0.7kg/s 的流量进入内径为 25mm 的管子,进口水温为 35℃,管子平均壁温为 95℃,试问水的出口温度达到 45℃ 时需要多长的管子?

5-5 5℃ 的水以 100kg/h 的流量流入内径为 90mm 的管子,在流经 5m 长时水温为 50℃。试求管壁温度。

5-6 微风以 0.6m/s 的速度沿宽度方向掠过一金属建筑物壁面,壁面高 3.6m、宽 8m,温度为90℃。如果来流空气的温度为20℃,求空气与金属壁面的对流换热系数。如果壁面吸收的太阳能正好通过对流换热把热量散发给周围的空气,试计算在平衡状态下壁面吸收太阳能的热量密度。

5-7 空气在40℃和1atm下,流过直径为3mm并被通电加热的导线,空气流速为10m/s,导线表面温度为80℃,空气来流速度方向与导线轴线方向的夹角为70°,求空气与导线表面的对流换热系数及导线每米长的散热量。

5-8 用热线风速仪测定气流速度的实验中,将直径为0.1mm的电热丝与来流方向垂直放置,来流温度为20℃,电热丝温度为60℃,测得电加热功率为30W/m。假设除对流外其他热损失可忽略不计。试确定空气的来流速度。

5-9 空气横向流过由12排管子组成的叉排管束,管子外径为25mm,管壁温度为120℃,管间距s_1和s_2分别为40mm和60mm,空气来流速度为5m/s,空气来流温度为60℃,求空气与管束间的对流换热系数。

5-10 平均温度为20℃的水以1.5m/s的流速进入7排的顺排管束。管子外径20mm,长2m,平均壁温100℃,管子间距$s_1 = s_2 = 50$mm,冲击角为80°。如果每排有10根管子,求每排管子的平均对流换热量。

5-11 室温为20℃的大房间中,有20cm直径的烟筒,其垂直部分高2m,水平部分长5m。烟筒的平均壁温为100℃,试分别求出垂直段和水平段烟筒与空气的对流换热系数,并计算每小时的对流换热量。

5-12 无风天气,横置于温度为20℃的空气中的蒸汽管道,外径为30mm,壁温为150℃,已知每米管长的辐射热损失为220W/m,求该管道单位长度总的热损失。

5-13 石油化工站内架空管道外径为400mm,外表面温度为50℃,外部环境空气温度为10℃,试计算下述两种情况下的对流散热量:(1)无风时;(2)风速为20m/s且气流横掠管道时。

5-14 双层玻璃窗,内有5mm厚的空气夹层,玻璃高1.8m、宽1.2m,内侧玻璃温度为10℃,外侧玻璃温度为-10℃,试计算通过该玻璃窗的对流换热量。为了更好地增强保温效果,有人提出增大双层玻璃之间的距离,试分析这种方法是否可行。

5-15 空气中水平放置了两块平行平板,间距30mm,上板温度为40℃,下板温度为150℃,求通过平板单位面积的热流量。

第六章　热辐射及辐射换热

第一节　热辐射的基本概念

视频 6 - 1

一、热辐射

物体以电磁波的形式传递能量的过程称为辐射。产生电磁波的原因很多,传热学将由于热的原因而产生的电磁波辐射称为热辐射,被传递的能量称为辐射能。辐射能的产生是原子内部受到复杂激励作用的结果。物体会因为受到各种不同方式的激励作用而产生辐射,如高频振荡电路、外来电子或中子轰击,甚至化学反应等作用都有可能使物体内产生能量形式上的转化而对外发射辐射能。热辐射是物体由于内部微观粒子热运动状态的改变,将部分热力学能转变为电磁波的能量而发射出去的过程,其向外界发射的能量来自于物体的热力学能。理论上,任何物体,只要温度高于"绝对零度(0K)",都具有一定的热力学能,都可以向外界发出热辐射,并且温度越高,物体的辐射能力越强。因此,热辐射是物体的固有属性。

热辐射具有一般辐射现象的共性,其电磁波以光速在真空中传播,电磁波频率与波长的关系可以用下式来表示:

$$c = \lambda \nu \tag{6-1}$$

式中　c——光速,真空中的光速约为 $3.0 \times 10^8 \, \text{m/s}$;

　　λ——波长,mm;

　　ν——频率,s^{-1}。

热辐射是电磁波传递能量的结果,根据产生电磁波的原因不同可以得到不同的电磁波。图 6 - 1 给出了以波长为坐标的电磁波波谱图。通常以波长或频率来识别电磁波,不同电磁波对应不同的电磁波谱区段,例如:波长为 $0.38 \sim 0.76 \mu\text{m}$ 的电磁波称为可见光,波长 $0.76 \sim 10^3 \mu\text{m}$ 的电磁波称为红外线。理论上说,可以发出电磁波的波长可以从零到无穷大,即整个波谱。然而,在工业和日常生活中所遇到的温度范围内,投射到物体表面能够产生明显热效应的电磁波波长位于 $0.1 \sim 100 \mu\text{m}$ 之间,包括全部可见光、部分紫外线、部分红外线。因此,将 $0.1 \sim 100 \mu\text{m}$ 的电磁波称为热射线。

在自然界温度范围内(通常 $< 2000\text{K}$),热辐射的能量主要集中在 $0.8 \sim 100 \mu\text{m}$ 的红外波段范围内,且大部分能量都处于 $0.76 \sim 20 \mu\text{m}$ 的波段内。温度约为 5800K 的太阳辐射的能量主要集中在 $0.2 \sim 2 \mu\text{m}$ 的波段范围内,其中大部分能量处于 $0.38 \sim 0.76 \mu\text{m}$ 的可见光区段内。

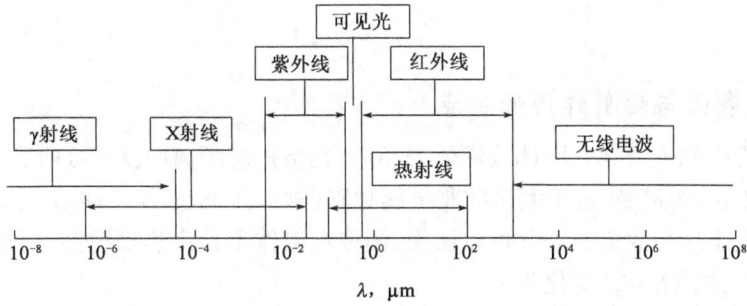

图 6 - 1　电磁波波谱图

二、辐射与物体表面的作用

1. 吸收率、反射率和透射率

物体表面可以接收来自半球空间各个方向的辐射能,当热辐射投射到物体表面时,和可见光一样,也发生吸收、反射和透射现象,如图 6 - 2 所示。投射到物体表面的辐射能一部分被物体表面反射 Φ_ρ,一部分被物体吸 Φ_α,剩余部分透过物体 Φ_τ。根据能量守恒定律可得

$$\Phi_\alpha + \Phi_\rho + \Phi_\tau = \Phi$$

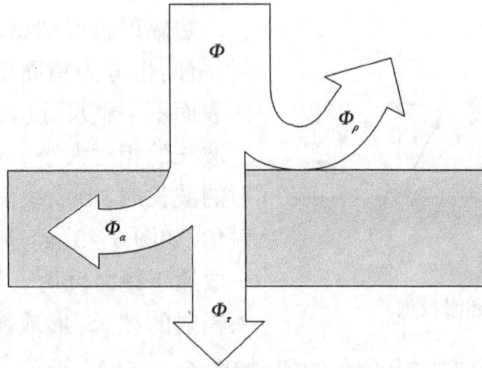

图 6 - 2　物体对热辐射的吸收、反射与透射示意图

将吸收、反射、透射的份额定义为物体对投入辐射的吸收率 α、反射率 ρ 和透射率 τ:

$$\alpha = \frac{\Phi_\alpha}{\Phi} \ , \rho = \frac{\Phi_\rho}{\Phi} \ , \tau = \frac{\Phi_\tau}{\Phi}$$

则这三部分之和为

$$\alpha + \rho + \tau = 1 \tag{6-2}$$

如果投入辐射是某一特定波长 λ 的辐射能 Φ_λ,则被物体吸收、反射和透射的能量分别为 $\Phi_{\alpha\lambda}$、$\Phi_{\rho\lambda}$ 和 $\Phi_{\tau\lambda}$,所占的份额分别为

$$\alpha_\lambda = \frac{\Phi_{\lambda\alpha}}{\Phi_\lambda} \ , \rho_\lambda = \frac{\Phi_{\lambda\rho}}{\Phi_\lambda} \ , \tau_\lambda = \frac{\Phi_{\lambda\tau}}{\Phi_\lambda}$$

式中，α_λ、ρ_λ、τ_λ 称为单色吸收率、单色反射率和单色透射率。根据能量守恒，可得

$$\alpha_\lambda + \rho_\lambda + \tau_\lambda = 1 \qquad (6-3)$$

2. 固液气表面与辐射作用的特点

当辐射能投射到绝大部分固体或液体表面后，在极短的距离内就被吸收完了。对于金属，这一距离只有 $1\mu m$ 的量级；对于大多数非金属材料，这一距离也小于 $1mm$。而常用工程材料的厚度一般都大于这个数值。因此可以认为，固体和液体不允许热辐射穿过，即透射率 $\tau = 0$。对于固体和液体，式 (6-2)简化为

$$\alpha + \rho = 1 \qquad (6-4)$$

从式(6-4)可知，对于绝大多数固体和液体而言，吸收能力大的物体反射能力小，反之，反射能力大的物体吸收能力小。

而气体对于辐射几乎没有反射能力，认为气体的反射率 $\rho = 0$，即

$$\alpha + \tau = 1 \qquad (6-5)$$

可见，吸收性好的气体透射性就差。需要说明的是，只有多原子气体才有吸收能力，单原子和双原子气体对辐射几乎没有吸收能力。因此，对于空气而言，可以认为辐射完全透过，不会被吸收。

3. 镜面反射和漫反射

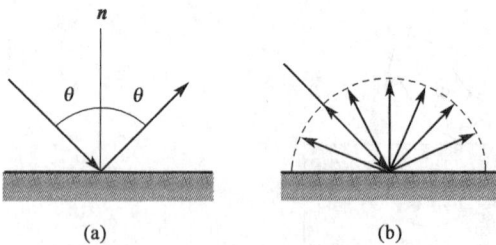

图 6-3　镜面反射和漫反射

热辐射投射到物体表面的反射与可见光反射一样，也分为镜面反射与漫反射，这取决于物体表面不平整尺寸(即表面粗糙程度)和投入辐射波长的相对大小。当物体表面粗糙度小于辐射的波长时，形成镜面反射，此时入射角等于反射角，如图 6-3(a)所示。抛光金属表面的反射一般属于镜面反射。当物体表面粗糙度大于投入辐射的波长，形成漫反射。漫反射的特点是被反射的辐射能在空间各个方向上分布均匀，如图 6-3(b)所示。一般工程材料表面的反射是漫反射。

三、理想物体

实际物体的吸收率、反射率和透射率不仅跟物体表面特性有关，还跟温度、辐射波长等因素有关，因此直接以实际物体为对象会给热辐射及辐射传热规律的研究带来很大困难。为此可先从理想体入手，根据吸收率、反射率和透射率的理论极限，可将常见的理想物体分为黑体、白体和透明体。

1. 黑体

如果物体将投射到其表面的所有辐射能全部吸收，则称为绝对黑体，简称黑体。黑体的吸收率 $\alpha = 1$。根据定义，黑体的吸收能力和辐射能力都是最强的。

黑体在自然界是不存在的，但是可以人为制造出十分接近于黑体的模型。根据黑体的定

义,黑体模型具有能够吸收全部辐射的特点。如图 6-4 所示,在一空腔表面开一小孔,当辐射从小孔进入空腔后,在空腔内经历多次吸收和反射,每经历一次吸收,辐射能就按内壁吸收率的份额被减弱一次。当小孔的尺寸足够小时,小孔面积占空腔内壁总面积的份额越小,空腔内避面的吸收率越大,最终能够离开的辐射能微乎其微,可以认为辐射全部被吸收。这种表面开一小孔的空腔就是人工黑体模型(动画 6-1)。此外,自然界中有一些物质十分接近理想体。例如粗糙钢板、黑油漆、煤烟和炭黑等,他们对热辐射的吸收率可达0.9~0.95,十分接近黑体。

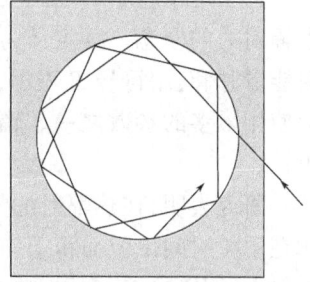

图 6-4 人工黑体示意图

2. 白体

动画 6-1

如果物体将投射到其表面的所有辐射能全部反射(这里指漫反射),而毫无吸收和穿透作用的一种理想化物体,则称为白体,亦称为"绝对白体"。根据定义,白体的反射率 $\rho = 1$。现实中,白体也是不存在的,实际物体也只能或多或少地接近白体,如表面磨光的铜反射率为 $\rho = 0.97$,表面磨光的纯金反射率为 $\rho = 0.98$,均可被视为白体。凡是将辐射热全部反射的物体称为绝对白体。

3. 透明体

如果物体让投射到其表面的所有辐射能全部透过,则称为透明体。根据定义,透明体的透射率 $\tau = 1$。影响固体表面的吸收和反射性质的,主要是表面状况和颜色,表面状况的影响往往比颜色更大。如第二节所述,固体和液体一般是不透热的。热辐射的能量穿过固体或液体的表面后只经过很短的距离,就被完全吸收。相比之下,大部分二原子气体如氧氮等都极为接近透明体,例如:在一般温度下的单原子和对称双原子气体(如 Ar、He、H_2、N_2、O_2 等),可视为透明体。

需要说明的是,不能仅凭借物体的颜色来判断黑体、白体或透明体,人的眼睛能够看见不同的颜色是针对可见光而言。但是从图 6-1 电磁波谱图可以看出,可见光只是整个电磁波中很少的一部分,而黑体、白体、透明体都是针对全波长辐射而言的。即黑色的物体不一定是黑体,白色的物体也不一定是白体。例如,对太阳辐射而言,雪是良好的反射体,但它几乎可以全部吸收投射到其表面的红外辐射,因此非常接近黑体;透明的玻璃不能让红外线透过,因此也不能称为透明体。此外,几种理想体中,黑体最为重要,它在热辐射分析中有着特殊的价值,可为实际物体辐射规律的研究和分析提供重要参照和依据。黑体的热辐射性质和辐射传热规律相对简单,在黑体辐射研究的基础上,通过将实际物体和黑体对比,找出其差别后进行修正,就可以研究实际物体的辐射规律,大幅度降低了实际物体研究的难度。

四、辐射力

所有固体和液体表面都时刻不停地向其上方的整个空间(半球空间)发射不同波长的辐射能。物体辐射的复杂性体现在两个方面:一是表面发射的辐射能量随波长的不同而不同;二是辐射能在空间位置上分布得不均匀。为了进行辐射传热的工程计算,需要定量地确定辐射能量随波长和空间的变化规律,因此首先引入了辐射力和单色辐射力这两个相关的物理参数。

为了定量表示一定温度下的物体表面向外界发射全部波长范围的辐射能能力大小,引入了辐射力的概念。其定义为物体在单位时间、单位面积上向半球空间辐射的全波长范围的辐射能量总和,用符号 E 表示,单位是 W/m^2。辐射力的全称是半球向总辐射力,它是辐射传热中使用最多的参数之一。辐射力表示了物体热辐射本领的大小,E 越大,对应的热辐射能力越强。

研究表明,在热辐射的整个波谱范围内物体发射的辐射能沿波长的分布是不均匀的,将物体在单位时间单位面积上向半球空间辐射的某一波长范围内 $(\lambda \sim \lambda + \mathrm{d}\lambda)$ 的辐射能称为单色辐射力,用符号 E_λ 表示,单位为 $\text{W}/(\text{m}^2 \cdot \mu\text{m})$ 或 W/m^3,它反映了物体发射某一特定波长辐射能能力的大小,单色辐射力也常称为光谱辐射力。

辐射力与单色辐射力之间的关系为

$$E = \int_0^\infty E_\lambda \mathrm{d}\lambda \quad \text{或} \quad E_\lambda = \frac{\mathrm{d}E}{\mathrm{d}\lambda} \tag{6-6}$$

对于黑体,辐射力与单色辐射力之间的关系可写为

$$E_\text{b} = \int_0^\infty E_{\text{b}\lambda} \mathrm{d}\lambda \tag{6-7}$$

五、辐射强度

离开表面的热辐射在表面之上的半球空间内能向所有可能的方向传播,而表面在不同方向上发射或接收的热辐射往往是不均匀的。因此,人们采用辐射强度来处理热辐射的方向效应。

1. 立体角

在二维空间内,常用平面角来表示某一方向的空间所占大小或比例。在三维空间内,为了描述热辐射沿空间方向的强度大小分布,先引入立体角的概念。如图 6-5 所示的半球坐标系内,考虑由微元面 $\mathrm{d}A_1$ 发出辐射,穿过半球空间中微元面 $\mathrm{d}A_2$,其所对应的立体角为 $\mathrm{d}\Omega$。根据几何关系可知

$$\mathrm{d}A_2 = r^2 \sin\theta \mathrm{d}\theta \mathrm{d}\varphi \tag{6-8}$$

其中,θ 为纬度角(天顶角),φ 为经度角(方位角)。于是,微元表面 $\mathrm{d}A_2$ 对 $\mathrm{d}A_1$ 的中心所张的立体角可表示为

$$\mathrm{d}\Omega = \sin\theta \mathrm{d}\theta \mathrm{d}\varphi \tag{6-9}$$

二维空间内平面角的单位为弧度;与之相对应,三维空间内立体角的单位为立体弧度(steradian),记为 sr。

2. 定向辐射强度

从图 6-5 可以看出,从微元面 $\mathrm{d}A_1$ 发出的辐射可在整个半球空间内传播,其中落在微元表面 $\mathrm{d}A_2$ 上的只是全部辐射的一部分。此外,在半球空间内不同方向上的辐射强度也有差别。不难发现,在沿着微元面 $\mathrm{d}A_1$ 法向($\theta = 0$)上的辐射能量最高,而随着 θ 增加,辐射能量逐渐减弱,直至降为 $0(\theta = 90°)$。这主要是因为辐射强度受到可见面积的影响(图 6-6)。可见面积为从 θ 方向看过去的辐射面的面积 $\mathrm{d}A\cos\theta$,是一个投影面积。当 θ 增加时,可见面积逐渐减小,故辐射能量逐渐减小。

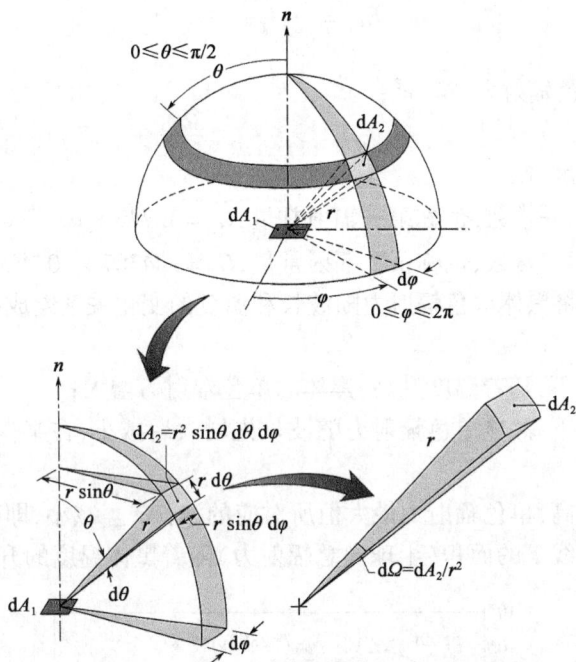

图 6 - 5　立体角的定义

在引入立体角和可见面积概念的基础上,可以给出定向辐射强度的定义,即单位时间内、单位可见辐射表面上发出的单位立体角内所有波长的辐射能量,其表达式为

$$I(\theta, \varphi) = \frac{\mathrm{d}\Phi}{\mathrm{d}A\cos\theta\mathrm{d}\Omega} \qquad (6-10)$$

定向辐射强度简称辐射强度,单位为 $\mathrm{W/(m^2 \cdot sr)}$。定向辐射强度的大小除与方向有关外,还受到物体材料种类、表面性质和表面温度等的影响。对于各向同性材料的表面,其定向辐射强度与 φ 无关。

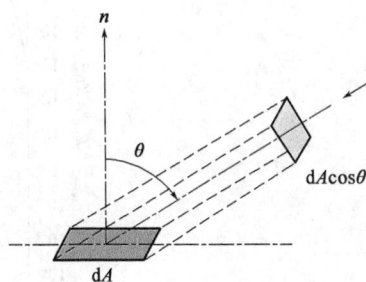

图 6 - 6　可见辐射面积

第二节　黑体辐射的基本定律

黑体对于热辐射的研究具有重要意义。实际物体的辐射性能非常复杂,将其转化为黑体辐射后会大幅降低解决工程问题的难度,为了明确起见,黑体的所有参数均加下角标"b"。本节主要从黑体辐射能按波长分布的规律和黑体单位表面发射的辐射能两个方面定量给出黑体辐射能相关特性的基本定量,即普朗克定律和斯蒂芬—玻耳兹曼定律。

视频 6 - 2

一、普朗克定律

1900 年,普朗克(M. Planck)提出普朗克定律,描述黑体的单色辐射力 $E_{b\lambda}$ 随热力学温度 T、波长 λ 变化的函数关系式:

$$E_{b\lambda} = \frac{C_1 \lambda^{-5}}{e^{C_2/(\lambda T)} - 1}$$ (6-11)

式中 $E_{b\lambda}$——黑体单色辐射力,$\mathrm{W/m^3}$;

λ——波长,m;

T——热力学温度,K;

C_1——普朗克第一常数,也称第一辐射常量,$C_1 = 3.743 \times 10^{-16}\ \mathrm{W \cdot m^2}$;

C_2——普朗克第二常数,也称第二辐射常量,$C_2 = 1.4387 \times 10^{-2}\ \mathrm{m \cdot K}$。

根据普朗克定律,将黑体单色辐射力随波长和温度的变化关系绘成曲线,如图6-7所示。从图中可以看出:

(1)在相同的波长下,随着温度升高,黑体的单色辐射力增大;

(2)在相同的温度下,黑体单色辐射力随波长先增大后减小,在某一波长($\lambda_{\max}$)下具有最大值;

(3)随着温度的升高,单色辐射力最大值所对应的波长 $\lambda_{\max}$ 减小,即朝短波方向移动;

(4)单色辐射力曲线下的面积(半球向总辐射力)随着黑体温度的升高而增大。

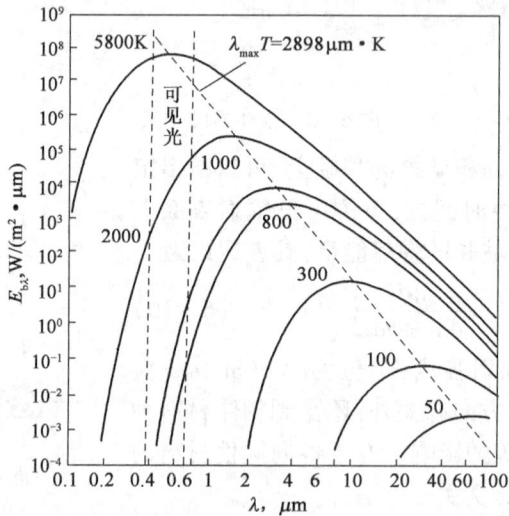

图6-7 黑体的单色辐射力 $E_{b\lambda} = f(\lambda, T)$

保持温度不变,将普朗克定律式(6-11)对波长 λ 求导,并令导数等于0,可以得到黑体单色辐射力最大时的波长 $\lambda_{\max}$ 与温度 T 之间的关系:

$$\lambda_{\max} T = 2897.6\ \mathrm{\mu m \cdot K}$$ (6-12)

式(6-12)称为维恩(Wien)位移定律,如图6-7中的斜向虚线所示,它是维恩1891年根据热力学原理导出的。维恩位移定律表明黑体的最大单色辐射力所对应的波长与其温度成反比。并且根据维恩位移定律,可以确定特定温度下黑体单色辐射力最大时的波长,也能在难以测量温度的情况下根据波长估算物体的温度。对温度为800K的黑体,$\lambda_{\max} \approx 3.62\ \mathrm{\mu m}$,处于红外区域,可见光所占比例极少,人的眼睛察觉不到这种辐射;随着温度的升高,$\lambda_{\max}$ 将向短波方向移动,黑体在短波区域内的辐射能所占比例会增加,表面颜色随之发生变化,从暗红色、黄色变为亮白色。工业高温一般不高于2000K,根据维恩位移定律计算可知温度2000K对应黑体单色辐射力最大时波长为 $\lambda_{\max} = 1.45\,\mu m$，处于红外线范围内。表 6-1 给出了辐射表面发光颜色与温度的相关对照图。

表 6-1　辐射表面发光颜色与温度对照图

辐射表面颜色	暗红色	深红色	樱桃红色	橙色	黄色	白色	亮白色
表面温度，K	800	1000	1200	1400	1500	1600	1800 以上

由普朗克定律可知，$E_{b\lambda}$ 是波长和温度的函数。图 6-7 中每一温度均对应一条辐射能按波长分布的曲线。将式(6-11)两边同时除以 T^5，可以得到

$$\frac{E_{b\lambda}}{T^5} = \frac{C_1 (\lambda T)^{-5}}{e^{C_2/(\lambda T)} - 1} \tag{6-13}$$

由此绘制 $\dfrac{E_{b\lambda}}{T^5}$ 与 λT 之间的函数关系图，如图 6-8 所示。该图对不同温度和波长都适用，称为普朗克通用曲线。

[例题 6-1]　将太阳近似认为表面温度为 $T = 5800K$ 的黑体，试计算太阳单色辐射力最大时的波长，并给出其亮度高的原因。

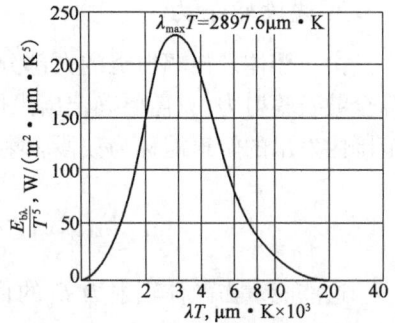

图 6-8　全波长范围内 $\dfrac{E_{b\lambda}}{T^5}$ 与 λT 的函数关系

解：由维恩位移定律：

$$\lambda_{\max} T = 2897.6\,\mu m \cdot K$$

代入数据，得

$$\lambda_{\max} \cdot 5800 = 2897.6\,\mu m \cdot K$$

得到太阳单色辐射力最大对应的波长为

$$\lambda_{\max} = 0.4996\,\mu m$$

对温度约为 5800K 的太阳辐射，$\lambda_{\max} \approx 0.5\,\mu m$，大致处在可见光谱的中心，可见光区域的能量约为 43%，因此其亮度很高。

二、斯蒂芬—玻耳兹曼定律

1. 黑体的辐射力

黑体的辐射力表示了一定温度下单位面积的黑体表面向其上的半球空间发射全部波长辐射能的能力。在辐射传热的分析计算中，确定黑体的辐射力非常关键。将普朗克定律式(6-11)在全波长范围内积分，就可以得到斯蒂芬(Stefan)—玻耳兹曼(Boltzmann)定律，如式(6-14)所示。斯蒂芬—玻耳兹曼定律确定了黑体的辐射力 E_b 与热力学温度 T 之间的关系。从图 6-8 可知，单色辐射力曲线下方的面积就是该温度黑体的辐射力。由此可以得到：

$$E_b = \int_0^\infty E_{b\lambda}\,d\lambda = \int_0^\infty \frac{C_1 \lambda^{-5}}{e^{C_2/(\lambda T)} - 1}\,d\lambda$$

$$E_b = \sigma_b T^4 \tag{6-14}$$

式中 σ_b——斯蒂芬—玻耳兹曼常数，也称黑体辐射常数，$\sigma_b = 5.67 \times 10^{-8}$ W/($m^2 \cdot K^4$)。

该定律表明黑体的辐射力 E_b 与热力学温度 T 的四次方成正比，所以也称为四次方定律。定律在 1879 年由斯蒂芬通过试验方法确定，而后在 1881 年玻耳兹曼从热力学理论进行推导证明。为了便于工程计算，通常可将式（6-14）改写成 $E_b = C_0 (T/100)^4$，式中：$C_0 = 5.67$ W（$m^2 \cdot K^4$），称为黑体辐射系数。

2. 波段辐射力

由于黑体发出辐射能的大部分都集中在某一波段范围内，因此在工程应用中并不需要计算全波长辐射力，只需要确定出黑体在某一特定波长范围内的辐射能量。将黑体在某一波段范围内发出的辐射能称为波段辐射力，波段辐射力记作 $E_{b(\lambda_1 - \lambda_2)}$。从前面的知识可得

$$E_{b(\lambda_1 - \lambda_2)} = \int_{\lambda_1}^{\lambda_2} E_{b\lambda} d\lambda = \int_0^{\lambda_2} E_{b\lambda} d\lambda - \int_0^{\lambda_1} E_{b\lambda} d\lambda$$

这些能量占黑体辐射力 E_b 的百分数为

$$F_{b(\lambda_1 - \lambda_2)} = \frac{E_{b(\lambda_1 - \lambda_2)}}{E_b} = \frac{\int_0^{\lambda_2} E_{b\lambda} d\lambda}{E_b} - \frac{\int_0^{\lambda_1} E_{b\lambda} d\lambda}{E_b} = F_{b(0-\lambda_2)} - F_{b(0-\lambda_1)} \quad (6-15)$$

式中 $F_{b(0-\lambda_1)}$、$F_{b(0-\lambda_2)}$ 分别为波段 $0 \sim \lambda_1$、$0 \sim \lambda_2$ 的辐射力占同温度下黑体辐射力的百分数。（动画 6-2）

黑体在波段 $0 \sim \lambda$ 范围的辐射力占同温度下黑体辐射力的百分数可以根据普朗克定律得到：

$$F_{b(0-\lambda)} = \frac{\int_0^{\lambda} E_{b\lambda} d\lambda}{\sigma T^4} = \frac{\int_0^{\lambda} \frac{C_1 \lambda^{-5}}{e^{C_2/(\lambda T)} - 1} d\lambda}{\sigma T^4}$$

$$= \frac{1}{\sigma} \int_0^{\lambda T} \frac{C_1 (\lambda T)^{-5}}{e^{C_2/(\lambda T)} - 1} d(\lambda T) = f(\lambda T) \quad (6-16)$$

从式（6-16）可以看出，这一百分数仅是 λT 的函数，称为黑体辐射函数。工程上为了计算方便，已将黑体辐射函数制成表格，计算时只需要根据 λT 查表求得相应的能量份额，由式（6-15）即可求得波段辐射力。黑体辐射函数的具体数值如表 6-2 所示。

表 6-2　黑体辐射函数

λT，$\mu m \cdot K$	$F_{b(0-\lambda)}$，%	λT，$\mu m \cdot K$	$F_{b(0-\lambda)}$，%
700	0	1500	1.290
800	0.002	1600	1.979
900	0.009	1700	2.862
1000	0.0323	1800	3.946
1100	0.0916	1900	5.225
1200	0.214	2000	6.690
1300	0.434	2200	10.11
1400	0.782	2400	14.05

λT, μm·K	$F_{b(0-\lambda)}$, %	λT, μm·K	$F_{b(0-\lambda)}$, %
2600	18.34	10000	91.43
2800	22.82	12000	94.51
3000	27.36	14000	96.29
3200	31.85	16000	97.38
3400	36.21	18000	98.08
3600	40.4	20000	98.56
3800	44.38	22000	98.89
4000	48.13	24000	99.12
4200	51.64	26000	99.3
4400	54.92	28000	99.43
4600	57.96	30000	99.53
4800	60.79	35000	99.7
5000	63.41	40000	99.79
5500	69.12	45000	99.85
6000	73.81	50000	99.89
6500	77.66	55000	99.92
7000	80.83	60000	99.94
7500	83.46	70000	99.96
8000	85.64	80000	99.97
8500	87.47	90000	99.98
9000	89.07	100000	99.99
9500	90.32		

根据黑体辐射函数,任意两个波长范围内的黑体辐射力可用下式计算:

$$E_{b(\lambda_1-\lambda_2)} = F_{b(\lambda_1-\lambda_2)} E_b = \left[F_{b(0-\lambda_2 T)} - F_{b(0-\lambda_1 T)} \right] E_b \qquad (6-17)$$

[**例题 6 - 2**] 根据例题 6 - 1 的条件,试确定太阳发出的辐射能中可见光所占的份额。

解: 根据例题 6 - 1,太阳可以近似为 $T = 5800K$ 的黑体。可见光的波长范围是 0.38 ~ 0.76μm。则:

$$\lambda_1 T = 2204 \mu m \cdot K, \lambda_2 T = 4408 \mu m \cdot K$$

查表 6 - 1 可得

$$F_{b(0-\lambda_1 T)} = 10.19\%, F_{b(0-\lambda_2 T)} = 55.04\%$$

可见光所占的比例为

$$F_{b(\lambda_1-\lambda_2)} = F_{b(0-\lambda_2 T)} - F_{b(0-\lambda_1 T)} = 44.85\%$$

三、兰贝特定律

对于图 6 - 5 所示的半球空间,当考虑黑体辐射时,理论研究表明,其辐射强度与方向无关,即半球空间内不同方向上的定向辐射强度相等。这种黑体的辐射强度是个常量,与空间方向无关的规律称为兰贝特定律,其表达式为

$$I_b = 常数 \tag{6-18}$$

在本章第一节学过,被反射的辐射能在空间各个方向上分布均匀的反射为漫反射。与之类似,像黑体这样的定向辐射强度与空间方位无关的表面称为漫发射表面。

根据兰贝特定律及辐射强度和立体角的定义,可推出黑体辐射力的表达式为

$$E_b = \int_{\Omega=2\pi} I_b \cos\theta \mathrm{d}\Omega = I_b \iint \cos\theta \sin\theta \mathrm{d}\theta \mathrm{d}\varphi = \pi I_b \tag{6-19}$$

式(6 - 19)表明,对于遵守兰贝特定律的辐射,在数值上其辐射力为定向辐射强度的 π 倍。

第三节　实际物体的辐射和吸收

视频 6 - 3

黑体是理想物体,能将投射到其表面的辐射能全部吸收。在相同的温度下,没有物体的表面能比黑体发射更多辐射。实际物体与黑体的辐射特性不同。在研究实际物体的辐射特性时,通常以黑体作为基准和参考,因此需要找到实际物体与黑体在吸收辐射和发射辐射方面的差异。

一、实际物体的辐射特性

实际物体的辐射力与同温度下黑体的辐射力之比称为该物体的发射率,也称为辐射率或黑度,用 ε 表示:

$$\varepsilon = \frac{E}{E_b} \tag{6-20}$$

从式(6 - 20)可知,发射率是介于 0 ~ 1 之间的值,其大小反映了物体发射辐射的能力。

实际物体的单色辐射力与同温度下黑体的单色辐射力之比称为该物体的单色发射率,即单色黑度,用 ε_λ 表示:

$$\varepsilon_\lambda = \frac{E_\lambda}{E_{b\lambda}} \tag{6-21}$$

将式(6 - 6)和式(6 - 21)代入式(6 - 20)可得,发射率与单色发射率之间的关系为

$$\varepsilon = \frac{\int_0^\infty \varepsilon_\lambda E_{b\lambda} \mathrm{d}\lambda}{E_b}$$

实际物体的单色发射率随波长变化较大,由此可知,发射率与单色发射率不相等。为了研究方便,引入灰体。单色发射率不随波长变化的物体称为灰体。对于灰体,上式可化为

$$\varepsilon = \frac{\varepsilon_\lambda \int_0^\infty E_{b\lambda} d\lambda}{E_b} = \varepsilon_\lambda \qquad (6-22)$$

由此可知,灰体的发射率和单色发射率相等。

图6-9是同温度下黑体、灰体和实际物体的单色辐射力随波长变化的示意图,可以看出,黑体的单色辐射力曲线为光滑曲线,且满足普朗克定律;而实际物体的单色辐射力曲线为不规则曲线,且不能用普朗克定律描述。图6-10是黑体、灰体和实际物体的单色发射率随波长变化的示意图。黑体和灰体的单色发射率均不随波长变化,但灰体的单色发射率小于黑体。实际物体的单色发射率则随波长表现出不规则特征。

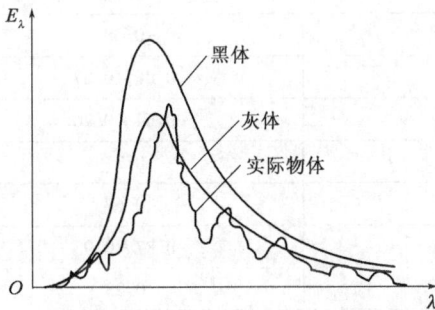

图6-9 单色辐射力随波长的变化示意图

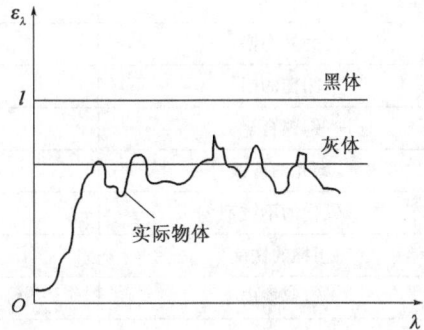

图6-10 单色发射率随波长的变化

在工程计算中,实际物体的辐射力 E 按以下公式计算:

$$E = \varepsilon E_b = \varepsilon \sigma T^4 \qquad (6-23)$$

需要指出,实际物体的辐射力并不严格遵守式(6-23),但是为了研究的统一和方便,将误差包含在发射率 ε 的取值中。发射率是物性参数,跟物体的种类、温度和表面状况有关,由实验测定。表6-3列出了常用工程材料的发射率。

表6-3 材料的法向发射率 ε_n 值

材料类别与表面状况	温度,℃	法向发射率 ε_n
磨光的钢铸件	770 ~ 1035	0.52 ~ 0.56
碾压的钢板	21	0.657
氧化的钢板	24	0.80
磨光的铜	38 ~ 260	0.12
无光泽的铜	38	0.22
粗糙的铜	38	0.74
粗糙的铅	38	0.43
生锈的铁板	20	0.685
红砖	20	0.93
耐火砖	500 ~ 1000	0.8 ~ 0.9

材料类别与表面状况	温度，℃	法向发射率 ε_n
玻璃	38	0.90
各种颜色的油漆	100	0.92 ~ 0.96
雪	0	0.8
水(厚度大于0.1mm)	0 ~ 100	0.960
抛光的不锈钢	527	0.23
木料	20	0.80 ~ 0.92
石棉板	38	0.96
白瓷釉	51	0.92
磨光的铬	24	0.08
粗糙的铝	20 ~ 25	0.06 ~ 0.07
铬镍合金	52 ~ 1034	0.64 ~ 0.76
磨光的铸铁	200	0.21
氧化的不锈钢	527	0.67
粗糙的铁锭	926 ~ 1120	0.87 ~ 0.95
镀锌铁皮	38	0.23
磨光的银	38 ~ 1090	0.01 ~ 0.03
白大理石	38 ~ 538	0.95 ~ 0.93
石灰泥	38 ~ 260	0.92
抹灰的墙	20	0.94
硬橡皮	20	0.92
油毛毡	20	0.93
灯黑	20 ~ 400	0.95 ~ 0.97
氧化的铝	38	0.28

从表6-3中不难发现一些规律：

(1)金属表面的发射率通常较小,如磨光的银,当温度在38~1090℃的范围内时,其反射率仅在0.01~0.03之间;非金属材料的反射率相对较高,上表所列非金属材料的反射率均在0.8以上。

(2)材料表面的性质和状况与发射率的大小密切相关。一方面,发射率可能随材料表面粗糙度的变化而变化。从磨光的铜到无光泽的铜再到粗糙的铜,其表面粗糙度不断增加,在38℃下的发射率也显著增加。另一方面,氧化作用能够改变金属表面的发射率。如527℃下氧化的不锈钢的反射率为0.67,而抛光的不锈钢的反射率仅为0.23。通常而言,氧化层的存在能够大幅度增加金属表面的发射率。

(3)温度影响材料的发射率,如在926~1120℃的温度范围内,粗糙的铁锭的反射率为有明显变化。

需要说明的是,与黑体不同,实际物体表面发射的辐射能在半空间不同方向上的分布不严格均匀,因而实际物体表面的辐射是有方向特性的。表6-2所示的反射率即为法向反射率。但是实验测试表明,不考虑这种方向特性所产生的影响是可被接受的,因此,通常把实际工程材料表面的反射也当作漫反射来处理。

[**例题 6 - 3**]   如图 6 - 11 所示,一实际物体表面在 500K
下的发射率函数可近似表示为

$$\varepsilon_\lambda = \begin{cases} \varepsilon_1 = 0.4, & 0 \leq \lambda < 3\mu m \\ \varepsilon_2 = 0.8, & 3\mu m \leq \lambda < 8\mu m \\ \varepsilon_3 = 0.2, & 8\mu m \leq \lambda < \infty \end{cases}$$

求其平均发射率和辐射力。

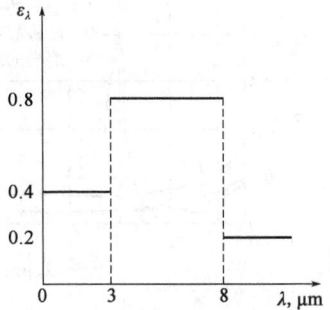

图 6 - 11　某实际物体的
发射率分段函数

解:平均发射率需要综合三段函数来计算:

$$\varepsilon = \frac{\varepsilon_1 \int_0^{\lambda_1} E_{b\lambda} d\lambda}{\sigma T^4} + \frac{\varepsilon_2 \int_{\lambda_1}^{\lambda_2} E_{b\lambda} d\lambda}{\sigma T^4} + \frac{\varepsilon_3 \int_{\lambda_2}^{\infty} E_{b\lambda} d\lambda}{\sigma T^4}$$

$$= \varepsilon_1 F_{b(0-\lambda_1)} + \varepsilon_2 F_{b(\lambda_1-\lambda_2)} + \varepsilon_3 F_{b(\lambda_2-\infty)}$$

由题意知,$T = 500K, \lambda_1 = 3\mu m, \lambda_2 = 8\mu m$,则

$$\lambda_1 T = 1500 \mu m \cdot K, \lambda_1 T = 4000 \mu m \cdot K$$

查表 6 - 1 可得:

$$F_{b(0-\lambda_1 T)} = 1.29\%, F_{b(0-\lambda_2 T)} = 48.13\%$$

于是有

$$F_{b(\lambda_1-\lambda_2)} = F_{b(0-\lambda_2 T)} - F_{b(0-\lambda_1 T)} = 46.84\%$$

$$F_{b(\lambda_2-\infty)} = 1 - F_{b(0-\lambda_2 T)} = 51.87\%$$

可得平均发射率为

$$\varepsilon = 0.484$$

辐射力为

$$E = \varepsilon \sigma T^4 = 1715(W/m^3)$$

二、实际物体的吸收特性

实际物体的吸收率不仅跟物体本身的材料、表面状况和温度有关,还
跟辐射的方向和波长有关。图 6 - 12 和图 6 - 13 是一些材料在室温下的
单色吸收率随波长变化的关系图。从图中可以看出,物体的吸收率随波长
变化趋势不一致。我们这种现象称为物体吸收辐射具有选择性。这种选
择性吸收在生产生活中得到了广泛应用,比如种植蔬菜花卉的温室(动
画 6 - 3)。

动画 6 - 3

但是,实际物体吸收率随波长的变化给工程计算带来了很大困难。引入灰体后,认为
灰体的吸收率不随波长变化。由于在工程常见温度范围内,热辐射在红外波长范围内,大
部分工程材料的吸收率在此范围内变化不大,所以在工程计算中可以将实际物体当成灰体
来处理。

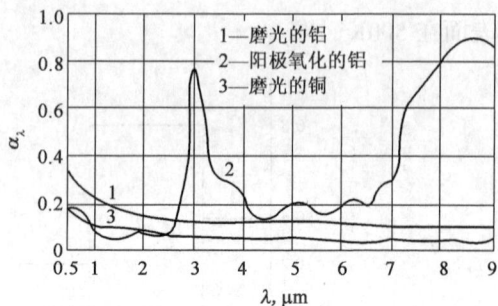

图 6 – 12 一些金属材料的单色吸收比

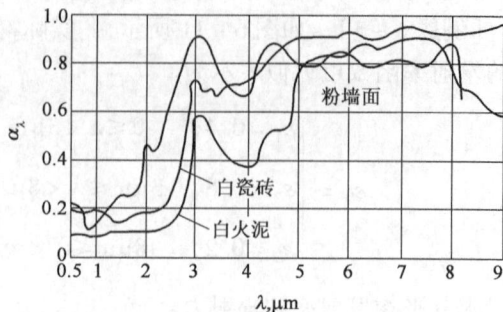

图 6 – 13 一些非金属材料的单色吸收比

三、克希霍夫定律

1. 任意物体

克希霍夫(G. R. Kirchhoff)揭示了实际物辐射能力和吸收能力之间的关系。

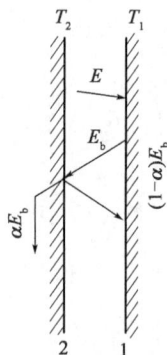

图 6 – 14 平行平板间的辐射换热

如图 6 – 14 所示,两块相距很近的平行平板,一块板发出的辐射完全落到另一块板上。其中板 1 是黑体表面,其辐射力为 E_b,温度为 T_1;板 2 是任意物体表面,其辐射力为 E,吸收率为 α,发射率为 ε,温度为 T_2。

以板 2 为研究对象,根据能量守恒定律,在单位时间内板 2 的能量守恒关系式为

$$q = E - \alpha E_b \tag{6 – 24}$$

如果 $T_1 = T_2$,则系统处于热平衡,式(6 – 24)可以化成:

$$E - \alpha E_b = 0$$

即

$$\frac{E}{\alpha} = E_b \tag{6 – 25}$$

上述关系式可以推广到任意物体,则

$$\frac{E_1}{\alpha_1} = \frac{E_2}{\alpha_2} = \frac{E_3}{\alpha_3} = \cdots = \frac{E}{\alpha} = E_b \tag{6 – 26}$$

也可以写成:

$$\alpha = \frac{E}{E_b} = \varepsilon \tag{6 – 27}$$

式(6 – 25)和式(6 – 27)是克希霍夫定律的表达式,表明在热平衡条件下,任意物体的辐射力和吸收率之比等于同温度下黑体的辐射力,也可以表述为:在热平衡条件下,任一物体的吸收率和发射率相等。这说明,吸收辐射能的能力越强的物体,发射辐射能的能力也就越强。

上述结论对单色吸收率和单色发射率依然成立,即

$$\alpha_\lambda = \varepsilon_\lambda \tag{6 – 28}$$

2.灰体

上述结论成立的前提条件是"实际物体与黑体组成的系统"以及"体系处于热平衡"。但是,工程计算中体系不一定处于热平衡,系统内也不会存在黑体。那么,克希霍夫定律怎样才能应用于实际工程计算呢?

对于灰体,其发射率是物性参数,跟环境无关。而根据灰体的定义,其吸收率跟波长无关,在特定温度下是常数。因此,对于灰体,克希霍夫定律表达式为:

$$\alpha_\lambda = \varepsilon_\lambda = \alpha = \varepsilon \tag{6-29}$$

式(6-29)不论是否处于热平衡,是否跟黑体构成系统,对于灰体都成立。

在工程计算中,由于常见的温度范围内($T \leqslant 2000\mathrm{K}$),大部分辐射能都处于红外波长范围内,而在红外波长范围内绝大多数工程材料都可以近似为灰体。但是如果辐射能中可见光所占份额较大,则不能将材料当成灰体处理。

第四节 辐射换热计算

视频 6-4

一、角系数

物体表面间的辐射换热依赖于表面的辐射特性、温度和相对方向。为了量化两个表面间的相对方向对辐射换热的影响及进行辐射换热计算,引入一个新的参数——角系数。其定义为离开表面 i 且到达表面 j 的辐射能占离开表面 i 的总辐射能的比例,记为 $X_{i,j}$。

1.角系数的导出

考虑两个任意朝向的表面 1 和 2,其面积分别为 A_1 和 A_2,分别在其上取微元表面 $\mathrm{d}A_1$ 和

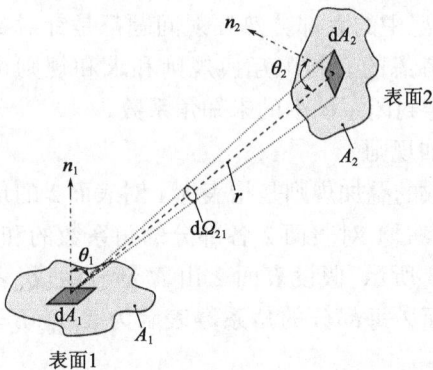

图6-15 角系数导出的几何关系示意图

$\mathrm{d}A_2$,如图 6-15所示。两个微元表面之间的距离为 r。微元表面 $\mathrm{d}A_1$ 和 $\mathrm{d}A_2$ 的法线方向 n_1 和 n_2 与其中心连线间的夹角分别为 θ_1 和 θ_2。表面 1 在所有方向上发射和漫反射的辐射强度为 I_1,微元表面 $\mathrm{d}A_2$ 对 $\mathrm{d}A_1$ 的中心所张的立体角为 $\mathrm{d}\Omega_{21}$,其定义式为 $\mathrm{d}\Omega_{21} = \mathrm{d}A_2\cos\theta_2/r^2$。

由辐射强度的定义,离开微元表面 $\mathrm{d}A_1$ 并落到微元表面 $\mathrm{d}A_2$ 上的能量为

$$\mathrm{d}\Phi_{1\to2} = I_1\cos\theta_1\mathrm{d}A_1\mathrm{d}\Omega_{21} = I_1\cos\theta_1\mathrm{d}A_1\frac{\mathrm{d}A_2\cos\theta_2}{r^2}$$

$$\tag{6-30}$$

将式(6-30)分别对面积 A_1 和 A_2 积分,可得离开表面 1 的总辐射能中到达表面 2 的部分为

$$\Phi_{1\to2} = I_1\int_{A_1}\int_{A_2}\frac{\cos\theta_1\cos\theta_2}{r^2}\mathrm{d}A_1\mathrm{d}A_2 \tag{6-31}$$

离开表面 1 的总辐射能为

$$\Phi_1 = \pi I_1 A_1 \tag{6-32}$$

由角系数的定义可得,表面 1 对表面 2 的角系数为

$$X_{1,2} = \frac{\Phi_{12}}{\Phi_1} = \frac{1}{A_1} \int_{A_1} \int_{A_2} \frac{\cos\theta_1 \cos\theta_2}{r^2} \mathrm{d}A_1 \mathrm{d}A_2 \tag{6-33}$$

类似地,表面 2 对表面 1 的角系数为

$$X_{2,1} = \frac{1}{A_2} \int_{A_1} \int_{A_2} \frac{\cos\theta_1 \cos\theta_2}{r^2} \mathrm{d}A_1 \mathrm{d}A_2 \tag{6-34}$$

需要说明的是,角系数是一个单纯的几何参数,仅与表面的形状、尺寸和相对方向有关,与表面的辐射特性和温度无关。

2. 角系数的规则

1)互换规则

联立式(6-33)和式(6-34),可得

$$A_1 X_{1,2} = A_2 X_{2,1} \tag{6-35}$$

式(6-35)揭示了两个表面的角系数与其面积之间的相对关系。只有当两个表面的面积相等时,其间的角系数才相等。当已知两个表面间的一个角系数时,利用互换规则可以方便地求取相对的另一个角系数。

2)求和规则

对于由 N 个表面构成的封闭系统,由能量守恒定律可得,表面 i 对系统内所有表面的角系数之和为 1,即

$$\sum_{j=1}^{N} X_{i,j} = 1 \tag{6-36}$$

对物体表面的热辐射分析通常需要考虑在所有方向上接收的辐射量和发射的辐射量。因此,现实情况中的大部分热辐射问题都是针对封闭系统来考虑的。利用互换规则和求和规则可以帮助确定封闭系统中的未知角系数。

3)叠加规则

角系数的叠加规则是指表面 1 对表面 2 的角系数等于表面 1 对表面 2 各部分的角系数的和。如图 6-16 所示,假设表面 2 由 N 部分组成,表面 1 对表面 2 每部分的角系数表示为 $X_{1,2k}$ ($k=$ 1,2,3,…,N),角系数的叠加规则可表示为

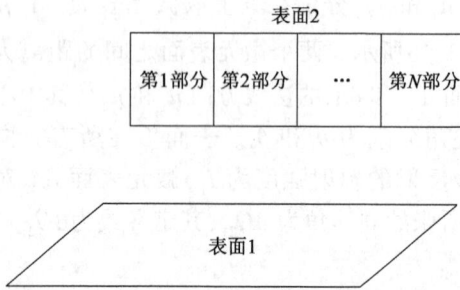

图 6-16 角系数的叠加规则

$$X_{1,2} = \sum_{k=1}^{N} X_{1,2k} \tag{6-37}$$

3. 角系数的计算

两个表面间的角系数可以根据式(6-33)所表示的方法进行积分计算。但是直接积分的方法通常不具有实操性,因为即使是对于简单的几何结构,积分式也十分复杂且难以求解。在工程实际中,已将常见辐射系统的几何结构的角系数绘制成曲线图版,可供计算时查询。

图 6 - 17 至图 6 - 19 是常见的几何结构的角系数图版。

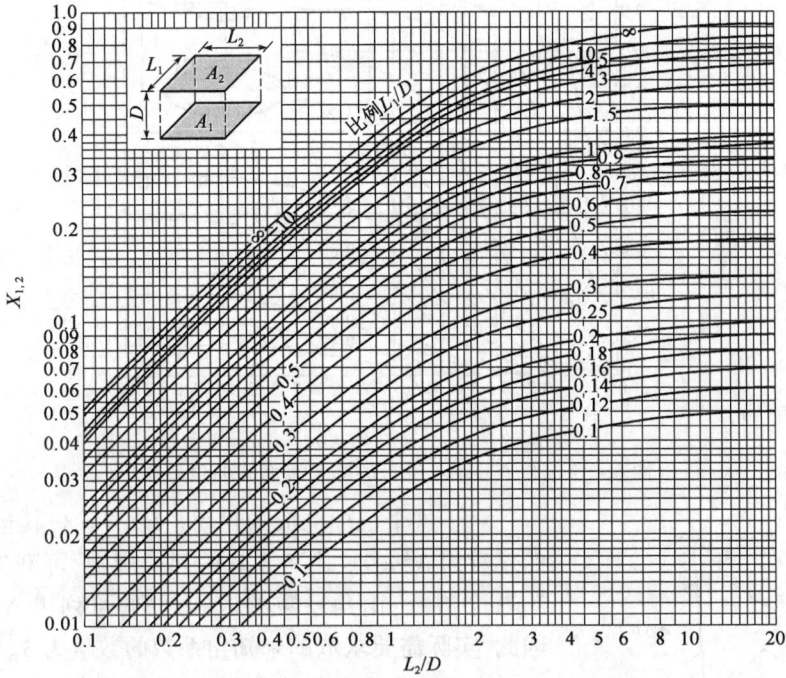

图 6 - 17　两个尺寸相同且对齐平行放置的长方形表面间的角系数

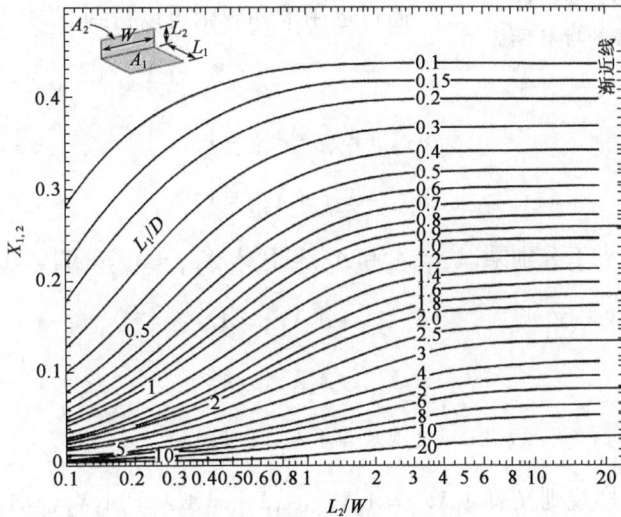

图 6 - 18　共侧边的两个互相垂直平板长方形表面间的角系数

此外,利用角系数的规则和绘制辅助线,也可以通过代数分析求取一些几何结构的角系数,下面介绍两种示例情况。

1)三个非凹表面构成的封闭系统的角系数

三个面积分别为 A_1、A_2 和 A_3 的非凹表面构成一个封闭系统(图 6 - 20),其在垂直于纸面的方向上无限延伸,且横断面的长度分别为 L_1、L_2 和 L_3。

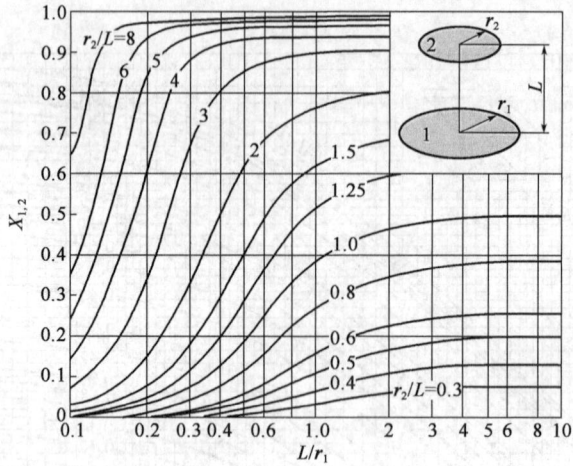

图 6 – 19　两个共轴且平行的圆形表面间的角系数

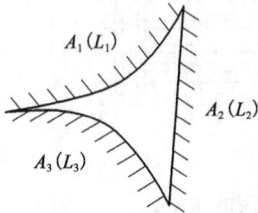

图 6 – 20　三个无限延伸非凹
表面构成的封闭系统

对于这个三面构成的封闭系统，$N=3$，其包含的角系数的总量为 $N^2=9$。由角系数的互换规则，可列出 $N(N-1)/2=3$ 个方程；由角系数的求和规则，可列出 $N=3$ 个方程。因此，实际需要求取的未知角系数的数量为 3。

由于三个表面均为非凹表面，因而有

$$X_{1,1}=X_{2,2}=X_{3,3}=0$$

通过运用求和规则可以得到

$$X_{1,1}+X_{1,2}+X_{1,3}=1$$

$$X_{2,1}+X_{2,2}+X_{2,3}=1$$

$$X_{3,1}+X_{3,2}+X_{3,3}=1$$

对上述三式从上到下分别乘以 A_1、A_2 和 A_3，且代入 $X_{1,1}=X_{2,2}=X_{3,3}=0$ 可以得到

$$A_1X_{1,2}+A_1X_{1,3}=A_1$$

$$A_2X_{2,1}+A_2X_{2,2}=A_2$$

$$A_3X_{3,1}+A_3X_{3,2}=A_3$$

根据角系数的互换规则又有 $A_1X_{1,2}=A_2X_{2,1}$，$A_1X_{1,3}=A_3X_{3,1}$，$A_2X_{2,3}=A_3X_{3,2}$，将其代入上三式可得

$$A_1X_{1,2}+A_1X_{1,3}=A_1$$

$$A_1X_{1,2}+A_2X_{2,3}=A_2$$

$$A_1X_{1,3}+A_2X_{2,3}=A_3$$

针对三个未知数，有三个方程，联立方程组可以求得

$$X_{1,2} = \frac{A_1 + A_2 - A_3}{2A_1} = \frac{L_1 + L_2 - L_3}{2L_1} \qquad (6-38a)$$

$$X_{1,3} = \frac{A_1 + A_3 - A_2}{2A_1} = \frac{L_1 + L_3 - L_2}{2L_1} \qquad (6-38b)$$

$$X_{2,3} = \frac{A_2 + A_3 - A_1}{2A_2} = \frac{L_2 + L_3 - L_1}{2L_2} \qquad (6-38c)$$

2) 两个无限延伸的非凹表面间的角系数

两个非凹表面 A_1 和 A_2 均在垂直于纸面的方向上无限延伸(图 6-21)。分别连接 ac 和 bd,假设辅助面 ac 和 bd 同样在垂直于纸面的方向上无限延伸,则其与表面 A_1 和 A_2 构成一个封闭系统。由角系数的求和规则有

$$X_{ab,cd} + X_{ab,ac} + X_{ab,bd} = 1$$

连接 bc 和 ad,假设辅助面 bc 和 ad 同样在垂直于纸面的方向上无限延伸,对封闭系统 abc 和封闭系统 abd 分别应用式(6-38)可得

图 6-21　求两个无限延伸非凹表面间角系数的交叉线法示意图

$$X_{ab,ac} = \frac{ad + ac - bc}{2ab}$$

$$X_{ab,bd} = \frac{ad + bd - ad}{2ab}$$

联立上三式可得

$$X_{ab,cd} = \frac{(bc + ad) - (ac + bd)}{2ab} \qquad (6-39)$$

表面 A_1 和 A_2 以及各辅助面均在垂直于纸面方向上无限延伸,因此可将面问题转化为横断面上的线问题来考虑,即表面 A_1 对 A_2 的角系数可表示为

$$X_{ab,cd} = \frac{交叉线长度之和 - 非交叉线长度之和}{2\,倍表面\,A_1\,的断面长度} \qquad (6-40)$$

此种计算角系数的方法称为交叉线法。

利用角系数的各种规则和交叉线法可以确定不同几何结构的角系数。表 6-4 罗列了常见的二维几何结构的角系数的表达式,其均可通过代数分析方法推导得出。

表 6-4　代表性二维几何结构(在垂直于纸面方向无限延伸)的角系数表达式

编号	几何结构	表达式
1	三个直面构成的封闭系统	$X_{i,j} = \dfrac{w_i + w_j - w_k}{2w_i}$

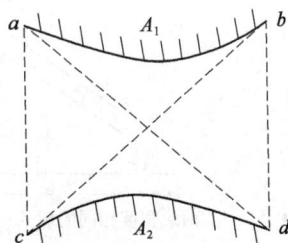

编号	几何结构	表达式
2	两个平行板,其中心点连线垂直于板所在平面	$X_{i,j} = \dfrac{[(w_i+w_j)^2+4L^2]^{1/2}-[(w_i-w_j)^2+4L^2]^{1/2}}{2w_i}$
3	两块宽度相同的板的一侧相连	$X_{i,j} = 1 - \sin\dfrac{1}{2}\alpha$
4	两块一侧相连的板相互垂直	$X_{i,j} = \dfrac{1}{2}\left\{1 + \dfrac{w_j}{w_i} - \left[1 + \left(\dfrac{w_j}{w_i}\right)^2\right]^{1/2}\right\}$

二、黑体表面间的辐射换热计算

考虑两个具有任意形状的黑体表面,其表面积分别为 A_1 和 A_2,表面温度分别保持为 T_1 和 T_2。从表面 1 发出并且落在表面 2 上的辐射能量为

$$\Phi_{b1\to2} = A_1 E_{b1} X_{1,2} \tag{6-41}$$

式中,E_{b1} 为表面 1 的黑体辐射力,$X_{1,2}$ 为表面 1 对表面 2 的角系数。同理,从表面 2 发出并且落在表面 1 上的辐射能量为

$$\Phi_{b2\to1} = A_2 E_{b2} X_{2,1} \tag{6-42}$$

式中,E_{b2} 为表面 2 的黑体辐射力,$X_{2,1}$ 为表面 2 对表面 1 的角系数。于是从表面 1 到表面 2 的净辐射能可表示为

$$\Phi_{b1,2} = A_1 E_{b1} X_{1,2} - A_2 E_{b2} X_{2,1} \tag{6-43}$$

由角系数的互换性,有 $A_1 X_{1,2} = A_2 X_{2,1}$,代入上式可得

$$\Phi_{b1,2} = A_1 X_{1,2}(E_{b1} - E_{b2}) \tag{6-44}$$

式(6-44)可再改写为

$$\Phi_{b1,2} = \dfrac{E_{b1} - E_{b2}}{\dfrac{1}{A_1 X_{1,2}}} \tag{6-45}$$

其中,$\dfrac{1}{A_1 X_{1,2}}$ 称为空间辐射热阻,单位为 m^{-2}。值得注意的是,角系数是一个单纯的几何参数,因此空间辐射热阻也仅与表面的形状、尺寸和相对方向有关,与表面的辐射特性和温度无关。

辐射换热网络图可用来表示黑体表面间的辐射换热。两个黑体表面间的辐射换热如图 6-22 所示。

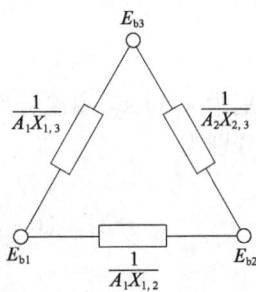

图 6-22　两个黑体表面间的
辐射换热网络图

进一步地,考虑由 N 个分别具有特定温度的黑体表面构成的封闭系统。从表面 i 产生的净辐射换热量等于表面 i 与封闭系统内所有表面间的净辐射换热量之和,即

$$\Phi_{bi} = \sum_{j=1}^{N} A_i X_{i,j} (E_{bi} - E_{bj}) = \sum_{j=1}^{N} \frac{E_{bi} - E_{bj}}{\dfrac{1}{A_i X_{i,j}}} \quad (6-46)$$

特别地,对于由三个黑体表面构成的封闭系统,其辐射换热网络图如图 6-23 所示。

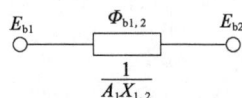

图 6-23　三个黑体表面间的
辐射换热网络图

三、漫反射灰体表面间的辐射换热

工程实际中遇到的封闭系统并非黑体系统,通常存在辐射能在表面间多次反射和吸收的现象。为了更贴近于工程实际问题,此处讨论漫反射灰体表面(漫灰表面)间的辐射换热。对于漫灰表面,其吸收比等于同温度下的发射率。此外,假设封闭系统中各表面上的温度分布均匀,且针对各表面内部不同区域,进入和离开的单位面积的热辐射量分别一致。

1. 有效辐射

离开任一漫灰表面的热辐射包括两部分,分别为表面自身发出的热辐射和表面反射的热辐射。

假设该表面的面积为 A,吸收比为 α,发射率为 ε,反射率为 ρ,其自身的辐射力为 E。定义单位时间内从空间各方向投射到物体单位表面积上的总辐射能为表面的投入辐射,记为 G,单位为 W/m^2。同时,定义单位时间内离开物体单位表面积上的总辐射能为表面的有效辐射(图 6-24),记为 J,单位为 W/m^2。则有效辐射可表示为

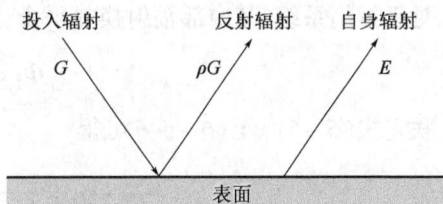

图 6-24　有效辐射示意图

$$J = E + \rho G = \varepsilon E_b + (1-\alpha)G \quad (6-47)$$

其中 E_b 为黑体的辐射力。根据表面的辐射平衡,单位时间内单位面积的物体表面净辐射换热量等于有效辐射与投入辐射之差,即

$$\frac{\Phi}{A} = J - G \quad (6-48)$$

同时,单位时间内单位面积的物体表面净辐射换热量也等于自身辐射力与吸收辐射之差,即

$$\frac{\Phi}{A} = \varepsilon E_b - \alpha G \quad (6-49)$$

联立上述二式,且考虑对漫灰表面有 $\alpha = \varepsilon$,可得

$$\Phi = \frac{E_b - J}{\frac{1 - \varepsilon}{A\varepsilon}} \tag{6-50}$$

其中，$\frac{1-\varepsilon}{A\varepsilon}$ 称为表面辐射热阻,单位为 m^{-2}。与空间辐射热阻不同,表面辐射热阻既受到表面尺寸的影响,也受到表面辐射特性的影响。其物理意义为由于不是黑体表面或物体表面积并非无限大,对于投射辐射不能完全吸收而对辐射换热产生的阻力。表面辐射热阻网络单元如图 6-25 所示。

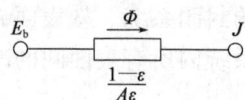

图 6-25 表面辐射热阻单元网络

2. 两个漫灰表面间的辐射换热

考虑两个漫灰表面构成的封闭系统。两个漫灰表面的表面积分别为 A_1 和 A_2,温度分别为 T_1 和 T_2,发射率分别为 ε_1 和 ε_2。表面 1 和表面 2 净失去的辐射能量分别为

$$\Phi_1 = \frac{E_{b1} - J_1}{\frac{1 - \varepsilon_1}{A_1 \varepsilon_1}} \tag{6-51}$$

$$\Phi_2 = \frac{E_{b2} - J_2}{\frac{1 - \varepsilon_2}{A_2 \varepsilon_2}} \tag{6-52}$$

两个表面间的净辐射换热量为

$$\Phi_{1,2} = A_1 X_{1,2} J_1 - A_2 X_{2,1} J_2 = A_1 X_{1,2} (J_1 - J_2) \tag{6-53}$$

对于封闭系统,其内部辐射换热平衡,因此有

$$\Phi_{1,2} = \Phi_1 = -\Phi_2 \tag{6-54}$$

联立式(6-51)至(6-54)可得

$$\Phi_{1,2} = \frac{E_{b1} - E_{b2}}{\frac{1 - \varepsilon_1}{A_1 \varepsilon_1} + \frac{1}{A_1 X_{1,2}} + \frac{1 - \varepsilon_2}{A_2 \varepsilon_2}} \tag{6-55}$$

从式(6-55)可以看出,对于由两个漫灰表面构成的封闭系统,两个表面间的辐射换热热阻由三个串联的辐射热阻构成,其分别为两个表面辐射热阻和一个空间辐射热阻。该封闭系统的辐射换热网络图如图 6-26 所示。

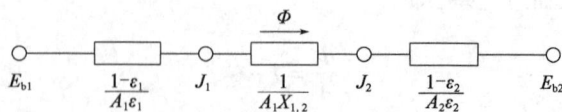

图 6-26 两个漫灰表面构成的封闭系统的辐射换热网络图

[**例题 6-4**] 在油品的储存过程中,油品与外界温差所引起的热量传递将导致油品的温度下降,黏度升高和流动性变差。因此,需要考虑油品在油罐中储存时的温度损失。假设冬季大庆某油罐的外壁温度为 $-4℃$,环境温度为 $-26℃$。油罐外壁为镀锌铁皮,其发射率为 0.82,表面积约为 150m^2。求在此环境下,油罐与环境的辐射换热量。

解:将油罐表面标记为表面1,将外部环境假设为一个无限大漫灰表面,标记为表面2,则油罐与环境的辐射换热量为

$$\Phi_{1,2} = \frac{E_{b1} - E_{b2}}{\dfrac{1-\varepsilon_1}{A_1\varepsilon_1} + \dfrac{1}{A_1 X_{1,2}} + \dfrac{1-\varepsilon_2}{A_2\varepsilon_2}} = \frac{5.67 \times 10^{-8} \times [(-4+273)^4 - (-26+273)^4]}{\dfrac{1-0.82}{0.82 \times 150} + \dfrac{1}{1 \times 150} + 0}$$

$$= 10558.9(\text{W})$$

3. 多个漫灰表面的辐射换热

工程实际往往涉及多个漫灰表面的辐射计算。以原油集输为例,在油田集输系统中,需要考虑通过外部热源加热原油以维持原油温度,降低原油黏度,减少原油灌输阻力和保证安全集输。这种通过外部热源来控制管道和设备内介质温度的技术称为伴热技术,伴热技术可通过敷设联合保温管道来实现。图 6-27 为联合保温管道的物理模型图。辐射换热会对联合保温管道的传热产生影响。

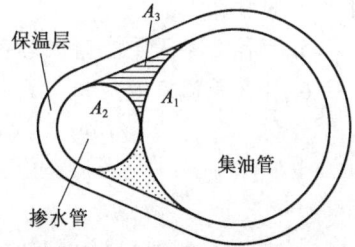

图 6-27　双管联合保温结构及辐射换热界面示意图

考虑集油管、掺水管和保温层围成的气体空间,可将之近似为由三个漫灰表面所构成的封闭系统。三个表面的表面积分别为 A_1、A_2 和 A_3,表面温度分别为 T_1、T_2 和 T_3,表面发射率分别为 ε_1、ε_2 和 ε_3。该封闭系统的辐射换热网络图如图 6-28 所示。

针对有效辐射节点 J_1、J_2 和 J_3,借用电流中的基尔霍夫定律,使注入每个节点的热流之和为 0,可得每个节点的有效辐射关系式分别为

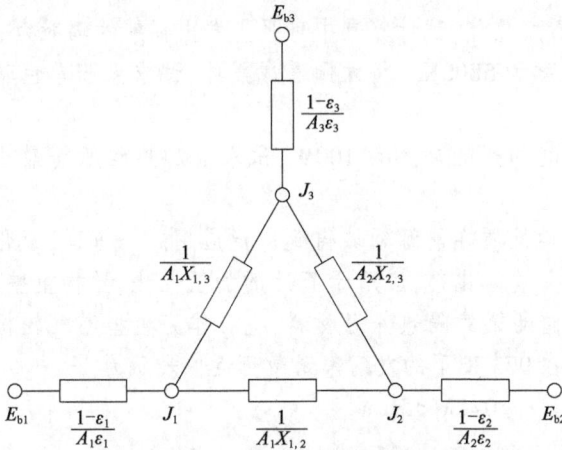

图 6-28　三个漫灰表面构成的封闭系统的辐射换热网络图

$$\frac{E_{b1} - J_1}{\dfrac{1-\varepsilon_1}{A_1\varepsilon_1}} + \frac{J_2 - J_1}{\dfrac{1}{A_1 X_{1,2}}} + \frac{J_3 - J_1}{\dfrac{1}{A_1 X_{1,3}}} = 0$$

$$(6-56a)$$

$$\frac{E_{b2} - J_2}{\dfrac{1-\varepsilon_2}{A_2\varepsilon_2}} + \frac{J_1 - J_2}{\dfrac{1}{A_1 X_{1,2}}} + \frac{J_3 - J_2}{\dfrac{1}{A_2 X_{2,3}}} = 0 \qquad (6-56b)$$

$$\frac{E_{b3} - J_3}{\dfrac{1-\varepsilon_3}{A_3\varepsilon_3}} + \frac{J_1 - J_3}{\dfrac{1}{A_1 X_{1,3}}} + \frac{J_2 - J_3}{\dfrac{1}{A_2 X_{2,3}}} = 0 \qquad (6-56c)$$

其中,角系数 $X_{1,2}$、$X_{1,3}$ 和 $X_{2,3}$ 可通过角系数的求和规则和互换规则求得。联立上述三个方程便可求得每个表面的有效辐射 J_1、J_2 和 J_3,从而确定不同表面间的辐射换热量。

思 考 题

1. 什么是黑体、白体和透明体？引入黑体的意义是什么？
2. 黑体单色辐射力随波长变化的规律是什么？
3. 什么是灰体？灰体的提出对工程应用有何意义？
4. 根据克希霍夫定律，物体吸收率和发射率相等在什么条件下成立？灰体是否需要这些条件？为什么？
5. 为什么冬天早上晴天容易结霜，而阴天不易结霜？
6. 什么是温室效应？

习 题

6-1 加热炉内火焰温度为 1600K，炉墙上有一看火孔，该看火孔可视为黑体。试计算：(1)看火孔打开时的辐射力；(2)波长为 $10\mu m$ 的单色辐射力；(3)最大单色辐射力对应的波长。

6-2 灯丝的温度约为 2000℃，将灯丝看成黑体，试计算其中可见光发出辐射的辐射力。

6-3 测得太阳辐射的 $\lambda_{max} = 0.5\mu m$，温度为 5800K。将太阳看成黑体，试求太阳单色辐射力 $E_{b\lambda}$。

6-4 电加热丝的温度为 1000K，要求电加热的功率为 100W，试求电加热丝所需最小面积。

6-5 氧化锆(ZrO_2)因其化学性质和热学性质在能源领域得到广泛应用。一方面，氧化锆可以作为基质负载其他的催化中心来合成高效催化剂，应用于石油的加氢催化、异构重整、裂解和浓缩等方面；另一方面，氧化锆可作为储油罐的隔热保温材料，也可作为重型燃气轮机热端部件的热障涂层材料。实验测得氧化锆在 973 K 下的发射率函数可近似表示为

$$\varepsilon_\lambda = \begin{cases} \varepsilon_1 = 0.62, & 0 \leqslant \lambda < 5\mu m \\ \varepsilon_2 = 0.92, & 5\mu m \leqslant \lambda < 15\mu m \\ \varepsilon_3 = 0.55, & 15\mu m \leqslant \lambda < \infty \end{cases}$$

求氧化锆在该温度下的平均发射率和辐射力。

6-6 利用角系数的互换规则、求和规则和辅助线法推导表 6-3 中第 2~4 种二维几何结构角系数的代数表达式。

6-7 工厂车间内有一块面积为 $1.5 m^2$ 的辐射采暖板，已知板表面温度为 95℃，发射率为 0.9，如果环境温度为 15℃，求采暖板的辐射换热量。

第七章 传热过程和换热器

前面各章分别研究了导热、对流换热和辐射换热过程。了解了它们的换热规律和计算方法,这三种不同的传热方式,实际中经常是同时发生的。工程上最为普遍的热传递过程,是高温流体通过固体壁面把热量传给低温流体的传热过程,热量通过固体壁面属纯导热,壁面两侧流体与壁面之间的换热,可以是对流换热,也可以是复合换热。因此,传热过程实际上包括有多种不同的传热方式。

实现传热过程的设备称为换热器或热交换器,完整的换热器设计应包括结构、换热量和流动阻力及经济性等的分析计算。本教材主要讨论工程中最常见换热设备的一般热交换过程,如第三类边界条件下的导热问题、平壁及圆筒壁的传热过程的分析计算、增强或削弱传热的方法,还要对工程上大量存在的诸如肋壁传热、各类换热器中复杂流道流体之间的传热及换热器的热计算基本方法等作进一步的叙述,并简要介绍换热器性能的评价。

第一节 传热过程的分析与计算

视频 7-1

第一章已经简单讨论过传热过程和传热系数。在求解传热过程时,由于壁温往往是未知的,因而总是用传热方程式来分析求解。传热方程式为

$$\Phi = kA(t_{f1} - t_{f2}) \qquad (7-1)$$

式中 Φ——热流量,W;

　　　A——流体与壁面间的接触面积,m^2;

　　　t_{f1}、t_{f2}——热、冷流体的温度,℃;

　　　k——传热系数,表示热、冷流体的温差为1℃时,单位时间内单位传热面积所传递的热量,$W/(m^2 \cdot K)$。

传热系数是一个与过程有关的物理参数,其大小取决于热、冷流体的物性及流速,固体壁面的形状及布置,材料的导热系数等。

可以想到,在传热过程中,热、冷流体的温度将不断变化。因此,当利用传热方程式计算整个传热面积上的传热量时,应使用整个传热面积上的平均温差,记作 Δt_m,故式(7-1)的一般形式应写为

$$\Phi = kA\Delta t_m \qquad (7-1b)$$

一、通过平壁的传热

图7-1所示为大平壁一维稳态传热过程示意图。图中,侧面面积为 A、厚 δ 的平壁左侧与温度为 t_{f1} 的高温流体相接触,右侧与温度为 t_{f2} 的低温流体相接触。一般说来,平壁两侧的温度 t_{w1} 及 t_{w2} 均属未知。处于稳态时,由高温流体以对流换热(或复合换热)的方式传给左侧壁面的热量等于左侧壁传递给右侧壁面的热量,并等于右侧的对流换热量。以 Φ 表示此热量,可列出:

$$\Phi = h_1 A(t_{f1} - t_{w1}) \qquad (a)$$

$$\Phi = \frac{\lambda}{\delta} A(t_{w1} - t_{w2}) \qquad (b)$$

$$\Phi = h_2 A(t_{w2} - t_{f2}) \qquad (c)$$

式中　h_1、h_2——两侧的对流换热系数(或复合换热系数)，W/($m^2 \cdot$ K)；

λ——固体壁面的导热系数，W/(m $\cdot$ K)；

δ——固体壁面的厚度，m。

由以上三式消去未知的 t_{w1} 及 t_{w2}，即得

$$\Phi = \frac{t_{f1} - t_{f2}}{\dfrac{1}{h_1 A} + \dfrac{\delta}{\lambda A} + \dfrac{1}{h_2 A}} \qquad (7-2)$$

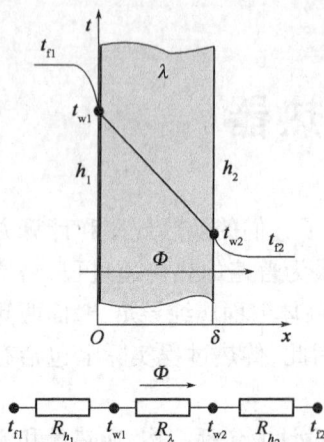

图7-1　通过平壁的传热

式(7-2)也容易从热阻概念导出，因该式分母中的三项恰代表从左侧到右侧的三个局部热阻。

当需要求未知温度 t_{w1} 及 t_{w2} 时，可在求出 Φ 后代入式(a)、(b)得到。固体壁面系多层平壁时，利用热阻串联的原理，可写出

$$\Phi = \frac{t_{f1} - t_{f2}}{\dfrac{1}{h_1 A} + \displaystyle\sum_{i=1}^{n} \dfrac{\delta_i}{\lambda_i A} + \dfrac{1}{h_2 A}} \qquad (7-3)$$

式中　δ_i、λ_i——各层壁面的厚度和导热系数。

比较式(7-1)与式(7-2)，可知

$$k = \frac{1}{\dfrac{1}{h_1} + \dfrac{\delta}{\lambda} + \dfrac{1}{h_2}} \qquad (7-4)$$

再比较式(7-1)与式(7-3)，可得

$$k = \frac{1}{\dfrac{1}{h_1} + \displaystyle\sum_{i=1}^{n} \dfrac{\delta_i}{\lambda_i} + \dfrac{1}{h_2}} \qquad (7-5)$$

式(7-5)即为求平壁传热过程传热系数的公式。由式(7-5)可知，传热系数 k 的大小除与两侧的换热系数有关外，也与壁面的物性和厚度有关。

[例题7-1]　人体对冷热的感觉以皮肤表面的热损失作为衡量依据。设人体脂肪层的厚度为3mm，其内表面温度为36℃且保持不变。无风条件下，裸露的皮肤外表面与空气的对流换热系数为15W/($m^2 \cdot$ K)；有风时，对流换热系数为50W/($m^2 \cdot$ K)，人体脂肪层的导热系数为0.2W/(m $\cdot$ K)。试确定：

(1)要使无风天的感觉与有风天气温 -5℃时感觉一样，则无风天的气温是多少？

(2)在同样 -5℃的气温下，无风天和刮风天，人皮肤单位面积上的热损失之比是多少？

解：(1)使无风天的感觉与有风天气温 -5℃时感觉一样，即人体在两种情况下的散热量一样：

$$q = \frac{t_{w1} - t_f}{\dfrac{\delta}{\lambda} + \dfrac{1}{h}} = q' = \frac{t'_{w1} - t'_f}{\dfrac{\delta'}{\lambda'} + \dfrac{1}{h'}}$$

由已知条件得 $t_{w1} = t'_{w1} = 36℃$，$\lambda = \lambda' = 0.2 W/(m \cdot K)$，$\delta = \delta' = 3mm$；而 $h = 15 W/(m^2 \cdot K)$，$t'_f = -5℃$，$h' = 50 W/(m^2 \cdot K)$，则

$$t_f = t_{w1} - \frac{t'_{w1} - t'_f}{\frac{\delta'}{\lambda'} + \frac{1}{h'}} \left(\frac{\delta}{\lambda} + \frac{1}{h} \right) = 36 - \frac{36 - (-5)}{\frac{0.003}{0.2} + \frac{1}{50}} \left(\frac{0.003}{0.2} + \frac{1}{15} \right) = -59.706 (℃)$$

（2）在同样 $-5℃$ 的气温下，无风天和刮风天的热损失之比为

$$\frac{q}{q'} = \frac{\frac{\delta'}{\lambda'} + \frac{1}{h'}}{\frac{\delta}{\lambda} + \frac{1}{h}} = \frac{\frac{0.003}{0.2} + \frac{1}{50}}{\frac{0.003}{0.2} + \frac{1}{15}} = \frac{3}{7}$$

二、通过肋片的传热

对于工程中大多数传热过程，尤其是换热器，用来隔开冷热流体的换热面在保证基本强度的前提下，一般都是导热系数较大的金属制成，同时厚度较薄。所以当换热面两侧没有污垢时，其单位面积的导热热阻 $\frac{\delta}{\lambda}$ 极小。可以把式（7-4）作近似的简化处理，忽略导热热阻项，化简为

$$k = \frac{1}{\frac{1}{h_1} + \frac{1}{h_2}} \qquad (7-6)$$

公式（7-6）的形式和电学中计算并联电路的电阻形式类似，并联电路的电阻比其任意一个分电阻都小，所以，公式（7-6）中的传热系数 k 应该比 h_1、h_2 中较小的那个表面传热系数还要小。对于一个传热过程，当壁面两侧的表面传热系数相差较大时，如要有效地提高传热系数 k，应该设法提高 h_1、h_2 中较小的那一个。如果壁面两侧的 h_1、h_2 相差不大，则应同时提高。

如果壁面两侧的表面传热系数中较小的那一侧因为本身流体性质的制约或工艺参数的限制而不宜改变时，可在表面传热系数较小的那一侧敷设肋片，通过增大换热面积来降低对流换热热阻，从而增强传热，即所谓的表面肋化。比如家用暖气片，由于空气侧的表面传热系数远小于热水侧的表面传热系数，而空气侧的表面传热系数又不易提高，我们就在空气侧加装肋片，即暖气片中的散热片，通过增大暖气片与空气的接触面积而强化空气侧的换热。工程中涉及到气—液换热时也往往会在气体侧加装肋片，即肋片管式换热器。

若图 7-1 所示平壁左侧的表面传热系数 h_1 远大于右侧的表面传热系数 h_2，为增强平壁右侧的换热，对右侧加装肋片，如图 7-2 所示，其他已知条件和图 7-1 一样，平壁左侧面积为 A_1，加装了肋片后，肋侧和流体的总接触面积为 A_2，其中肋与肋之间的间隙面积为 A_0，肋片表面积为 A_H，肋片的总表面积 $A_2 = A_0 + A_H$，肋基的温度为 t_{w2}，肋片的平均温度为 $t_{w2, m}$，根据第三章第四节肋片的稳态导热内容，肋片表面的温度沿肋高是逐渐变化的。肋侧的表面传热系数假设与不加肋片时一样，为 h_2。和平壁稳态传热过程的分析方法一样，沿着热量传递方向，该传热过程可以分为三个环节。

对壁面左侧的对流换热环节：

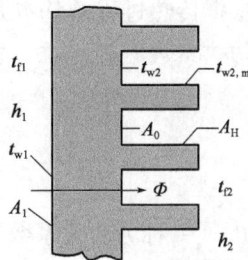

图 7-2　平壁右侧加装了肋片后的稳态传热过程

$$\Phi = \frac{t_{f1} - t_{w1}}{\dfrac{1}{h_1 A}} \tag{a}$$

对壁的导热环节：

$$\Phi = \frac{t_{w1} - t_{w2}}{\dfrac{\delta}{\lambda A_1}} \tag{b}$$

对右侧肋的对流换热环节：

$$\Phi = h_2 A_0 (t_{w2} - t_{f2}) + h_2 A_H (t_{w2,m} - t_{f2}) \tag{c}$$

根据第三章的肋片效率公式 $\eta_f = \dfrac{\Phi}{\Phi_0}$ (3-27)，肋片效率是指肋片实际传热量与假设整个肋片表面都处于肋基温度下的传热量之比，式中 Φ 表示肋片的实际传热量，Φ_0 表示整个肋表面温度都是肋基温度下的传热量。此时的肋片效率为：

$$\eta_f = \frac{h_2 A_H (t_{w2,m} - t_{f2})}{h_2 A_H (t_{w2} - t_{f2})} = \frac{t_{w2,m} - t_{f2}}{t_{w2} - t_{f2}} \tag{d}$$

或写成：

$$t_{w2,m} - t_{f2} = \eta_f (t_{w2} - t_{f2}) \tag{e}$$

将式(e)代入式(c)，可得：

$$\Phi = h_2 A_0 (t_{w2} - t_{f2}) + h_2 A_H (t_{w2,m} - t_{f2}) = h_2 A_0 (t_{w2} - t_{f2}) + h_2 A_H \eta_f (t_{w2} - t_{f2})$$

$$= (A_0 + A_H \eta_f) h_2 (t_{w2} - t_{f2}) = A_2 \eta h_2 (t_{w2} - t_{f2}) = \frac{t_{w2} - t_{f2}}{\dfrac{1}{A_2 \eta h_2}} \tag{f}$$

式中，$\eta = \dfrac{A_0 + A_H \eta_f}{A_2}$，称为肋壁总效率。当肋较高时，肋片表面积 A_H 远大于肋间隙的面积 A_0，可近似取 $A_H = A_2$，所以

$$\eta = \frac{A_0 + A_H \eta_f}{A_2} = \frac{A_0}{A_2} + \frac{A_H}{A_2} \eta_f \approx \eta_f$$

此时肋片效率可以近似看做肋壁总效率。

联立(a)、(b)、(f)三个公式，可得

$$\Phi = \frac{t_{f1} - t_{f2}}{\dfrac{1}{h_1 A_1} + \dfrac{\delta}{\lambda A_1} + \dfrac{1}{A_2 \eta h_2}} \tag{7-7}$$

根据传热过程的基本方程 $\Phi = kA(t_{f1} - t_{f2})$，若以壁面左侧的面积 A_1 为基准计算此传热过程的传热系数 k，则令(7-7)等于 $k_1 A_1 (t_{f1} - t_{f2})$，则

$$k_1 = \frac{1}{\dfrac{1}{h_1} + \dfrac{\delta}{\lambda} + \dfrac{A_1}{A_2 \eta h_2}} = \frac{1}{\dfrac{1}{h_1} + \dfrac{\delta}{\lambda} + \dfrac{1}{\beta \eta h_2}} \tag{7-8}$$

其中 $\beta = \dfrac{A_2}{A_1}$，称为肋化系数。

若以壁面右侧的面积 A_2 为基准计算此传热过程的传热系数 k，则令(7-7)等于 $k_2 A_2 (t_{f1} - t_{f2})$，则

$$k_2 = \cfrac{1}{\cfrac{A_2}{h_1 A_1} + \cfrac{A_2 \delta}{A_1 \lambda} + \cfrac{1}{\eta h_2}} = \cfrac{1}{\cfrac{1}{h_1}\beta + \cfrac{\delta}{\lambda}\beta + \cfrac{1}{\eta h_2}} \tag{7-9}$$

关于肋片传热过程的几点说明：

（1）肋片的布置一般应顺着流动方向，以避免流动受阻而影响换热系数；

（2）工程上计算肋片的传热系数常以肋侧总面积 A_2 为基础，即选择公式（7-9）进行计算；

（3）对于公式（7-4）和公式（7-8），壁面右侧的对流换热热阻，无肋时为 $\dfrac{1}{h_2}$，有肋时为 $\dfrac{1}{\beta\eta h_2}$，可见，要想加肋后增强肋侧的传热，$\beta\eta$ 必须大于1。而 $\beta = \dfrac{A_2}{A_1} \gg 1$，肋壁总效率 η 虽然小于1，但二者之积 $\beta\eta$ 仍然会比1大得多，所以一般情况下，壁面一侧肋化后，该侧的对流换热热阻都会减小，从而使总传热系数 k 提高，即加肋后 $k_1 > k$。可见肋化能使传热系数 k 和传热量有效提高，特别当 h_2 远小于 h_1 时效果更为明显。

（4）从肋化系数 $\beta = \dfrac{A_2}{A_1}$ 的定义式中可知，肋片越高，β 越大，但肋片高度增加的同时肋片效率也会降低，因为肋片的平均温度降低了。减小肋间距使肋片加密也可以提高 β，但肋间距过小会时流体的流动阻力增加，同时肋间流体温度升高降低了传热温差不利于传热，一般肋间距应至少两倍的热边界厚度。工程上，当 $h_1/h_2 = 3 \sim 5$ 时，一般选择 β 较小的低肋；当 $h_1/h_2 > 10$，一般选择 β 较大的高肋。

[例题 7-2] 一平壁的稳态传热过程，一侧热水温度 $t_{f1} = 80℃$，表面传热系数为 $h_1 = 700\mathrm{W/(m^2 \cdot K)}$，另一侧冷空气温度 $t_{f2} = 17℃$，表面传热系数 $h_2 = 24\mathrm{W/(m^2 \cdot K)}$，为增强冷空气侧的传热，在该侧加装高度 $H = 5\mathrm{cm}$、厚度 $\delta = 3\mathrm{mm}$ 的肋片，加装肋片后的肋化系数 $\beta = \dfrac{A_2}{A_1} = 15$，该平壁和肋片的导热系数相同，均为 $45\mathrm{W/(m \cdot K)}$，不加肋片时平壁的厚度为 8mm。试求：（1）肋片效率 η_f 和肋壁总效率 η；（2）以平壁不加肋侧的侧面面积为基准的传热系数 k_1；（3）以肋侧面积为基准的传热系数 k_2；（4）平壁没有加肋时的传热系数 k 和单位面积传热量；（5）加肋后的单位面积传热量。

解：（1）由第三章第四节肋片的稳态导热可知：$m = \sqrt{\dfrac{hU}{\lambda A}}$，$\eta_f = \dfrac{\tanh(mH)}{mH}$，所以

$$m = \sqrt{\dfrac{h_2 U}{\lambda A}} = \sqrt{\dfrac{h_2 2b}{\lambda b \delta}} = \sqrt{\dfrac{2 \times 24}{45 \times 0.003}} = 18.26 \, (\mathrm{m}^{-1})$$

其中 U 表示肋片的横截面周长，A 表示肋片的横截面面积，b 表示肋片的宽度，δ 表示肋片的厚度。

肋片效率为：$\eta_f = \dfrac{\tanh(mH)}{mH} = \dfrac{\tanh(18.26 \times 0.05)}{18.26 \times 0.05} = 0.792$

肋壁总效率公式可变形为：$\eta = \dfrac{A_0 + A_H \eta_f}{A_2} = \dfrac{A_2 - A_H + A_H \eta_f}{A_2} = 1 - \dfrac{A_H}{A_2}(1 - \eta_f)$

其中：$\quad\quad\quad\quad\quad A_0 = A_1 - b\delta \quad A_H = 2bH + b\delta$

所以 $\quad\quad\quad\quad\quad A_2 = A_0 + A_H = A_1 + 2bH$

又 $\beta = \dfrac{A_2}{A_1}$，所以 $A_2 = \beta A_1$，代入上式得 $\beta A_1 = A_1 + 2bH$，

所以 $A_1 = \dfrac{2bH}{\beta - 1}$，$A_2 = \beta A_1 = \dfrac{2bH\beta}{\beta - 1}$

所以 $\dfrac{A_{\mathrm{H}}}{A_2} = \dfrac{(2bH + b\delta)(\beta - 1)}{2bH\beta} = \dfrac{(2H + \delta)(\beta - 1)}{2H\beta} = \dfrac{(2 \times 0.05 + 0.003)(15 - 1)}{2 \times 0.05 \times 15} = 0.961$

所以 $\eta = 1 - \dfrac{A_{\mathrm{H}}}{A_2}(1 - \eta_{\mathrm{f}}) = 1 - 0.961(1 - 0.792) = 0.8$

可见，当肋化系数 β 较大时，肋片效率 η_{f} 与肋壁总效率 η 几乎相等。

（2）以平壁不加肋侧的侧面面积 A_1 为基准的传热系数 k_1，根据公式（7-8）

$$k_1 = \cfrac{1}{\cfrac{1}{h_1} + \cfrac{\delta}{\lambda} + \cfrac{1}{\beta \eta h_2}} = \cfrac{1}{\cfrac{1}{700} + \cfrac{0.008}{45} + \cfrac{1}{15 \times 0.8 \times 24}} = 196.84\,[\mathrm{W/(m^2 \cdot K)}]$$

（3）以肋侧面积 A_2 为基准的传热系数 k_2，根据公式（7-9）

$$k_2 = \cfrac{1}{\cfrac{1}{h_1}\beta + \cfrac{\delta}{\lambda}\beta + \cfrac{1}{\eta h_2}} = \cfrac{1}{\cfrac{1}{700} \times 15 + \cfrac{0.008}{45} \times 15 + \cfrac{1}{0.8 \times 24}} = 13.13\,[\mathrm{W/(m^2 \cdot K)}]$$

（4）平壁没有加肋时的传热系数 k，根据公式（7-4）

$$k = \cfrac{1}{\cfrac{1}{h_1} + \cfrac{\delta}{\lambda} + \cfrac{1}{h_2}} = \cfrac{1}{\cfrac{1}{700} + \cfrac{0.008}{45} + \cfrac{1}{24}} = 23.12\,[\mathrm{W/(m^2 \cdot K)}]$$

可见，$k \approx h_2$。这是因为根据公式（7-4）运用初等数学知识不难发现，k 比 h_1、h_2 中数值较小的那个还要小，而当 h_1、h_2 相差越大，k 就越接近 h_1、h_2 中较小的那一个，所以当壁面两侧 h_1、h_2 相差较大时，提高其中较大的 h 是几乎没有用的，而提高其中较小的 h，k 就会有明显的提高。

比较 k 和 k_1 也可以发现，$k_1 \gg k$，而计算这两个传热系数的基准面积是相同的，都是以壁面无肋侧的面积 A_1 为基准计算的，从而说明在表面传热系数小的一侧加肋可以有效地强化换热。

平壁没有加肋时的单位面积传热量：

$$q = k\Delta t = 23.12 \times (80 - 17) = 1455.82\,(\mathrm{W/m^2})$$

（5）加肋后的单位面积传热量：

$$q' = k_1 \Delta t = 196.84 \times (80 - 17) = 12400.92\,(\mathrm{W/m^2})$$

$$q'/q = 8.52$$

可见，加肋后的单位面积传热量是无肋时的单位面积传热量的 8.52 倍，再次说明肋化后增强换热的效果非常显著。

需要注意的是，加肋后的单位面积传热量如果用 k_2 乘以冷热流体的温差来计算无疑这个值是很小的，因为这里计算的是单位面积的传热量，而肋化后的表面积增大巨大，所以这样计算几乎没有实际意义。但是从前面的理论分析不难发现，$k_1 A_1 = k_2 A_2$，而 $k_1 > k_2$，所以，其实加肋后总传热量一定明显增大了。

三、通过圆筒壁的传热

图 7-3 示出内、外直径分别为 d_1 及 d_2、长为 l 的长圆管。设该圆管两侧流体温度和壁内温度仅沿径向发生变化,即属于一维稳态传热。热流体和冷流体的温度分别为 t_{f1} 及 t_{f2},管壁材料的导热系数为 λ,两侧壁面与流体的换热系数分别为 h_1 及 h_2,且均为定值。与讨论平壁时相仿,这一复杂的热传递过程也由两个对流热阻和一个导热热阻串联而成,因此可直接写出其传热量 Φ 的计算公式:

$$\Phi = \frac{t_{f1} - t_{f2}}{\dfrac{1}{\pi d_1 l h_1} + \dfrac{1}{2\pi\lambda l}\ln\dfrac{d_2}{d_1} + \dfrac{1}{\pi d_2 l h_2}} \qquad (7-10)$$

由于对圆管壁来说,面积是随着直径的变化而变化的,内、外表面积不同,与之对应的传热系数也就不同。通常,工程上都以管外侧面作为基准面计算传热系数,即

图 7-3 通过圆筒壁的传热

$$k_0 = \frac{1}{\dfrac{d_2}{d_1 h_1} + \dfrac{d_2}{2\lambda}\ln\dfrac{d_2}{d_1} + \dfrac{1}{h_2}} \qquad (7-11)$$

壁面温度的求法,可仿照平壁传热处理,在此不再赘述。

对于 n 层圆管壁,类似于 n 层平壁,有

$$\Phi = \frac{t_{f1} - t_{f2}}{\dfrac{1}{\pi d_1 l h_1} + \sum_{i=1}^{n}\dfrac{1}{2\pi\lambda_i l}\ln\dfrac{d_{i+1}}{d_i} + \dfrac{1}{\pi d_{n+1} l h_2}} \qquad (7-12)$$

$$k_0 = \frac{1}{\dfrac{d_{n+1}}{d_1 h_1} + \sum_{i=1}^{n}\dfrac{d_{n+1}}{2\lambda_i}\ln\dfrac{d_{i+1}}{d_i} + \dfrac{1}{h_2}} \qquad (7-13)$$

四、临界热绝缘直径

平壁上敷设绝热层时,热流量将随绝热层厚度的增加而减少,但圆管壁却有不同的情况。

若绝热层内壁温度 t_{w1} 保持一定,温度为 t_f 的流体与温度为 t_{w2} 的外壁相接触,对流换热系数为 h,则根据圆管壁导热和对流的计算公式,稳态时通过绝热层的热流量为

$$\Phi = \frac{t_{w1} - t_f}{\dfrac{1}{2\pi\lambda l}\ln\dfrac{d_x}{d_2} + \dfrac{1}{\pi d_x l h}} \qquad (7-14)$$

式中,若 d_2、λ 及 h 均为定值,绝热层加厚即 d_x 增加时,分母上第一项变大,而第二项变小。第一项表示导热热阻 R_λ,第二项为相应的对流热阻 R_h,总热阻 R_t 究竟增大还是减小,要由 R_λ 的增大率和 R_h 的减小率来确定,图 7-4(a) 为 R_λ、R_h、R_t 和散热量 Φ 随 d 变化的示意图。

为求 Φ 的极大值,可使式(7-14)对 d_x 的一阶导数为零:

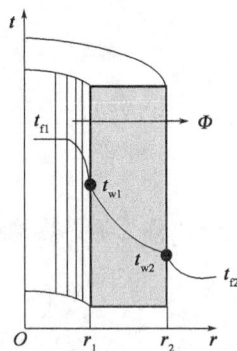

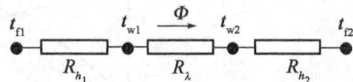

$$\frac{\mathrm{d}\Phi}{\mathrm{d}d_x} = \frac{-\pi L(t_{w1} - t_f)\left(\dfrac{1}{2\lambda d_x} - \dfrac{1}{hd_x^2}\right)}{\dfrac{\ln \dfrac{d_x}{d_2}}{\lambda} + \dfrac{1}{hd_x}} = 0 \tag{7-15}$$

由此得到散热量为最大值的条件为

$$d_x = \frac{2\lambda}{h} \tag{7-16a}$$

这个 d_x 称为临界热绝缘直径，记为 d_c。

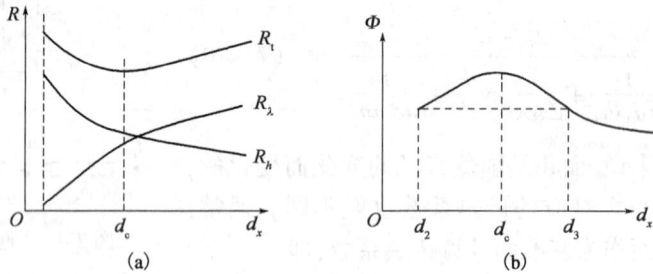

图 7-4　临界热绝缘直径

图 7-4(b)表明：对于外径为 $d_2(d_2 < d_c)$ 的小管子，在敷设绝热层后，若绝热层外直径 d_3 仍小于 d_c，则随着绝热层厚度的增加，R_t 减小，Φ 增大。当绝热层加厚至 $d_3 = d_c$ 时，R_t 最小，Φ 最大。若再加厚，即 $d_3 > d_c$，则随着绝热层厚度的增加，从 $d_3 = d_c$ 开始，R_t 增大，Φ 减小。

由上述可知，若外径 $d_2 < d_c$，则绝热层厚度在图 7-4 所示的范围（$d_2 < d < d_c$）内，散热量 Φ 反而大于光管，如工程上的绝缘电缆，即为应用实例之一。此时，表皮层既能电绝缘，又可使散热量 Φ 增大而获得好的冷却效果。当然，若管子本身的直径 d_2 已经大于 d_c，则敷设绝热层总会使总热阻 R_t 增大，则绝热层将始终发挥绝热的作用。

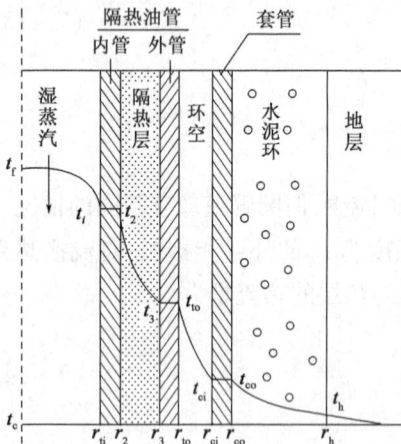

图 7-5　注蒸汽井常用管柱

由式（7-16a）可知，临界热绝缘直径 d_c 直接与绝热层的导热系数 λ 和层外的换热系数 h 有关。需要指出的是，如外径 d_2 较小，h 会随 d_2 而变，又如管外流体为自然对流，则 h 还与温差 $t_{w2} - t_f$ 有关。在这种情况下，斯帕罗认为式（7-16a）应修正为

$$d_c = \frac{2(1-m)\lambda}{(1+n)h} \tag{7-16b}$$

式中，m、n 均为修正系数。对于 $Re = 4000 \sim 40000$ 的强迫绕流圆管的情况，$m = 0.382$，$n = 0$；对于管外为自然对流的水平圆管，$m = n = 0.25$。

［例题 7-3］　注蒸汽井中最常见的管柱结构如图 7-5 所示。管柱由隔热油管和伸缩管构成。为避免蒸汽进入套管与隔热油管之间的环形空间，保护套管和减少热损失，在井下部和伸缩管之间装有封隔器。设蒸汽与油管内管的对流换热系数为 h_s；油管内外管材料的导热系数为 λ_{tub}；油管隔热层的导热系数为 λ_{ins}；油套环空内的热量传递可认为是小空间的自然对流，当量导热系数为 λ_E；套管材料的导热系数为 λ_{cas}；水泥环的导热

热阻为 λ_{cem}。请写出井筒内蒸汽至地层的热量传递过程(忽略辐射换热),试画出热路图,并写出单位管长热流量的计算公式。

解: 按照前述分析方法可画出井筒内传热过程的热路图,如图 7-6 所示。

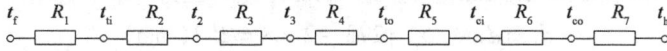

图 7-6 井筒内传热过程的热路图

(1)蒸汽与隔热油管内表面的对流换热热阻 R_1:

$$R_1 = \frac{1}{2\pi r_{ti} h_s}$$

(2)隔热油管内管的导热热阻 R_2:

$$R_2 = \frac{1}{2\pi \lambda_{tub}} \ln \frac{r_2}{r_{ti}}$$

(3)隔热油管隔热层的导热热阻 R_3:

$$R_3 = \frac{1}{2\pi \lambda_{ins}} \ln \frac{r_3}{r_2}$$

(4)隔热油管外管的导热热阻 R_4:

$$R_4 = \frac{1}{2\pi \lambda_{tub}} \ln \frac{r_{to}}{r_3}$$

(5)环空内对流换热热阻(等效为小空间的自然对流)R_5:

$$R_5 = \frac{1}{2\pi \lambda_E} \ln \frac{r_{ci}}{r_{to}}$$

(6)套管的导热热阻 R_6:

$$R_6 = \frac{1}{2\pi \lambda_{cas}} \ln \frac{r_{co}}{r_{ci}}$$

(7)水泥环的导热热阻 R_7:

$$R_7 = \frac{1}{2\pi \lambda_{cem}} \ln \frac{r_h}{r_{co}}$$

这样,井筒内稳态传热过程的总热阻 R_t:

$$R_t = \sum_{i=1}^{7} R_i$$

单位管长热流量为

$$\Phi = \frac{t_f - t_h}{\sum\limits_{i=1}^{7} R_i} = (t_f - t_h) \left(\begin{array}{l} \dfrac{1}{2\pi r_{ti} h_s} + \dfrac{1}{2\pi \lambda_{tub}} \ln \dfrac{r_2}{r_{ti}} + \dfrac{1}{2\pi \lambda_{ins}} \ln \dfrac{r_3}{r_2} + \dfrac{1}{2\pi \lambda_{tub}} \ln \dfrac{r_{to}}{r_3} \\ + \dfrac{1}{2\pi \lambda_E} \ln \dfrac{r_{ci}}{r_{to}} + \dfrac{1}{2\pi \lambda_{cas}} \ln \dfrac{r_{co}}{r_{ci}} + \dfrac{1}{2\pi \lambda_{cem}} \ln \dfrac{r_h}{r_{co}} \end{array} \right)^{-1}$$

[**例题 7-4**] 对于长距离的蒸汽管道运输,为了保障最终用户的蒸汽品质,通常会对长输管道采用复合保温方式。现假设对蒸汽管道构建由内到外依次为硅酸钙、珍珠岩和泡沫玻璃组成的三层复合保温结构。蒸汽管道的外径为 273mm,壁厚 $\delta_1 = 8$mm。管道材料的导热系数 $\lambda_1 = 46.2$W/(m² · K)。运输蒸汽的温度 $t_{f1} = 300$℃,环境温度 $t_{f2} = 20$℃。在该工作条件下,硅酸钙、珍珠岩和泡沫玻璃的导热系数分别为 $\lambda_2 = 0.083$W/(m² · K),$\lambda_3 = 0.104$W/(m² · K) 和

$\lambda_4 = 0.115 \text{W}/(\text{m}^2 \cdot \text{K})$；保温层厚度分别为 $\delta_2 = 0.04\text{m}$，$\delta_3 = 0.04\text{m}$ 和 $\delta_4 = 0.06\text{m}$。管内蒸汽的表面传热系数为 $h_1 = 116\text{W}/(\text{m}^2 \cdot \text{K})$，保温结构外表面对环境的复合传热系数为 $h_2 = 10.9\text{W}/(\text{m}^2 \cdot \text{K})$。求蒸汽管道单位长度的散热损失。

解：蒸汽管道的外径 $d_2 = 273\text{mm}$，壁厚 $\delta_1 = 8\text{mm}$，其内径为

$$d_1 = d_2 - 2\delta_1 = 273 - 2 \times 8 = 257 (\text{mm})$$

硅酸钙保温层对应的外径为

$$d_3 = d_2 + 2\delta_2 = 273 + 2 \times 40 = 353 (\text{mm})$$

珍珠岩保温层对应的外径为

$$d_4 = d_3 + 2\delta_3 = 353 + 2 \times 40 = 433 (\text{mm})$$

泡沫玻璃保温层对应的外径为

$$d_5 = d_4 + 2\delta_4 = 433 + 2 \times 60 = 553 (\text{mm})$$

单位管长的传热量为

$$\Phi = \cfrac{t_{f1} - t_{f2}}{\cfrac{1}{h_1 \pi d_1} + \cfrac{1}{2\pi\lambda_1}\ln\cfrac{d_2}{d_1} + \cfrac{1}{2\pi\lambda_2}\ln\cfrac{d_3}{d_2} + \cfrac{1}{2\pi\lambda_3}\ln\cfrac{d_4}{d_3} + \cfrac{1}{2\pi\lambda_4}\ln\cfrac{d_5}{d_4} + \cfrac{1}{h_2 \pi d_5}}$$

$$= \cfrac{300 - 20}{\cfrac{1}{116 \times \pi \times 0.257} + \cfrac{1}{2\pi \times 46.2}\ln\cfrac{273}{257} + \cfrac{1}{2\pi \times 0.083}\ln\cfrac{353}{273} + \cfrac{1}{2\pi \times 0.104}\ln\cfrac{433}{353} + \cfrac{1}{2\pi \times 0.553}\ln\cfrac{553}{433} + \cfrac{1}{10.9 \times \pi \times 0.553}}$$

$$= 322.1 (\text{W/m})$$

第二节　换热器的基本型式和基本构造

换热器是实现两种（或两种以上）温度不同的流体相互换热的设备，按其工作原理的不同，可分为间壁式、混合式及回热式三大类。

间壁式换热器：冷热两种流体在其中进行传热时被一固体壁面隔开，热传递过程包括固体壁中的导热、流体和固壁的对流换热，有时还包括辐射换热，如冷凝器和蒸发器、机油冷却器、暖风机等（动画7-1）。

混合式换热器：冷热两种流体直接接触彼此混合进行换热，理论上整个混合流体均匀地在同温同压下流出换热器，换热效率较高，但在热交换同时存在质交换，所以应用上受到一定的限制，如工业冷却塔、蒸汽喷射泵、空调喷淋室等。

回热式换热器：冷热流体交替流过换热面，换热面周期性地对热流体吸热和对冷流体放热。在连续运行中，虽然吸放热量理论上相等，但热传递过程却是非稳态的。如锅炉炼焦炉和燃气轮机等的空气预热器等（动画7-2）。

在各种换热器中间壁式换热器应用较广，热量传递过程正是前面介绍过的传热过程，本教材只介绍间壁式换热器基本知识，就流体在换热器中发生连续温度变化对传热过程作必要的分析以及换热器的一般热计算。

视频 7-2

一、间壁式换热器的分类

间壁式换热器种类很多,根据结构分类主要有壳管式、套管式、肋片管式、板翅式、螺旋板式和板式等。前面三种应用最为广泛,其他几种为新型紧凑式换热器,应用也在推广和发展中。目前各类换热器都在朝着既保证必须的传热面积,又具有最小体积的方向发展。

图 7 - 7 为套管式换热器。它由内外管套在一起构成,结构简单,牢固可靠,可串并联使用,传热面积有限,传热量小(动画 7 - 3)。

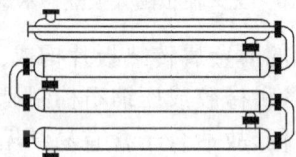
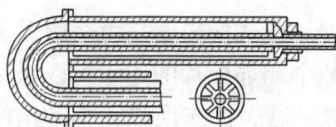

图 7 - 7　套管式换热器示意图　　　　　　　　动画 7 - 3

图 7 - 8 为圆管和扁管的肋片管式换热器,管外肋化,故传热增强。肋片管式换热器适用于管内液体和管外气体之间的换热,且两侧表面传热系数相差较大的场合。

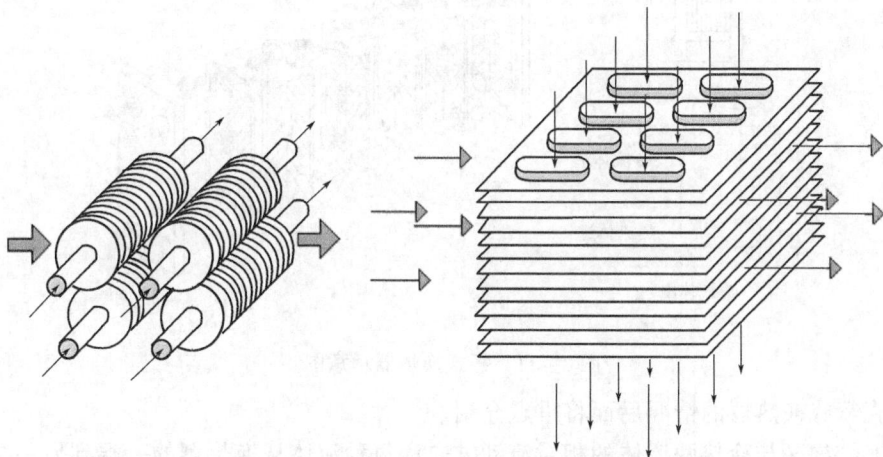

图 7 - 8　肋片管式换热器示意图

图 7 - 9 为螺旋板式换热器。它由金属薄板卷成的等距离螺旋通道、上下盖板和连接管等构成。螺旋板式换热器传热性能较好,制造工艺简单,但承压、密封性能较差(动画 7 - 4)。

图 7 - 10 为交叉流板翅式换热器,由图示的多层基本换热元件组成。

上列紧凑式换热器符合单位体积和单位重量的传热面积大这一发展方向,因而在一些需要移动的场合应用日广。但由于结构紧凑的特点,对制造、维修和清洗等提出较高的要求。

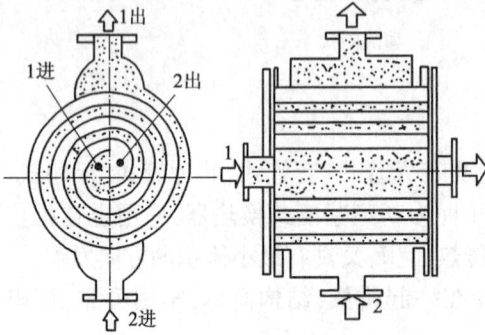

图 7 - 9　螺旋板式换热器示意

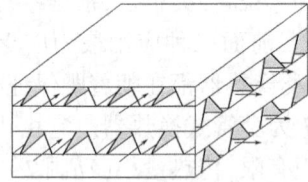

图 7 - 10　交叉流板翅式换热器示意图

图 7 - 11 为板式换热器。板式换热器是由一组长方形的薄金属传热板片构成,用框架将板片夹紧组装于支架上。两个相邻板片的边缘衬以垫片(各种橡胶或压缩石棉制成)压紧,板片四角有圆孔,形成流体的通道。板式换热器拆卸清洗方便,故适合于含有易结垢物的流体(如牛奶等有机流体)的换热。

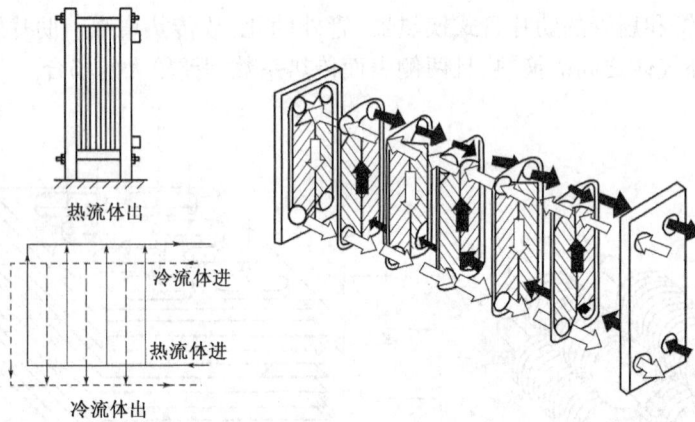

图 7 - 11　板式换热器示意图

有关壳管式换热器的情况后面将重点介绍。

换热器结构又与冷热两流体的相对流动方向和每种流体从换热器的一端到另一端的流程数有关。两种流体的相对流动方向有平行流动和交叉流动两种。平行流换热器中,流体沿同一轴线流动,冷热两流体可以是沿相同方向流动或沿相反方向流动,相应称为顺流和逆流,如图 7 - 12(a)、(b)所示。图 7 - 12(c)为交叉流式换热器示意图,两种流体在其中相互垂直地流动,一般的气—气换热器多属此类。若冷热流体的流动方向有顺流、逆流或交叉流中的两种或三种都有,则为混流,如图 7 - 12(d)所示。

(a)顺流   (b)逆流   (c)交叉流

(d)混合流

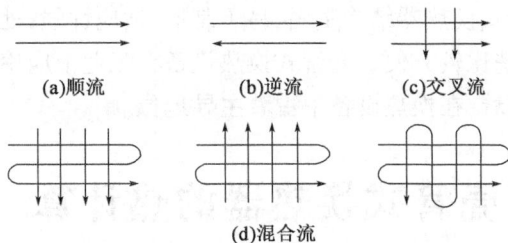

图 7 – 12　流体在换热器中的流动方式

二、壳管式换热器的基本结构

壳管式换热器是间壁式换热器中较为普遍的一种结构,由一个大的外壳和许多管子组成,也称为列管间壁式换热器。图 7 – 13 为简单的壳管式换热器的示意图(动画 7 – 5)。

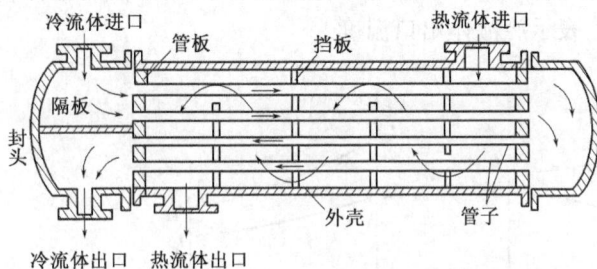

图 7 – 13　简单壳管式换热器示意图

热流体在管外流动,从壳的一侧到另一侧称为一个壳程。管外各管间常设置一些圆缺形的挡板。挡板的作用是提高流速,使流体充分流经全部管面,改变流体对管子的冲刷角度,以提高换热器壳侧的换热系数,另外挡板还可以起支承管束的作用。冷流体在管内流动,冷流体从管的一端流到另一端称为一个管程。图 7 – 13 所示的换热器为单壳程双管程,简称 1 – 2型。图 7 – 14(a)所示为二壳程四管程,即 2 – 4 型,图 7 – 14(b)所示为三壳程六管程,即3 – 6 型。

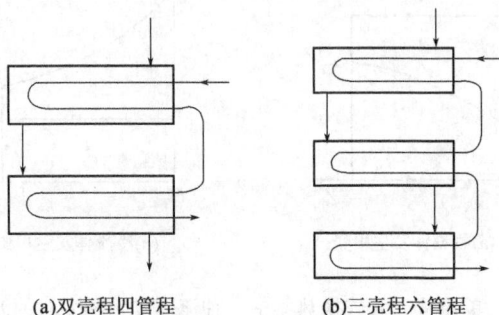

(a)双壳程四管程   (b)三壳程六管程

图 7 – 14　换热器的壳程与管程

在混合流动情况下,如管程很多时也可作为逆流来处理。不同的流动方式又对传热和流动阻力都会有影响。壳管式换热器结构坚固,易于制造,适应性强,处理能力大,高温高压场合下也可应用,换热表面清洗比较方便。壳管式换热设备在工业上应用有较久的历史,目前仍在很多工业部门中广泛应用着,在换热设备中占着主导地位。

第三节　壳管式换热器的热计算

一、换热器中流体的温度分布

换热器传热基本方程 $\Phi = kA\Delta t$,式中 Δt 是冷热两种流体的温度差。对于换热器,冷热流体沿传热面进行热交换,其温度沿流动方向不断变化,导致冷热流体间温差不断变化,因此,冷热流体间温差应是整个传热面积上的平均温差 Δt_m。图 7 – 15 分别示出顺流和逆流的单流程壳管式换热器中流体的流动方向和温度分布。以下标 h、c 分别表示热流体、冷流体,且以下标 1、2 分别表示流体进口、出口,如 t_{c2} 表示冷流体出口温度。

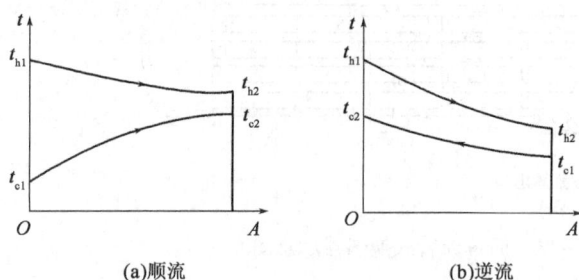

(a)顺流　　　　　　　　(b)逆流

图 7 – 15　单流程壳管式换热器中流体的流动方向和温度分布

图 7 – 16(a)和(b)分别表示换热过程中有相变时,冷热流体温度沿传热面变化的情况,由于相变时流体温度不变,所以图中发生相变流体的温度分布为水平线。

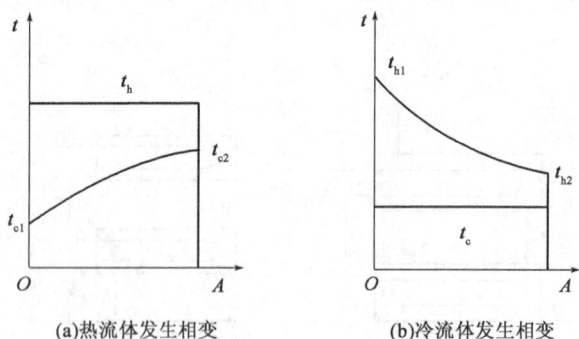

(a)热流体发生相变　　　　　　　　(b)冷流体发生相变

图 7 – 16　单流程壳管式换热器中一种流体发生相变时的温度分布

一般说来,在换热面积相等、流体物性及进口温度相同的条件下,逆流换热器的换热效果要优于顺流换热器。由图 7 – 15 也可看出,对于顺流换热器,冷流体的出口温度 t_{c2} 最多等于

热流体的出口温度 t_{h2},不然将违反热力学第二定律;而对于逆流换热器,t_{c2} 有可能超过 t_{h2}。但当任一种流体发生相变,而其他条件相同时,两种型式的换热器换热效果相同。

二、换热器热计算

换热器的完整计算包括结构、传热性能、流动阻力和经济性等的分析和计算,本教材仅叙述换热器的一般热计算。

换热器的热计算有两种类型,即设计计算与校核计算。设计计算的目的是根据生产任务给出的换热条件和要求,确定所需要的换热器的型式,求出换热面积及换热器的结构参数。校核计算的目的则是根据现有的换热器,校核它是否满足预定的换热要求,一般是校核流体出口温度和换热量。无论是设计计算或校核计算,在确定换热器传热系数 k 的时候,必须考虑污垢热阻,因为换热器在运行中流体必然会在换热面上产生污垢沉积,使传热热阻增加。污垢热阻与液体的性质、温度和流速有关,但目前还不能从理论上来求得污垢热阻值,在计算中可引用相关参考文献中污垢热阻的参考数据,或直接由实验测定污垢热阻。

换热器传热计算有两种方法:对数平均温差法(LMTD 法)和有效度—传热单元数(ε –NTU 法)法。所用的基本公式均为传热方程式及热平衡方程式:

$$\Phi = kA\Delta t_m \tag{7-17}$$

$$\Phi = \dot{m}_h c_{ph}(t_{h1} - t_{h2}) = \dot{m}_c c_{pc}(t_{c2} - t_{c1}) \tag{7-18}$$

式中　k——整个换热面积 A 的平均传热系数,W/($m^2 \cdot K$);

　　Δt_m——冷热两种流体通过换热器时的平均温差,℃;

　　$\dot{m}_h c_{ph}$,$\dot{m}_c c_{pc}$——热流体和冷流体的热容量,即质量流量与定压比热容之积,W/℃。

对于管子,k 和 A 通常取管外表面相应的值。

1. 对数平均温差法

利用对数平均温差法在设计换热器时,根据要求先确定换热器的型式,由给定的换热量和冷热流体进出口温度中的三个温度,按热平衡方程求出冷或热流体出口温度,再求出对数平均温差 Δt_m,然后可利用传热公式 $A = \dfrac{\Phi}{k\Delta t_m}$ 求出所需换热面积 A,并确定换热器的主要结构参数。设计时如 k 值未知时,必须用前面各章学过的知识进行分析计算。由于计算 k 值时必然涉及换热器的部分结构参数,可先给出。在工程计算中,一般先通过热力设计选出换热器系列产品,再根据选定的换热器型式从设计手册中查取结构参数,进行结构设计计算。如算出的传热面积与该结构的面积不相符合,则需重新再算,直至两者基本符合,即可选用该种结构的换热器。如为新的设计制作,可参考手册初步选用部分结构参数进行计算,求出换热面积,再确定主要结构,如结构合理即可按设计制作。现介绍对数平均温差 Δt_m 的导出。

顺流和逆流换热器中冷热流体的温度分布见图 7 – 17,两种流体的温度差在各个截面上是不同的,应求其平均温差。

以顺流式换热器为例,如图 7 – 17(a)所示。设散热损失为零,而 $\dot{m}_h c_{ph}$、$\dot{m}_c c_{pc}$ 和 k 均为定值,则通过换热器微元面积 dA 的热量为

$$d\Phi = kdA\Delta t \tag{7-19a}$$

$$d\Phi = +\dot{m}_c c_{pc}dt_c \tag{7-19b}$$

$$d\Phi = -\dot{m}_h c_{ph}dt_h \tag{7-19c}$$

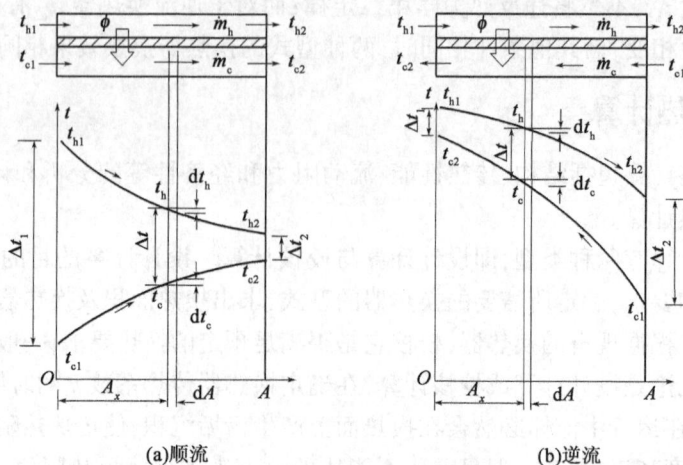

(a)顺流 (b)逆流

图 7 - 17 对数平均温差的导出

式(7 - 19a)中的温差为 $\Delta t = t_h - t_c$,而:

$$d\Delta t = d(t_h - t_c) = dt_h - dt_c \qquad (7 - 20)$$

换热面积由左端的 0 到右端的 A。冷流体温度随面积 A 的增量,顺流时 dt_c 为正,dt_h 都为负。由式(7 - 19b)、式(7 - 19c)和式(7 - 20)得

$$d\Delta t = -\left(\frac{1}{\dot{m}_h c_{ph}} + \frac{1}{\dot{m}_c c_{pc}}\right) d\Phi \qquad (7 - 21)$$

将式(7 - 19a)代入到式(7 - 21)中,得

$$d\Delta t = -\left(\frac{1}{\dot{m}_h c_{ph}} + \frac{1}{\dot{m}_c c_{pc}}\right) k \Delta t dA \qquad (7 - 22)$$

分离变量得

$$\frac{d\Delta t}{\Delta t} = -\left(\frac{1}{\dot{m}_h c_{ph}} + \frac{1}{\dot{m}_c c_{pc}}\right) k dA \qquad (7 - 23)$$

积分得

$$\int_{\Delta t_1}^{\Delta t_x} \frac{d\Delta t}{\Delta t} = -\left(\frac{1}{\dot{m}_h c_{ph}} + \frac{1}{\dot{m}_c c_{pc}}\right) k \int_0^{A_x} dA \qquad (7 - 24)$$

式中 Δt_1、Δt_x——$A = 0$ 和 $A = A_x$ 处的温差。

积分结果为

$$\ln \frac{\Delta t_x}{\Delta t_1} = -\left(\frac{1}{\dot{m}_h c_{ph}} + \frac{1}{\dot{m}_c c_{pc}}\right) k A_x \qquad (7 - 25a)$$

即

$$\Delta t_x = \Delta t_1 e^{-\left(\frac{1}{\dot{m}_h c_{ph}} + \frac{1}{\dot{m}_c c_{pc}}\right) k A_x} \qquad (7 - 25b)$$

由此可见,温差沿换热面作曲线变化。整个换热面的平均温差可由(7 - 25b)导出:

$$\Phi = kA\Delta t_m = \int_0^A k\Delta t_x dA$$

$$\Delta t_{m} = \frac{1}{A}\int_{0}^{A}\Delta t_{x}\mathrm{d}A = \frac{\Delta t_{1}}{A}\int_{0}^{A}\mathrm{e}^{-\left(\frac{1}{\dot{m}_{h}c_{ph}}+\frac{1}{\dot{m}_{c}c_{pc}}\right)kA_{x}}\mathrm{d}A \qquad (7-26\mathrm{a})$$

即

$$\Delta t_{m} = -\frac{\Delta t_{1}}{\left(\dfrac{1}{\dot{m}_{h}c_{ph}}+\dfrac{1}{\dot{m}_{c}c_{pc}}\right)kA}\left[\mathrm{e}^{-\left(\frac{1}{\dot{m}_{h}c_{ph}}+\frac{1}{\dot{m}_{c}c_{pc}}\right)kA}-1\right] \qquad (7-26\mathrm{b})$$

当 $A_x = A$ 时, $\Delta t_x = \Delta t_2$。按式(7-25a)得

$$\ln\frac{\Delta t_{2}}{\Delta t_{1}} = -\left(\frac{1}{\dot{m}_{h}c_{ph}}+\frac{1}{\dot{m}_{c}c_{pc}}\right)kA \qquad (7-27\mathrm{a})$$

$$\frac{\Delta t_{2}}{\Delta t_{1}} = \mathrm{e}^{-\left(\frac{1}{\dot{m}_{h}c_{ph}}+\frac{1}{\dot{m}_{c}c_{pc}}\right)kA} \qquad (7-27\mathrm{b})$$

将式(7-27a)、式(7-27b)代入式(7-26b)中,得

$$\Delta t_{m} = \frac{\Delta t_{1}}{\ln\dfrac{\Delta t_{2}}{\Delta t_{1}}}\left(\frac{\Delta t_{2}}{\Delta t_{1}}-1\right) = \frac{\Delta t_{2}-\Delta t_{1}}{\ln\dfrac{\Delta t_{2}}{\Delta t_{1}}} \qquad (7-28)$$

由于计算式(7-28)中出现了对数,故 Δt_{m} 常称为对数平均温差。式(7-28)与热容量无关,故对顺流或逆流均适用,只是 Δt_{1}、Δt_{2} 内容不同。对于顺流,$\Delta t_{1} = t_{h1} - t_{c1}$,$\Delta t_{2} = t_{h2} - t_{c2}$;对于逆流,$\Delta t_{1} = t_{h1} - t_{c2}$,$\Delta t_{2} = t_{h2} - t_{c1}$。不论顺流还是逆流,对数平均温差可统一用下式表示:

$$\Delta t_{m} = \frac{\text{同侧温差之差}}{\text{同侧温差之比的对数}} \qquad (7-29)$$

当已知 Φ、k 并求出 Δt_{m} 后,即可由式(7-17)确定换热面积 A。

在计算逆流换热器的对数平均温差 Δt_{m} 时,可能遇到进、出口温差相同的情形。此时可取 $\Delta t_{1} = \Delta t_{2} = \Delta t$,而传热方程式成为 $\Phi = kA\Delta t$,对于两端温差比较接近的情形,例如较大温差和较小温差之比 $\Delta t_{max}/\Delta t_{min} < 1.5$ 时,对数平均温差可代以算术平均温差 $(\Delta t_{max} + \Delta t_{min})/2$,而误差不超过 1%。

还需指出,在没有具体数据时,表7-1可用作计算时的参考,但仍以具体计算为宜。在推导对数平均温差时,k 作为定值。当温度变化不太大时,这种做法是允许的。但当温度变化较大时,采用换热器两端中间截面上的温度来计算 k 值,已具有足够的准确性。至于温度强烈影响黏性的流体,则可在换热器中分段计算 Δt_{m} 和 k 值。

表7-1 换热器中传热系数 k 的大致范围

传热情况	k,W/(m² · K)	传热情况	k,W/(m² · K)
从水到压缩空气	55~170	从水到冷凝酒精	255~680
从水到汽油	340~510	从水蒸气到气体	28~285
从水到水	850~1560	从水蒸气到水	2270~3400
从水到冷凝油蒸气	225~570	从水蒸气到轻柴油	170~340
从水到润滑油	115~340	从水蒸气到重柴油	55~170
从水到冷凝或沸腾的氟利昂-12	285~850	从水蒸气到汽油	285~1140
从水到冷凝氨	850~1420		

[例题 7-5]　某壳管式换热器利用水的余热预热空气。热水以 50kg/h 的流量流进管内,进口温度为 80℃,出口温度为 45℃;空气在管外从相反的方向流过,空气流量 730kg/h,进口温度为 25℃。热流体和冷流体的比热为 $c_{ph} = 4.18$kJ/(kg · K), $c_{pc} = 1.005$kJ/(kg · K),传热系数为 44W/(m² · K),求所需的换热面积。

解:水在换热器中将热量传递给空气,放出的热量为

$$\Phi = \dot{m}_h c_{ph} \Delta t = \frac{50}{3600} \times 4180 \times (80 - 45) = 2032(\text{W})$$

根据热平衡方程,有

$$t_{c2} = t_{c1} + \frac{\Phi}{\dot{m}_c c_{pc}} = 25 + \frac{2032}{\frac{730}{3600} \times 1005} = 35(℃)$$

则对数平均温差为

$$\Delta t_m = \frac{\Delta t_1 - \Delta t_2}{\ln \frac{\Delta t_1}{\Delta t_2}} = \frac{(80 - 35) - (45 - 25)}{\ln \frac{80 - 35}{45 - 25}} = 30.84(℃)$$

根据传热方程,有

$$A = \frac{\Phi}{k \Delta t_m} = \frac{2032}{44 \times 30.84} = 1.50(\text{m}^2)$$

一般来说,逆流换热器比顺流换热器的换热效果好。若传热面积相同,则逆流时热流体的温度可降得较低一些,或冷流体的温度可升得较高一些。逆流换热器的缺点在于,热流体的进口温度和冷流体的出口温度在同一端,致使该处壁面温度较高,而另一端较低,换热器材料所承受的温度分布不均匀性增大,会产生较大的热应力,特别在大温差传热时更应注意到这一点。

当需要传递大量热量时,采用单流程换热器有时会受到空间的限制,所以换热器较多地采用多流程的壳管式换热器,以及每一种流体混合或非混合的交叉流换热器。这些换热器都在不同程度上包含有顺流和逆流的成分,因此其对数平均温差的计算比较复杂。在对它们进行热计算时,通常先按逆流计算对数平均温差 Δt_m,然后再乘以校正系数 F,所以多流程壳管式换热器和交叉流式换热器的传热方程式表示为

$$\Phi = kAF (\Delta t_m)_{逆} \tag{7-30}$$

校正系数 F 是辅助量 R 和 P 的函数,即 $F = f(R, P)$,其中

$$P = \frac{t_{c2} - t_{c1}}{t_{h1} - t_{c1}}, R = \frac{t_{h1} - t_{h2}}{t_{c2} - t_{c1}} \tag{7-31}$$

$F = f(R, P)$ 的具体函数表达式随换热器型式而异。由于公式较为复杂,鲍曼(Bowman)等人将几种常用换热器的校正系数 $F = f(R, P)$ 作成图线,如图 7-18 至图 7-21 所示。在图的下半部,尤其是当 R 参数比较大时,曲线几乎呈垂直状态,给 F 的准确查取造成困难,只要用 PR、$1/R$ 分别代替 P、R,这些图线仍然可用。

[例题 7-6]　1-2 型壳管式换热器中,管外热水被管内冷却水所冷却,换热面积 $A = 5$m²,传热系数 $k = 1400$W/(m² · ℃)。冷却水和热水的流量分别为 10000kg/h 和 5000kg/h,它们的进口温度各为 20℃ 和 100℃。试计算冷却水和热水的出口温度和传热量。

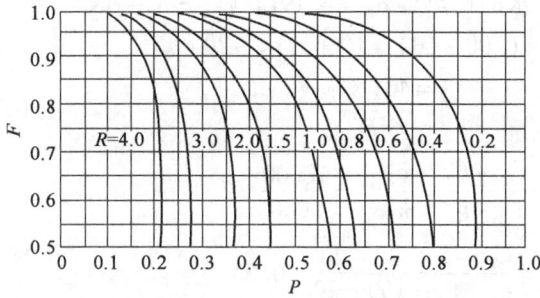

图 7-18 1-2、1-4、1-6、1-8 等型多流程壳管式换热器的校正系数

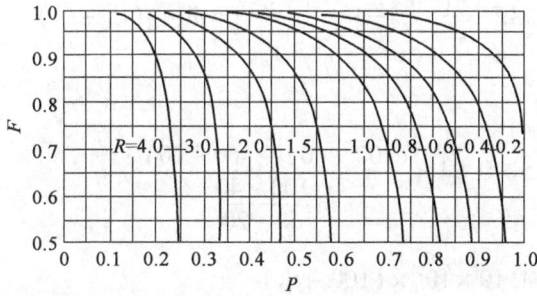

图 7-19 2-4、2-8 等型多流程壳管式换热器的校正系数

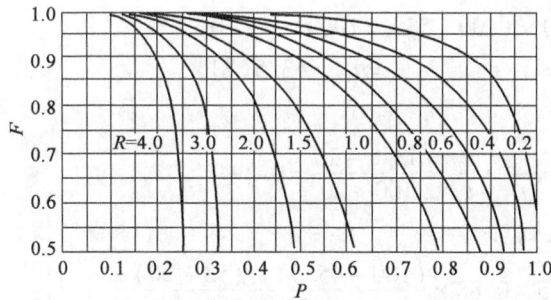

图 7-20 两种流体各自不混合的单流程交叉流式换热器的校正系数

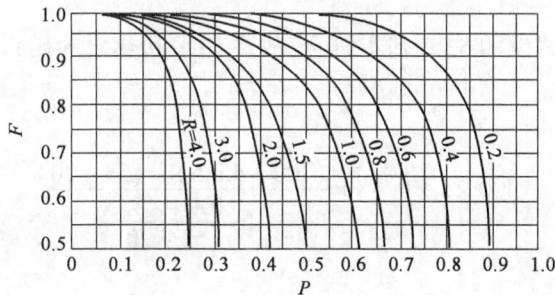

图 7-21 一种流体混合、一种流体不混合的单流程交叉流式换热器的校正系数

解:换热器型式采用图 7-18。为查取校正系数 F，辅助量 R 和 P 必须为已知，故采用假设热水出口温度 t_{h2}，然后计算冷却水出口温度 t_{c2} 的办法。初估 $t_{h2}=60℃$，利用式(7-18)得

$\dot{m}_h c_{ph}(t_{h1}-t_{h2})=\dot{m}_c c_{pc}(t_{c2}-t_{c1})$，因水的比热容 $c_{ph}=4.19\text{kJ}/(\text{kg}\cdot\text{℃})$，故得

$$5000\times(100-60)=10000(t_{c2}-20)$$

$$t_{c2}=40(\text{℃})$$

则辅助量为

$$R=\frac{t_{h1}-t_{h2}}{t_{c2}-t_{c1}}=\frac{\dot{m}_c c_{pc}}{\dot{m}_h c_{ph}}=\frac{10000}{5000}=2$$

$$P=\frac{t_{c2}-t_{c1}}{t_{h1}-t_{c1}}=\frac{40-20}{100-20}=0.25$$

查图 7-18，得校正系数 $F=0.94$。利用下式核算所假设的 $t_{h2}=60\text{℃}$ 是否正确

$$\Phi=kAF(\Delta t_m)_{逆}=kAF\frac{(t_{h1}-t_{c2})-(t_{h2}-t_{c1})}{\ln\dfrac{t_{h1}-t_{c2}}{t_{h2}-t_{c1}}}=\dot{m}_h c_{ph}(t_{h1}-t_{h2})$$

把已知数值代入上式后面部分，即

$$1400\times5\times0.94\times\frac{(100-40)-(60-20)}{\ln\dfrac{100-40}{60-20}}$$

$$=\frac{5000}{3600}\times4.19\times10^3\times(100-t_{h2})$$

得 $t_{h2}=44.2\text{℃}$，与初估 $t_{h2}=60\text{℃}$ 相差太大，需重新假设。第二次假设估 $t_{h2}=53\text{℃}$，重复上述步骤的计算：

$$5000\times(100-53)=1000(t_{c2}-20)$$

$$\Rightarrow t_{c2}=43.5(\text{℃})$$

因 $R=2$，而

$$P=\frac{t_{c2}-t_{c1}}{t_{h1}-t_{c1}}=\frac{43.5-20}{100-20}=0.294$$

查图 7-17，得校正系数 $F=0.88$，则

$$1400\times5\times0.88\times\frac{(100-45.5)-(53-20)}{\ln\dfrac{100-45.5}{53-20}}$$

$$=\frac{5000}{3600}\times4.19\times10^3\times(100-t_{h2})$$

解得 $t_{h2}=53.7\text{℃}$，该值与第二次假设的 53℃ 基本符合，故冷却水和热水的出口温度为 $t_{c2}=43.5\text{℃}$，$t_{h2}=53\text{℃}$。

传热量为

$$\Phi=kAF(\Delta t_m)_{逆}=1400\times5\times0.88\times\frac{(100-45.5)-(53-20)}{\ln\dfrac{100-45.5}{53-20}}$$

$$=2.69\times10^5(\text{W})$$

[例题 7-7]　在原油储存和输运过程中，利用太阳能加热替代传统加热方式有助于缓解原油加热过程中的能耗问题和环境污染问题。在光伏光热原油加热系统中，换热器采用 2-4 型管壳式的间接换热设计，流动方式为逆流。在运行过程中，原油流量 $20.83\text{m}^3/\text{h}$，原油温度经换热器由 $t_{c1}=20\text{℃}$ 变为 $t_{c2}=50\text{℃}$，换热器入口水温 $t_{h1}=70\text{℃}$，出口水温 $t_{h2}=60\text{℃}$。已知原

油密度 $831 kg/m^3$，比热容 $c_{p2}=2.0 kJ/(kg \cdot K)$，水的比热容 $c_{p1}=4.19 kJ/(kg \cdot K)$。换热器的换热系数为 $350 W/(m^2 \cdot K)$。求所需的传热面积。

解： 原油的流量 $q=20.83 \times 831/3600=4.81(kg/s)$

换热器中，原油的吸热量为

$$\Phi = q c_{p1}(t_{c2}-t_{c1})=4.81 \times 2.0 \times (50-20)=288.6(kW)$$

对于逆流的对数平均温差为

$$(\Delta t_m)_{cf}=\frac{\Delta t_{max}-\Delta t_{min}}{\ln \dfrac{\Delta t_{max}}{\Delta t_{min}}}=\frac{(70-20)-(60-50)}{\ln \dfrac{70-20}{60-50}}=24.85(\text{℃})$$

无量纲参数 P 和 R 分别为

$$P=\frac{t_{c2}-t_{c1}}{t_{h1}-t_{c1}}=\frac{50-20}{70-20}=0.6$$

$$P=\frac{t_{h1}-t_{h2}}{t_{c2}-t_{c1}}=\frac{70-60}{50-20}=0.33$$

查图 7-19 可知修正系数约为 0.98。于是换热器的平均传热温差为

$$\Delta t_m=0.98 \times 24.85=24.35(\text{℃})$$

换热器的换热面积为

$$A=\frac{\Phi}{k \Delta t_m}=\frac{288.6 \times 1000}{350 \times 24.35}=33.86(m^2)$$

对于设计问题，一般是已知冷、热流体的进、出口温度值，以及 $\dot{m}_h c_{ph}$、$\dot{m}_c c_{pc}$、k，求传热量及传热面积 A。而对于校核问题，则除已知 $\dot{m}_h c_{ph}$、$\dot{m}_c c_{pc}$ 及 k 外，尚已知 A、t_{h1}、t_{c1}，求传热量 Φ 和两种流体的出口温度。

对于校核问题，由上例可见，用对数平均温差法较难求解，因为此时热、冷流体的出口温度均未知，故需采用试算法。若尚需考虑传热系数 k 随温度变化的关系，根据对流换热情况一步步地试算以确定其值，运算时将更为冗长和复杂。为简化计算，可采用下面介绍的一种较为便捷的方法。

2. 有效度—传热单元数法

对于校核问题，为避免试算，可采用下述无需假设流体出口温度的热计算法，即换热器有效度—传热单元数法(heat exchanger effectiveness - number of heat transfer units)，简称 ε - NTU 法。但是，这种方法也必须是二流体的热容量 $\dot{m} c_p$ 和传热系数 k 在整个换热面上基本不变的情况下才适用。

采用本法，需先定义几个参数。

第一个参数为热容比 C，它是二流体的热容量 $\dot{m} c_p$ 之比，定义为

$$C=\frac{(\dot{m} c_p)_{min}}{(\dot{m} c_p)_{max}} \tag{7-32}$$

第二个参数为换热器有效度 ε(以下简称有效度)，定义为换热器的实际传热量与最大可能的传热量之比。不论在哪种换热器中，热流体至多被冷却到冷流体的进口温度，而冷流体的出口温度不可能超过热流体的进口温度，换热器中某种流体通过换热后可能经历的最大温差就是热流体进口温度与冷流体进口温度的差值，即 $t_{h1}-t_{c1}$，如果某一流体达到了这一最大可能温差的变化，也就意味着换热器传递了最大可能的热量。所以换热器最大可能的传热量视

$\dot{m}_h c_{ph}$ 及 $\dot{m}_c c_{pc}$ 的大小总可表示为 $\dot{m}_c c_{pc}(t_{h1} - t_{c1})$ 或 $\dot{m}_h c_{ph}(t_{h1} - t_{c1})$。根据热平衡原理可知,最大可能的传热量总是发生于 $\dot{m}c_p$ 最小的流体 $(\dot{m}c_p)_{\min}$。由定义可知,ε 永远小于 1。习惯上,为了便于计算,实际传热量 Φ 也就可根据 $(\dot{m}c_p)_{\min}$ 的流体来计算,即当 $\dot{m}_h c_{ph} > \dot{m}_c c_{pc}$ 时:

$$\varepsilon = \frac{\dot{m}_c c_{pc}(t_{c2} - t_{c1})}{\dot{m}_c c_{pc}(t_{h1} - t_{c1})} = \frac{t_{c2} - t_{c1}}{t_{h1} - t_{c1}} \qquad (7-33\text{a})$$

而当 $\dot{m}_h c_{ph} < \dot{m}_c c_{pc}$ 时:

$$\varepsilon = \frac{\dot{m}_h c_{ph}(t_{h1} - t_{h2})}{\dot{m}_h c_{ph}(t_{h1} - t_{c1})} = \frac{t_{h1} - t_{h2}}{t_{h1} - t_{c1}} \qquad (7-33\text{b})$$

第三个参数为传热单元数 NTU,它与热容比 C 和有效度 ε 共同确定换热器的性能,定义为

$$\text{NTU} = \frac{kA}{(\dot{m}c_p)_{\min}} \qquad (7-34)$$

传热单元数 NTU 为一无量纲量,其值大则换热器的有效度 ε 高。但当 NTU 的值超过 5 时,再提高其值对提高有效度的作用已不大。又因 NTU 中包含 k 和 A,而它们分别代表换热器的运行费用和初投资,故 NTU 是一个反映换热器综合技术经济性能的指标。

ε-NTU 法的优点在于建立了一个 ε、C 和 NTU 的关系式。根据已知的 $\dot{m}c_p$、k 和 A,定出 C 和 NTU,代入关系式解出 ε 后,就可利用 ε 解出未知的流体温度,而这些温度在采用对数平均温差法计算时是需要假设和试算的。

从传热的效果考虑,逆流优于顺流,下面就以逆流壳管式换热器作为分析对象,推导热容比 C、有效度 ε、传热单元数 NTU 三个参数之间的关系式。设两种流体的热容量为 $\dot{m}_h c_{ph} > \dot{m}_c c_{pc}$,温度分布如图 7-17(b) 所示,故 NTU、C 和 ε 可表示为

$$\text{NTU} = \frac{kA}{\dot{m}_c c_{pc}}$$

$$C = \frac{\dot{m}_c c_{pc}}{\dot{m}_h c_{ph}}$$

$$\varepsilon = \frac{t_{c2} - t_{c1}}{t_{h1} - t_{c1}}$$

逆流换热器中,当换热面积 A 增加某一增量时,两种流体温度的改变量 $\mathrm{d}t_h$ 和 $\mathrm{d}t_c$ 均为负值,故由式(7-19b)和式(7-19c)得

$$\mathrm{d}\Phi = -\dot{m}_c c_{pc}\mathrm{d}t_c = -\dot{m}_h c_{ph}\mathrm{d}t_h$$

取上式后面部分,并在等号两边各加 $\dot{m}_c c_{pc}\mathrm{d}t_h$ 后,可得

$$\dot{m}_c c_{pc}(\mathrm{d}t_c - \mathrm{d}t_h) = \mathrm{d}t_h(\dot{m}_h c_{ph} - \dot{m}_c c_{pc})$$

联立上两式,有

$$\dot{m}_c c_{pc}(\mathrm{d}t_h - \mathrm{d}t_c) = \frac{\mathrm{d}\Phi}{\dot{m}_h c_{ph}}(\dot{m}_h c_{ph} - \dot{m}_c c_{pc}) = \mathrm{d}\Phi(1 - C)$$

因此

$$\mathrm{d}\Delta t = \mathrm{d}(t_h - t_c) = \mathrm{d}t_h - \mathrm{d}t_c$$
$$= \frac{\mathrm{d}\Phi}{\dot{m}_c c_{pc}}(1 - C)$$

又因通过微元面积 $\mathrm{d}A$ 的热量 $\mathrm{d}\Phi = k\Delta t\mathrm{d}A$,故上式可整理成

$$\frac{\mathrm{d}\Delta t}{\Delta t} = \frac{k\mathrm{d}A}{\dot{m}_c c_{pc}}(1 - C)$$

在换热器进、出口两端之间对上式积分,即

$$\int_{\Delta t_1}^{\Delta t_2} \frac{\mathrm{d}\Delta t}{\Delta t} = \int_0^A \frac{k\mathrm{d}A}{\dot{m}_c c_{pc}}(1 - C)$$

得

$$\ln \frac{\Delta t_1}{\Delta t_2} = \ln \frac{t_{h1} - t_{c2}}{t_{h2} - t_{c1}} = -\frac{kA}{\dot{m}_c c_{pc}}(1 - C)$$

$$= -\mathrm{NTU}(1 - C)$$

或:

$$\frac{t_{h1} - t_{c2}}{t_{h2} - t_{c1}} = \mathrm{e}^{-\mathrm{NTU}(1 - C)} \qquad\qquad (a)$$

上式左边可改写为:

$$\frac{t_{h1} - t_{c2}}{t_{h2} - t_{c1}} = \frac{(t_{h1} - t_{c1}) - (t_{c2} - t_{c1})}{(t_{h1} - t_{c1}) - (t_{h1} - t_{h2})}$$

因:

$$\varPhi = \dot{m}_h c_{ph}(t_{h1} - t_{h2}) = \dot{m}_c c_{pc}(t_{c2} - t_{c1})$$

故:

$$t_{h1} - t_{h2} = \frac{\dot{m}_c c_{pc}}{\dot{m}_h c_{ph}}(t_{c2} - t_{c1}) = C(t_{c2} - t_{c1})$$

把它代入前式后可得:

$$\frac{t_{h1} - t_{c2}}{t_{h2} - t_{c1}} = \frac{(t_{h1} - t_{c1}) - (t_{c2} - t_{c1})}{(t_{h1} - t_{c1}) - (t_{h1} - t_{h2})} = \frac{1 - \dfrac{t_{c2} - t_{c1}}{t_{h1} - t_{c1}}}{1 - \dfrac{t_{h1} - t_{h2}}{t_{h1} - t_{c1}}} = \frac{1 - \varepsilon}{1 - C\varepsilon} \qquad (b)$$

式(a)、(b)右边相等,从而得逆流壳管式换热器中的有效度 ε、热容比 C 和传热单元数 NTU 之间的关系式:

$$\varepsilon = \frac{1 - \mathrm{e}^{-\mathrm{NTU}(1 - C)}}{1 - C\mathrm{e}^{-\mathrm{NTU}(1 - C)}} \qquad\qquad (7-35)$$

如果两种流体的热容量为 $\dot{m}_h c_{ph} < \dot{m}_c c_{pc}$,虽然 ε、C 和 NTU 的值不同,但仍能得出如同式(7-35)一样的表达式。

对于顺流壳管式换热器,采用同法可得到下面的关系式:

$$\varepsilon = \frac{1 - \mathrm{e}^{-\mathrm{NTU}(1 + C)}}{1 + C} \qquad\qquad (7-36)$$

对于其他型式的换热器,也可导出 $\varepsilon = f(C, \mathrm{NTU})$ 类似的关系式。为便于应用,各种型式换热器的这类函数关系式已绘成图线,图 7-22 至图 7-27 是几种典型换热器的 ε-NTU 图。

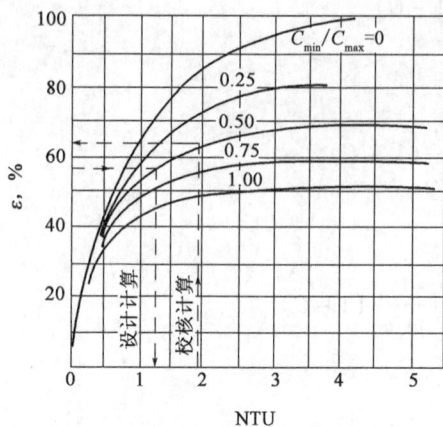

图 7 - 22　顺流换热器的 ε - NTU 关系图

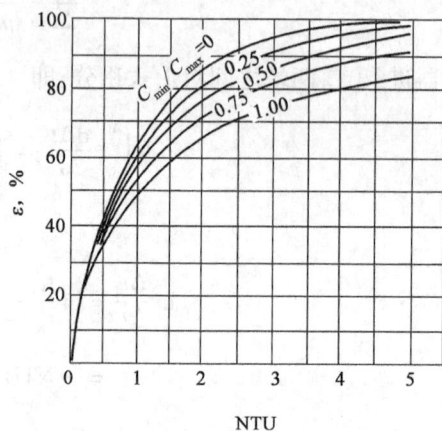

图 7 - 23　逆流换热器的 ε - NTU 关系图

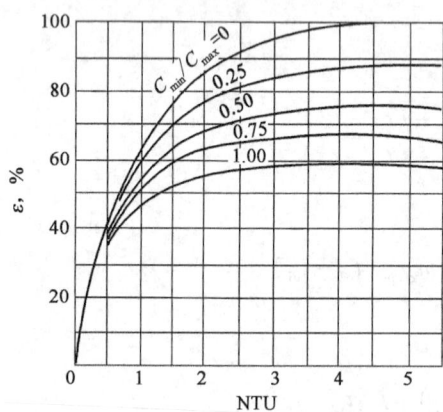

图 7 - 24　1 - 2、1 - 4、1 - 6 型壳管式换热器的
ε - NTU 关系图

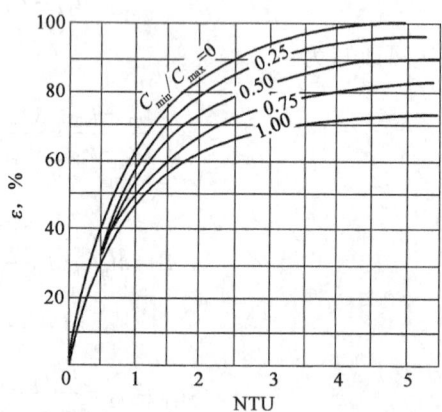

图 7 - 25　2 - 4、2 - 8、2 - 12 型壳管式换热器的
ε - NTU 关系图

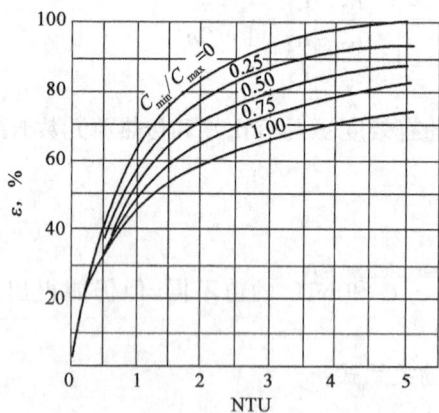

图 7 - 26　交叉流式换热器(一种流体混合)
的 ε - NTU 关系图

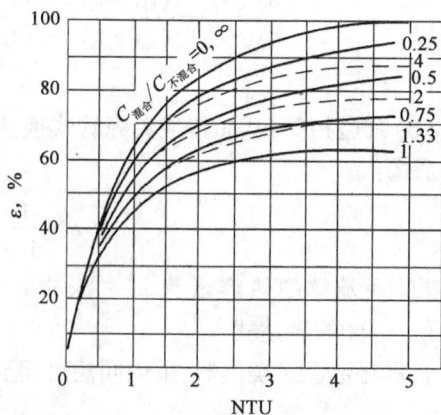

图 7 - 27　交叉流式换热器(两种流体非混合)
的 ε - NTU 关系图

[**例题 7 – 8**]   逆流式油冷器中,油的进口温度 $t_{h1} = 130℃$,流量 $\dot{m}_h = 0.5\text{kg/s}$,比热容 $c_{ph} = 2220\text{J/(kg·K)}$。冷却水的进口温度 $t_{c1} = 15℃$,流量 $\dot{m}_c = 0.3\text{kg/s}$,比热容 $c_{pc} = 4182\text{J/(kg·K)}$。换热面积 $A = 2.4\text{m}^2$,传热系数 $k = 330\text{W/(m}^2\text{·K)}$,求油冷器的有效度 ε 和二流体的出口温度 t_{h2} 和 t_{c2}。

解: 因油和水的热容量各为

$$\dot{m}_h c_{ph} = 0.5 \times 2220 = 1110 [\text{J/(s·K)}]$$
$$\dot{m}_c c_{pc} = 0.3 \times 4182 = 1255 [\text{J/(s·K)}]$$

故热容比为

$$C = \frac{\dot{m}_h c_{ph}}{\dot{m}_c c_{pc}} = \frac{1110}{1255} = 0.884$$

传热单元数为

$$\text{NTU} = \frac{kA}{\dot{m}_h c_{ph}} = \frac{330 \times 2.4}{1110} = 0.714$$

因而有效度 ε 为

$$\varepsilon = \frac{t_{h1} - t_{h2}}{t_{h1} - t_{c1}} = \frac{130 - t_{h2}}{130 - 15} = \frac{1 - e^{-\text{NTU}(1-C)}}{1 - Ce^{-\text{NTU}(1-C)}}$$
$$= \frac{1 - e^{-0.714 \times (1 - 0.884)}}{1 - 0.884 \times e^{-0.714 \times (1 - 0.884)}}$$
$$= 0.427$$

解得油的出口温度:

$$t_{h2} = 80.9(℃)$$

又由

$$\Phi = \dot{m}_h c_{ph}(t_{h1} - t_{h2}) = \dot{m}_c c_{pc}(t_{c2} - t_{c1})$$

把各已知值代入后,得

$$1110 \times (130 - 80.9) = 1255 \times (t_{c2} - 15)$$

解得冷却水的出口温度为

$$t_{c2} = 58.4(℃)$$

若采用顺流式油冷器,C 和 NTU 不变,而有效度 ε 利用式(7 – 36)为

$$\varepsilon = \frac{130 - t_{h2}}{130 - 15} = \frac{1 - e^{-\text{NTU}(1+C)}}{1 + C} = \frac{1 - e^{-0.714 \times (1 + 0.884)}}{1 + 0.884}$$
$$= 0.393$$

可见在相同的 C 及 NTU 值下,采用逆流式时的有效度要比采用顺流式时要高。解得

$$t_{h2} = 84.8(℃)$$

利用计算逆流式时的相同方法可求出冷却水的出口温度:

$$1110 \times (130 - 84.8) = 1255 \times (t_{c2} - 15)$$

解上式得冷却水的出口温度为

$$t_{c2} = 54.98(℃)$$

本题也可用查图法求解。但是,由图 7 – 22 至图 7 – 27 查出的两种情况下的有效度 ε 的准确度较低。

以下我们再讨论几种特殊情况。

在顺流或逆流的换热器中,当流体之一发生相变时,相变流体的温度保持不变,即相当于该流体的热容量 $\dot{m}c_p$ 为无限大。此时,热容比 $C \to 0$。此外,当一种流体的热容量远大于另一种流体时,也可认为 $C \to 0$。此时,式(7 – 31)、式(7 – 32)将变为下述相同的形式:

$$\varepsilon = 1 - e^{-\text{NTU}} \qquad (7 - 37)$$

式(7 – 37)再次表明,某种流体发生相变时,逆流和顺流的有效度 ε 在 NTU 相等的条件下是相等的。

此外,如果二流体的热容量几乎相等,则 $C \to 1$。此时,在整个换热器中两种流体的温差 Δt 将始终保持定值,而顺流换热器的有效度公式(7 – 35)成为

$$\varepsilon = \frac{1 - e^{-2\text{NTU}}}{2} \qquad (7 - 38)$$

至于逆流情形,式(7 – 35)成为 $\varepsilon = \dfrac{0}{0}$,即有效度 ε 为不定值。此时有效度的公式可推导如下。由于:

$$\varepsilon = \frac{t_{h1} - t_{h2}}{t_{h1} - t_{c1}} \qquad (a)$$

因两种流体的温差 Δt 恒定,根据能量平衡,具有关系式:

$$\varPhi = kA(t_{h1} - t_{c2}) = \dot{m}_h c_{ph}(t_{h1} - t_{h2})$$

上式可写为

$$t_{h1} - t_{h2} = \frac{kA}{\dot{m}_h c_{ph}}(t_{h1} - t_{c2}) = \text{NTU}(t_{h1} - t_{c2}) \qquad (b)$$

由式(a)和(b),得

$$\varepsilon = \frac{t_{h1} - t_{h2}}{(t_{h1} - t_{h2}) - (t_{c1} - t_{h2})} = \frac{\text{NTU}(t_{h1} - t_{c2})}{\text{NTU}(t_{h1} - t_{c2}) - (t_{c1} - t_{h2})} \qquad (c)$$

但因二流体的热容量相等,故 $t_{h1} - t_{h2} = t_{c2} - t_{c1}$,移项后则为 $t_{c1} - t_{h2} = -(t_{h1} - t_{c2})$。把它代入式(c),可得 $C \to 1$ 时逆流换热器的有效度:

$$\varepsilon = \frac{\text{NTU}}{\text{NTU} + 1} \qquad (7 - 39)$$

最后,我们对传热单元数 NTU 作一些说明。由图 7 – 22 至图 7 – 27 可知,在起始处,当 NTU 增大时,有效度 ε 增加很快,但当 NTU 的值接近于 5 时,曲线渐趋于水平。这表明再提高 NTU 的意义不大。另一方面,由图也可看出,热容比一定,NTU 增大,ε 也增大,并趋于一极限值。但对于顺流,ε 的极值并不趋于 1,而小于 1。这是因为,顺流时即使传热面积变为无限大,热容量较小流体的温度改变仍不会达到换热器中的最大温差值,最多两种流体的出口温度相同。所以在一定的 NTU 下,除热容比趋于零的情况外,逆流时的 ε 值总是大于顺流时的值。对于其他流动方式的换热器,其 ε 值介于顺流和逆流之间。

由上述讨论也可看出,利用 ε – NTU 法同样可求解设计问题。即利用两流体热平衡的关系求出未知的温度后,必定可求出有效度 ε。当热容比已知时,不论用计算法或查图法总可求出传热单元数 NTU,由此便决定了传热面积 A。但对于设计问题一般大都采用对数平均温差法,因为通过校正系数 F 的计算,可以了解所选型式的换热器接近逆流的程度。工程上一般认为,除非特殊情况,F 值应大于 0.9,至少也得在 0.8 左右,否则要重新选型。这正是采用对数平均温差法解决设计问题的独特优点。

[例题 7 – 9] 试以传热单元数法计算例题 7 – 6 中二流体的出口温度 t_{h2} 和 t_{c2}。

解:因冷、热二流体的热容量为

$$\dot{m}_c c_{pc} = \frac{10000}{3600} \times 4.19 \times 10^3$$

$$\dot{m}_h c_{ph} = \frac{5000}{3600} \times 4.19 \times 10^3$$

热容比为

$$C = \frac{(\dot{m}c_p)_{min}}{(\dot{m}c_p)_{max}} = 0.5$$

传热单元数则为

$$NTU = \frac{kA}{(\dot{m}c_p)_{min}} = \frac{1400 \times 5}{\dfrac{5000}{3600} \times 4.19 \times 10^3} = 1.2$$

由图(7 – 24)查得 $\varepsilon = 0.575$,即

$$\varepsilon = \frac{t_{h1} - t_{h2}}{t_{h1} - t_{c1}} = \frac{100 - t_{h2}}{100 - 20} = 0.575$$

由上式得 $t_{h2} = 54℃$,又因:

$$C = \frac{t_{c2} - t_{c1}}{t_{h1} - t_{h2}} = \frac{t_{c2} - 20}{100 - 54} = 0.5$$

解得 $t_{c2} = 43℃$。

第四节   传热的强化和削弱

视频7 – 4

工程上遇到的大量传热问题,除需要掌握它们的计算方法外,很多场合还要求对传热过程进行增强或削弱。所谓增强传热,指分析影响传热的各种因素,采取某些技术措施以提高换热设备单位面积的传热量。这不仅可使设备紧凑、重量轻、节省金属材料,而且是节约能源的有效措施。而削弱传热,是采取隔热保温措施,以达到节能、安全防护及满足工艺要求等目的。在此扼要介绍增强和削弱传热的途径及方法。

一、增强或削弱传热的基本途径

由传热方程 $\varPhi = kA\Delta t$ 看出,提高传热系数 k、扩展传热面积 A、加大传热温差 Δt 都可以使传热量 $\varPhi$ 增加。因此,增强传热的基本途径就是围绕如何增加这三个量而提出来的,而削弱传热的途径正好与之相逆,故只以增强传热的途径说明之。

扩展传热面积 A 以增强传热,不应理解为单独地扩大设备体积、增加传热面积或增加设备台数,而应合理地提高设备单位体积的传热面积,如采用肋片管、波纹管、板翅式换热面等,即从研究如何改进传热向结构出发加大传热面积,以达到换热设备高效紧凑的目的。

加大传热温差 Δt,可改变热流体或冷流体温度实现,如冷凝器中冷却水用深井低温水替代自来水;空气冷却器中降低冷冻水的温度等都可以直接增加传热温差。此外在换热器中,两种流体之间沿换热面的平均温差还与流动方式有关,流动同向(顺流)时,其平均温差比起二者以流动反向(逆流)时的平均温差要小,所以换热器中一般尽可能采用逆流布置的流动方

式。再者,增加传热温差 Δt 有时要受到工艺或设备条件的限制,同时也会受到锅炉条件的限制等,并不是可以随便达到的,并且加大传热温差 Δt,会使整个热力系统的不可逆性增加,降低热力系统的可用能,所以采用这种方案增强传热时,须兼顾整个热力系统。

提高传热系数 k 是增强传热的积极措施。因为传热过程总热阻是各项热阻的叠加,要改变传热系数就必须分析传热过程中的每一项热阻,以一维无限大平壁的传热过程为例,其总热阻

$$r_k = \frac{1}{h_1} + \frac{\delta}{\lambda} + \frac{1}{h_2} \tag{7-40}$$

一般说来,换热器都是金属薄壁,其导热系数较大,而厚度较小,故当左右两壁面无污垢或烟灰层且两侧对流换热热阻又较大时,导热热阻允许忽略不计。此时式(7-40)可简化为

$$k = \frac{1}{\dfrac{1}{h_1} + \dfrac{1}{h_2}} \tag{7-41}$$

理论上,降低任一对流热阻均可使传热增强,但应用初等数学运算可以证明,传热系数 k 值必比两个对流换热系数中较小的一个还小。因此,当两个对流换热系数相差较大时,为增强传热,应设法提高小的那个换热系数,但当 h_1、h_2 相差不大时应同时予以提高。此外,必须指出尽管金属薄壁导热热阻可以忽略,但换热器实际运行一段时间后壁上附有污垢层,厚度虽然不大,其导热系数却很小,会产生很大的导热热阻。如 1mm 的水垢层和 1mm 烟渣层分别均相当于 400mm 钢板的热阻,这对增强传热十分不利。故传热面要经常清洗,除去污垢,以免传热系数的下降。工业换热器的设计中,应考虑污垢产生的热阻。一般情况下的污垢热阻值可参考或查用有关手册。

二、强化传热的方法

从根本上说,强化传热的关键应是针对传热过程中热阻较大者采取相应的强化措施,采取如加强扰动、加入添加剂、加肋等措施来增大 h_c 值,导热体选取 λ 较大的材料,复合换热时还应包括增大辐射换热系数 h_r,从而有效地达到强化传热的目的。

1. 改变流体流动情况

(1)增强流速以改变流体流动状态,提高紊流脉动程度,对增强传热能收到显著的效果。但须注意增加流速的同时将使流动阻力增加,因之应权衡两种因素,选择最佳的流速。

(2)加插入物。在管内放或管外套装如金属丝、金属螺旋圈环、盘状物件、翼形物等多种型式的插入物,以增强扰动破坏流动边界层而使传热增强;插入物若能紧密接触管壁则能起翅片作用而扩展传热面。与此同时必须注意插入物也会带来流动阻力的增加、使通道出现堵塞、结垢等运行上的问题。

(3)加旋转流动装置。流体旋转流动的离心力作用产生二次环流促使传热强化,如利用涡流发生器使流体在一高压力下的切线方向进入管内作剧烈旋转运动,或使传热面转动(回转式换热器)。

(4)依靠外来能量作用。如用机械或电的方法使传热表面或流体产生振动;对流体施加声波或超声波,使之交替地受到压迫和膨胀,以增加脉动而强化传热;外加静电场引起传热面附近电介质流体的混合作用,使对流换热加强。

2. 改变流体的物性

流体的物性对换热系数 h 有较大影响,需根据实际相应确定所用流体,一般导热系数与容

积比热较大的流体,其换热系数也较大。如空气与固壁面间的 h 值在 $1 \sim 60 \text{W}/(\text{m}^2 \cdot \text{K})$ 范围内,水与固壁面间的 h 值约在 $200 \sim 1200 \text{W}/(\text{m}^2 \cdot \text{K})$ 范围内,冷却设备中采用水冷比风冷的体积减少很多。此外,加入添加剂改变流体物体,也是强化传热的研究课题的一方面。添加剂可能是固体或液体,与换热流体组合成液—固,液—气及液—液混合流动系统。

3. 改变换热表面情况

换热表面的性质、形状、大小对 h 有很大影响,改变表面形状以增强传热的方法通常有(1)增加壁面粗糙度,以利于管内强迫流动换热、沸腾和凝结换热,需注意附带的流动压降增加;(2)改变换热面形状和大小,使流体流动中因表面形状的变化不断改变流动方向和速度,促使紊流度加强,边界层厚度减薄,从而强化传热。

三、削弱传热的方法

削弱传热的基本途径与强化传热逆向,减小传热系数 k、传热面积 A 和传热温差 Δt 均可使传热量减少。削弱传热通常通过降低流速、改变表面状况、使用导热系数小的材料、加遮热板等措施,均收效较好。实用中一般采用的措施主要有:

(1)热绝缘技术:①工程上采用一般的热绝缘技术,在传热表面上包裹热绝缘材料如石棉、珍珠岩等都有良好的隔热效果;②此外新型的热绝缘技术主要还有真空热绝缘、多层热绝缘(多层遮热用于深度低温装置中)、粉末热绝缘、泡沫热绝缘等。

(2)改变换热表面状况:①在吸热表面上涂上选择性涂料,改变换热表面的辐射特性,以增强对投入辐射的吸收,削弱本身对环境的辐射换热损失,如太阳能平板集热器表面的氧化铜、镍黑等涂层的具体应用;②附加抑流元件,削弱对流,同时使辐射多次吸收和反射,减少对外热损失。

总之,随着生产和科技发展而提出来的增强和削弱传热的方法很多。上述的一些方法有些还不够成熟,有些还待进一步深入探讨其增强或削弱传热的机理,有些还没有找到数量上的规律。此外这些方法在具体的实施中还有设备制造的难易、运行检修是否方便、与工艺要求有无矛盾、与环保有无冲突,以及动力消耗、经济核算等各方面的问题需要考虑。由于工程实际中换热设备多种多样,因此必须对具体的换热设备进行综合分析,抓住其妨碍提高传热的主要矛盾,提出改进措施。

思　考　题

1. 对于平壁传热,有无可能使传热系数 k 等于两则换热系数的平均值?

2. 试证:对于平壁传热,传热系数 k 始终小于两侧换热系数中小的一个。

3. 对于平壁传热过程,请示意地画出下列情况的温度分布曲线:(1)一侧对流换热系数为无限大;(2)导热热阻等于零;(3)平壁一侧除进行对流换热外,尚需考虑辐射换热。

4. 平壁的一侧流过热流体1,另一侧流过冷流体2,且流体2又与另一平壁相接触,试问这一传递过程共有几个热阻?

5. 为了强化平壁传热,可采取哪些措施?

6. 为了使传热系数 k 增大,根据式(7-5),在什么情况下应增大 h_1,什么情况应增大 h_2?

7. 某一仪表用管子连接,其外直径为 5mm,拟在外侧包一绝热材料,材料的导热系数为

$0.25W/(m \cdot ℃)$，其外侧与空气间的对流换热系数为 $5W/(m^2 \cdot ℃)$。要包多厚的绝热材料才能使其热损失与裸管相同？

8. 在讨论肋壁传热时采用了什么假设？假设肋基安装肋片和未安装肋片部分温度相同是否合理？在肋基上未装肋处温度高，还是装肋处温度高？假定肋基未装肋处和肋壁的对流换热系数相等。

9. 球壁是否也有一个临界热绝缘半径问题？如有，试推导其公式。

10. 采用对数平均温差法计算 Δt_m 有无限制条件？以逆流为例，若热、冷流体在进口和出口处温差同为 $50℃$，又将如何计算？

11. 试证明：当 $\Delta t_{max}/\Delta t_{min} < 1.5$ 时，用算术平均温差代替对数平均温差，其误差小于 1%。

12. 除一种流体发生相变外，是否还有别的情况能使逆流式和顺流式换热器的对数平均温差相等？

13. 在本书所讨论的范围内，热、冷流体的物性均设为不变。若热流体的比热容随温度的降低而降低，则所需传热面积将增大还是减小？为什么？

14. 试推导式(7-36)。

15. 试从能量平衡出发，导出利用热流体发生相变加热冷流体时的有效度公式。

16. 今欲测定一台逆流式换热器的传热系数 k。试设计一测试方案，具体说明需测定哪些物理量，需用到哪些公式。

17. 试用简明的语言说明强化传热和削弱传热的基本思想。

18. 学完本章后，请回答下列问题：

(1)什么叫传热过程？试列出大平壁、圆管壁传热系数的计算公式，并说明强化传热的途径。

(2)试列出对数平均温差法求解换热器设计问题和校核问题的具体解题步骤。

(3)试列出用 ε—NTU 法求解换热器设计问题及校核问题的具体解题步骤。

(4)试比较对数平均温差法和 ε—NTU 法解题的优缺点。

习 题

7-1 一钢管，壁厚 $\delta = 2mm$（可近似作为平壁处理），导热系数为 $20W/(m \cdot ℃)$，两侧与流体对流换热，换热系数分别为 $h_1 = 8000W/(m^2 \cdot ℃)$ 和 $h_2 = 50W/(m^2 \cdot ℃)$。两侧流体的平均温差为 $60℃$。为增强传热，采取如下措施：(1) h_1 增大 60%；(2) h_2 增大 20%；(3)以 $\lambda = 330W/(m \cdot ℃)$ 的等厚度铜管代替钢管。试分别计算传热量增加的百分比。

7-2 有一肋壁，被冷却的一侧装有肋片，肋化系数13，肋效率0.8。壁厚 $\delta = 10mm$，材料的导热系数 $\lambda = 40W/(m \cdot ℃)$，两侧流体的温度分别为 $t_{f1} = 70℃$、$t_{f2} = 10℃$。光表面和肋表面的对流换热系数分别为 $h_1 = 200W/(m^2 \cdot ℃)$ 和 $h_2 = 10W/(m^2 \cdot ℃)$。(1)求通过壁面的热流密度；(2)若壁面一侧未装肋，且该侧流体温度和对流换热系数仍为 $10℃$ 和 $10W/(m^2 \cdot ℃)$，热流密度减少百分之几？(3)若将相同的肋片装在高温侧，肋化系数和效率仍不变，情况又将如何？

7-3 温度为 $25℃$ 的室内，放置有外直径为 $0.05m$、表面温度为 $200℃$ 的管道。如以 $\lambda = 0.1W/(m^2 \cdot ℃)$ 的蛭石作管道外的保温层，而保温层外表面与空气间的换热系数 $h = 14W/(m^2 \cdot ℃)$，试问保温层需要多厚才能使其外表面温度不超过 $50℃$。

7－4 钢管的内直径为 100mm,壁厚 5mm,管内流体温度为 200℃,管外大气温度为 15℃。管内、外表面与相接触的流体间的换热系数分别为 50W/(m²·℃)和 7W/(m²·℃)。设管的导热系数为 50W/(m·℃),试求每米管长的热损失。若在管外包一层 $\lambda = 0.05$W/(m·℃)、厚 30mm 的保温材料,保温层外侧的换热系数仍为 7W/(m²·℃),热损失减少了百分之几?

7－5 外直径为 0.03m 的管子,需要覆盖一层热绝缘材料以减少散热,已知热绝缘层的外表面与周围空气间的换热系数 $h = 14$W/(m²·℃)。现有导热系数 $\lambda_1 = 0.058$W/(m·℃)的矿渣棉和 $\lambda_2 = 0.302$W/(m·℃)的水泥两种热绝缘材料,选哪一种材料合适?

7－6 某蒸气管的外直径为 100mm,外表面温度为 500℃,周围空气的温度为 20℃,表面传热系数为 12W/(m²·℃)。为使管道内的热损失不大于 $q_1 = 350$W/m,拟采用矿渣棉作为保温材料,其导热系数 $\lambda = 0.08$W/(m·℃),试求保温层必需的最小厚度。

7－7 在太空中飞行的宇宙飞船,表面贴有厚 0.15m、导热系数 $\lambda = 0.045$W/(m·℃)的热绝缘层,而外表面的黑度为 0.04。设飞船内空气温度为 20℃,空气和内壁间的表面传热系数为 6W/(m²·℃),试求飞船外表面的温度。

7－8 直径为 2mm、温度为 90℃的电线,被 20℃的空气流所冷却,电线表面和空气流间的换热系数 $h = 25$W/(m²·℃)。为增强散热,拟将电线包一层导热系数 $\lambda = 0.17$W/(m·℃)、厚 5mm 的橡胶,设包橡胶后其外表面与空气间的换热系数 $h = 12$W/(m²·℃)。(1)试问此法能否达到增强散热的目的? (2)如果电线内的电流仍保持不变,试计算电线表面的温度(此表面温度指裸线外侧、橡胶内侧的温度)。

7－9 野外工作时常用纸制容器煮水,纸的导热系数为 0.9W/(m·℃)。容器用 1100℃的火焰加热,使水在大气压力下沸腾。设火焰与纸面的换热系数为 90W/(m²·℃),水侧的换热系数取 2300W/(m²·℃)。纸厚 0.2mm,纸的耐热温度为 200℃。试证明纸质容器能耐火。

7－10 常压下 500K 的过热蒸汽以 300m/min 的速度通过内径为 0.15m、外径为 0.16m 的管子,管壁材料的导热系数为 45W/(m·℃)。管外覆盖有 40mm 厚的绝热材料,其导热系数为 0.07W/(m·℃)。管子水平放置在室内,室温为 20℃。试求绝热层的表面温度、传热系数和每米管长的热损失。

7－11 空气以平均流速 $v_1 = 35$m/s 的速度在平均温度 $t_{f1} = 800$℃和常压下流过一热风道。风道壁由三层组成:耐火黏土砖层[厚 $\delta_1 = 250$mm,导热系数 $\lambda_1 = 1.1$W/(m·℃)]、钢罩[厚度厚 $\delta_2 = 10$mm,导热系数 $\lambda_2 = 45$W/(m·℃)]、热绝缘层[厚 $\delta_3 = 200$mm,导热系数 $\lambda_3 = 0.15$W/(m·℃)]。风道内直径 $d_1 = 1000$mm,露天放置,受横向气流的吹拂,风速 $v_2 = 1$m/s,温度为 $t_{f2} = 0$℃。试求每米管长的热损失和钢罩外表面温度。求解时不考虑辐射热损失。

7－12 某极薄高性能换热管,厚度为 1.2mm,外径为 6cm,导热系数为 210W/(m·℃)。管内水蒸气凝结换热的表面传热系数为 5500W/(m²·℃),管外侧空气的表面传热系数为 100W/(m²·℃)。为增强换热,管外侧加装矩形肋片,肋化系数为 17,肋片效率为 0.88(肋壁总效率近似和肋片效率相等),换热管内外两侧无污垢,试分别计算以换热管内侧面积和加肋后的外侧面积为基准的传热系数(由于换热管极薄,近似认为管内表面面积和无肋时外表面面积相等);若水蒸气和空气的温差为 300℃,试计算无肋时的单位管长散热量和有肋时的单位管长散热量。

7－13 在壳管式换热器中,冷流体的进、出口温度分别为 60℃和 120℃,热流体的进、出口温度分别为 320℃和 160℃。试计算和比较顺流和逆流时的对数平均温差,并求换热器的有效度。

7－14　要将比热容和质量流量分别为 3500J/（kg・℃）和 2kg/s 的工艺流体从 80℃冷却到 50℃，所用冷却水的温度和质量流量分别 15℃和 2.5kg/s。假定总传热系数为 2000W/（m²・℃）。试计算下列换热器结构所需的换热面积:(1)顺流;(2)逆流;(3)1－2 型壳管式换热器;(4)交叉流式,单流程,两侧流体均不混合。比较你的分析结果。

7－15　120℃的饱和水蒸气在一换热器的内管外表面上凝结为饱和水,借此逆流地把管内流量为 2000kg/h 的水从 20℃加热到 90℃。传热系数为 1800W/（m²・℃）,水的汽化潜热 r =2202kJ/kg,水的比热取为 4.18kJ/（kg・℃）。试求所需换热面积及蒸汽的凝结量。

7－16　在一台逆流式水—水换热器中,t_{h1}=87.5℃,流量为每小时 9000kg,t_{c1}=32℃,流量为每小时 13500kg,总传热系数为 k=1740W/（m²・℃）,传热面积 A=3.75m²。试确定热水的出口温度。

7－17　温度为 300℃的废气进入一交叉流式换热器(两种流体均不混合),将流量为 1kg/s 的高压水由 35℃加热到 125℃,废气离开换热器时的温度为 100℃。废气的比热容可取作 1000J/（kg・℃）,以气侧计算的总传热系数 k=100W/（m²・℃）,试用传热单元数法求气侧的换热面积。

7－18　一台新的逆流壳管式油冷器,润滑油的进、出口温度各为 100℃和 60℃,冷却水的进、出口温度各为 30℃和 50℃。已知传热系数为 340W/（m²・℃）,传热面积为 1.8m²,试求此时换热器的有效度。如该换热器运行一年后,发现冷流体只能加热到 45℃,而润滑油的终温大于 60℃,试求此时换热器的有效度,并分析换热器性能恶化的原因。

7－19　列管间壁式氨气冷凝器的传热面积为 114m²,传热系数为 900W/（m²・℃）。冷却水流量为 24kg/s,进口温度为 28℃,氨气的冷凝温度为 38℃。试用传热单元数法求冷却水的出口温度及冷凝器的传热量。

7－20　压力为 1.5×10⁵Pa 的饱和水蒸气在壳管式冷凝器的壳侧凝结。水在外径为 20mm、壁厚为 1mm 的黄铜管内流动,流速为 1.4m/s,进口温度为 56℃,出口温度为 94℃。黄铜管叉排布置,在每一竖排上平均布置 9 根管子。冷却水在管内流动,两个流程,管内已积水垢,试求所需管长及冷却水量。

7－21　用一逆流式换热器加热水。初级水(热水)在内直径为 114mm、壁厚 1mm 的黄铜管中流过,铜管 53 根,水流过管子后温度从 130℃冷却到 100℃。二级水在直径为 203mm 的外壳内流过,温度从 67.5℃升到 92.5℃,测得通过换热器的热流量为 1.75×10⁶W。试求黄铜管两侧均出现 0.3mm 厚水垢时所需的传热面积。铜的导热系数可取 105W/（m・℃）。

7－22　某逆流式壳管换热器中,油被水从 138℃冷却到 93℃,油的比热容为 2.1kJ/（kg・℃）;水的流量为 2.5kg/s,从 25℃加热到 65℃。现希望引出流量为 0.62kg/s、温度为 50℃的水,所以要用两台小换热器来代替一台换热器。若换热器的传热系数均为 450W/（m²・℃）,与原来换热器相同数量的油目前被分流到两台小换热器中。两台小换热器串联连接,且在它们之间将水引出。若两台小换热器面积相同,试计算其面积及所需油量。

7－23　某锅炉用来生产饱和蒸汽,其传热面积为 500 根直径为 25mm 的钢管。两流体一次交叉流动。传热系数 k=50W/（m²・℃）,管外 1127℃的高温气体横掠管束。气体的质量流量为 10kg/s,比热容为 1120J/（kg・℃）。180℃的饱和水以 3kg/s 的质量流量在管内流过,最后获得相同温度下的饱和蒸汽。试求所需钢管的长度。

7－24　当传热系数 k 与当地温差成线性关系时,若取 k_1、k_2 分别表示入口端及出口端的传热系数,试证明下式成立:

$$\Phi = \frac{k_2 \Delta t_1 - k_1 \Delta t_2}{\ln \dfrac{k_2 \Delta t_1}{k_1 \Delta t_2}}$$

式中　Δt_1、Δt_2——换热器入口及出口处的温差。

7-25　复合储能管道由内到外分别由钢管、相变材料、保温材料和防腐材料构成。其中，R_1 为钢管内径，R_2 为钢管外径，R_3 为相变材料层外半径，R_4 为保温材料层外半径，R_5 为防腐材料层外半径。对于架空的复合储能管道，管道最外层壁面与外界环境之间的传热方式包括对流传热和辐射换热，用复合换热系数 h_o 来表示。原油和内壁的换热系数为 h_i。假设复合储能管道中原油的温度为 t_f，外界环境的温度为 t_∞。钢管、相变材料、保温材料和防腐材料的导热系数分别为 λ_1、λ_2、λ_3 和 λ_4。试写出单位管长的散热损失的表达式。

7-26　用 1-2 型逆流式管壳换热器加热原油。已知原油的比热容为 2.09kJ/(kg·K)，水的比热容为 4.17kJ/(kg·K)。加热过程中，原油温度由 20℃ 变为 45℃，水的温度由 70℃ 变为 60℃。换热器的换热系数为 320W/(m²·K)，换热面积为 10m²。求此过程中原油的质量流量。

参 考 文 献

[1] 杨世铭,陶文铨. 传热学. 北京:高等教育出版社,2002.

[2] 张奕. 传热学. 南京:东南大学出版社,2004.

[3] 章熙民,任泽霈,梅飞鸣. 传热学. 北京:中国建设工业出版社,2007.

[4] 张学学,李桂馥,史琳. 热工基础. 北京:高等教育出版社,2015.

[5] 俞佐平. 传热学. 北京:高等教育出版社,1995.

[6] 戴锅生. 传热学. 北京:高等教育出版社,1999.

[7] 李兆敏,黄善波. 石油工程传热学:理论基础与应用. 东营:中国石油大学出版社,2008.

[8] 黄善波,张克舫. 传热学. 青岛:中国石油大学出版社,2020.

[9] J. P. 霍尔曼(J. P. Holman). 传热学. 北京:机械工业出版社,2019.

[10] 威尔特 J R,威克斯 C E,威尔逊 R E,等. 动量、热量和质量传递原理. 马紫峰,吴卫生,等译. 北京:化学工业出版社,2005.

[11] 裘俊红. 传递原理及其应用. 北京:化学工业出版社,2006.

[12] 弗兰克 P. 英克鲁佩勒,大卫 P. 德维特,狄奥多尔 L. 伯格曼,等. 传热和传质基本原理. 葛新石,叶宏,等译. 北京:化学工业出版社,2007.

[13] 弗兰克 P. 英克鲁佩勒,大卫 P. 德维特,狄奥多尔 L. 伯格曼,等. 传热和传质基本原理习题详解. 葛新石,叶宏,等译. 北京:化学工业出版社,2007.

[14] 刘伟,范爱武,黄晓明. 多孔介质传热传质理论与应用. 北京:科学出版社,2006.

[15] Yunus Çengel, Afshin J. Ghajar. Heat and Mass Transfer: Fundamentals and Applications. New York: McGraw – Hill Education, 2015.

[16] Wanxia Zhao, Zhiwei Sun, Zeyad T. Alwahabi. Emissivity and absorption function measurements of Al_2O_3 and SiC particles at elevated temperature for the utilization in concentrated solar receivers. Solar Energy, 2020, 207: 183 – 91.

[17] 欧阳静,周正,伦惠林,等. 氧化锆(ZrO_2)的热、化学性质与应用. 中国材料进展,2014, 33(6): 365 – 375.

[18] 戴慧慧. 储油罐隔热保温技术的研究应用. 青岛,中国石油大学(华东),2020.

[19] 王雷振. 新疆油田吉 7 区掺水集油同沟敷设管道传热研究. 成都,西南石油大学,2015.

[20] Kazuhiro Nakazawa, Akira Ohnishi. Simultaneous measurement method of normal spectral emissivity and optical constants of solids at high temperature in vacuum. International Journal of Thermophysics, 2010, 31: 2010 – 2018.

[21] 于杨. 油田沉降罐太阳能—燃气联合加热系统能流特性研究. 大庆,东北石油大学,2023.

[22] 罗大鹏. 光伏光热原油加热系统研究. 荆州,长江大学,2023.

[23] 申洁. 传热与传质:富媒体. 北京:石油工业出版社,2018.

附录 1　金属材料的密度、比热容和热导率

材料名称	20℃			导热率 λ, W/(m·K)　温度,℃									
	密度 ρ kg/m³	比定压热容 c_p J/(kg·K)	导热率 λ W/(m·K)	-100	0	100	200	300	400	600	800	1100	1200
纯铝	2710	902	236	243	236	240	238	234	228	215			
杜拉铝（96Al-4Cu,微量 Mg)	2790	881	169	124	160	188	188	193					
铝合金(92Al-8Mg)	2610	904	107	86	102	123	148						
铝合金(87Al-13Si)	2660	871	162	139	158	173	176	180					
铍	1850	1758	219	382	218	170	145	129	118				
纯铜	8930	386	398	421	401	393	389	384	379	366	352		
铝青铜(90Cu-10Al)	8360	420	56	49	49	57	66						
青铜(89Cu-11Sn)	8800	343	24.8	24	24	28.4	33.2						
黄铜(70Cu-30Zn)	8440	377	109	90	106	131	143	145	148				
铜合金(60Cu-40Ni)	8920	410	22.2	19	22.2	23.4							
黄金	19300	127	315	331	318	313	310	305	300	287			
纯铁	7870	455	81.1	96.7	83.5	72.1	63.5	56.5	50.3	39.4	29.6	29.4	31.6
阿姆口铁	7860	455	73.2	82.9	74.7	67.5	61.0	54.8	49.9	38.6	29.3	29.3	31.1
灰铸铁($\omega_c≈3\%$)	7570	470	39.2		28.5	32.4	35.8	37.2	36.6	20.8	19.2		
碳钢($\omega_c≈0.5\%$)	7840	465	49.8		50.5	47.5	44.8	42.0	39.4	34.0	29.0		
碳钢($\omega_c≈1.0\%$)	7790	470	43.2		43.0	42.8	42.2	41.5	40.6	36.7	32.2		
碳钢($\omega_c≈1.5\%$)	7750	470	36.7		36.8	36.6	36.2	35.7	34.7	31.7	27.8		

材料名称	20℃ 密度 ρ kg/m³	20℃ 比定压热容 c_p J/(kg·K)	20℃ 导热率 λ W/(m·K)	导热率 λ，W/(m·K) 温度 ℃ -100	0	100	200	300	400	600	800	1100	1200
铬钢($\omega_{cr} \approx 5\%$)	7830	460	36.1		36.3	35.2	34.7	33.5	31.4	28.0	27.2	27.2	27.2
铬钢($\omega_{cr} \approx 13\%$)	7740	460	26.8		26.5	27.0	27.0	27.0	27.6	28.4	29.0	29.0	
铬钢($\omega_{cr} \approx 17\%$)	7710	460	22		22	22.2	22.6	22.6	23.3	24.0	24.8	25.5	
铬钢($\omega_{cr} \approx 26\%$)	7650	460	22.6		22.6	23.8	25.5	27.2	28.5	31.8	35.1	38	
铬镍钢(18-20Cr/8-12Ni)	7820	460	15.2	12.2	14.7	16.6	18.0	19.4	20.8	23.5	26.3		
镍铬钢(17-19Cr/9-13Ni)	7830	460	14.7	11.8	14.3	16.1	17.5	18.8	20.2	22.8	25.5	28.2	30.9
镍钢($\omega_{Ni} \approx 1\%$)	7900	460	45.5	40.8	45.2	46.8	46.1	44.1	41.2	35.7			
镍钢($\omega_{Ni} \approx 3.5\%$)	7910	460	36.5	30.7	36.0	38.8	39.7	39.2	37.8				
镍钢($\omega_{Ni} \approx 25\%$)	8030	460	13.0										
镍钢($\omega_{Ni} \approx 35\%$)	8110	460	13.8	10.9	13.4	15.4	17.1	18.6	20.1	23.1			
镍钢($\omega_{Ni} \approx 44\%$)	8190	460	15.8		15.7	16.1	16.5	16.9	17.1	17.8	18.4		
镍钢($\omega_{Ni} \approx 50\%$)	8260	460	19.6	17.3	19.4	20.5	21.0	21.1	21.3	22.5			
锰钢($\omega_{Mn} \approx 12\% \sim 13\%$, $\omega_{Ni} \approx 3\%$)	7800	487	13.6			14.8	16.0	17.1	18.3				
锰钢($\omega_{Mn} \approx 0.4\%$)	7860	440	51.2			51.0	50.0	47.0	43.5	35.5	27		
钨钢($\omega_{W} \approx 5\% \sim 6\%$)	8070	436	18.7		18.4	19.7	21.0	22.3	23.6	24.9	26.3		
铅	11340	128	35.3	37.2	35.5	34.3	32.8	31.5					
镁	1730	1020	156	160	157	154	152	150		166			
钼	9590	255	138	146	139	135	131	127	123		109	103	93.7

材料名称	20℃ 密度 ρ kg/m³	比定压热容 c_p J/(kg·K)	导热率 λ W/(m·K)	导热率 λ, W/(m·K) 温度,℃									
				−100	0	100	200	300	400	600	800	1100	1200
镍	8900	444	91.4	144	94	82.8	74.2	67.3	64.6	69.0	73.3	77.6	81.9
铂	21450	133	71.4	73.3	71.5	71.6	72.0	72.8	73.6	76.6	80.0	84.2	88.9
银	10500	234	427	431	428	422	415	107	399	384			
锡	7310	228	67	75	68.2	63.2	60.9						
钛	4500	520	22	23.3	22.4	20.7	19.9	19.5	19.4	19.9			
铀	19070	116	27.4	24.3	27	29.1	31.1	33.4	35.7	40.6	45.6		
锌	7140	388	121	123	122	117	112						
锆	6570	276	22.9	26.5	23.2	21.8	21.2	20.9	21.4	22.3	24.5	26.4	28.0
钨	19350	134	179	204	182	166	153	142	134	125	119	114	110

附录 2 保温、建筑及其他材料的密度和热导率

材 料 名 称	温度 t,°C	密度 ρ,kg/m³	热导率 λ,W/(m·K)
膨胀珍珠岩散料	25	60 ~ 300	0.021 ~ 0.062
沥青膨胀珍珠岩	31	233 ~ 282	0.069 ~ 0.076
磷酸盐膨胀珍珠岩制品	20	200 ~ 250	0.044 ~ 0.052
水玻璃膨胀珍珠岩制品	20	200 ~ 300	0.056 ~ 0.065
岩棉制品	20	80 ~ 150	0.035 ~ 0.038
膨胀蛭石	20	100 ~ 130	0.051 ~ 0.07
沥青蛭石板管	20	350 ~ 400	0.081 ~ 0.10
石棉粉	22	744 ~ 1400	0.099 ~ 0.19
石棉砖	21	384	0.099
石棉绳		590 ~ 730	0.10 ~ 0.21
石棉绒		35 ~ 230	0.055 ~ 0.077
石棉板	30	770 ~ 1045	0.10 ~ 0.14
碳酸镁石棉灰		240 ~ 490	0.077 ~ 0.086
硅藻土石棉灰		280 ~ 380	0.085 ~ 0.11
粉煤灰砖	27	458 ~ 589	0.12 ~ 0.22
矿渣棉	30	207	0.058
玻璃丝	35	120 ~ 492	0.058 ~ 0.07
玻璃棉毡	28	18.4 ~ 38.3	0.043
软木板	20	105 ~ 437	0.044 ~ 0.079
木丝纤维板	25	245	0.048
稻草浆板	20	325 ~ 362	0.068 ~ 0.084
麻秆板	25	108 ~ 147	0.056 ~ 0.11
甘蔗板	20	282	0.067 ~ 0.072
葵芯板	20	95.5	0.05
玉米硬板	22	25.2	0.065
棉花	20	117	0.049
丝	20	57.7	0.036
锯木屑	20	179	0.083
硬泡沫塑料	30	29.5 ~ 56.3	0.041 ~ 0.048

材料名称	温度 t, °C	密度 ρ, kg/m³	热导率 λ, W/(m·K)
软泡沫塑料	30	41~162	0.043~0.056
铝箔间隔层(5层)	21		0.042
红砖(营造状态)	25	1860	0.87
红砖	35	1560	0.49
松木(垂直木纹)	15	496	0.15
松木(平行木纹)	21	527	0.35
水泥	30	1900	0.30
混凝土板	35	1930	0.79
耐酸混凝土板	30	2250	1.5~1.6
黄砂	30	1580~1700	0.28~0.34
泥土	20		0.83
瓷砖	37	2090	1.1
玻璃	45	2500	0.65~0.71
聚苯乙烯	30	24.7~37.8	0.04~0.043
花岗石		2643	1.73~3.98
大理石		2499~2707	2.70
云母		290	0.58
水垢	65		1.31~3.14
冰	0	913	2.22
黏土	27	1460	1.3

附录 3 几种保温、耐火材料的导热系数与温度的关系

材料名称	材料最高允许度 t,℃	密度 ρ,kg/m³	导热系数 λ,W/(m·K)
超细玻璃棉毡、管	400	18~20	$0.033+0.00023t$
矿渣棉	550~600	350	$0.0674+0.000215t$
水泥蛭石制品	800	400~450	$0.103+0.000198t$
水泥珍珠岩制品	600	300~400	$0.0651+0.000105t$
粉煤灰泡沫砖	300	500	$0.099+0.0002t$
岩棉玻璃布缝板	600	100	$0.0314+0.000198t$
A级硅藻土制品	900	500	$0.0395+0.00019t$
B级硅藻土制品	900	550	$0.0477+0.0002t$
膨胀珍珠岩	1000	55	$0.0424+0.000137t$
微孔硅酸钙制品	650	>250	$0.041+0.0002t$
耐火黏土砖	1350~1450	1800~2040	$(0.7\sim0.84)+0.00058t$
轻质耐火黏土砖	1250~1300	800~1300	$(0.29\sim0.41)+0.00026t$
超轻质耐火黏土砖	1150~1300	540~610	$0.093+0.00016t$
超轻质耐火黏土砖	1100	270~330	$0.058+0.00017t$
硅砖	1700	1900~1950	$0.93+0.0007t$
镁砖	1600~1700	2300~2600	$2.1+0.00019t$
铬砖	1600~1700	2600~2800	$4.7+0.00017t$

注: t 的单位为℃。

附录 4 大气压力下干空气的热物理性质（$p = 1.01325 \times 10^5$ Pa）

$t,\,^\circ\mathrm{C}$	$\rho,\,\mathrm{kg/m^3}$	$c_p,\,\mathrm{kJ/(kg \cdot K)}$	$\lambda,\,10^{-2}\mathrm{W/(m \cdot K)}$	$a,\,10^{-6}\mathrm{m^2/s}$	$\mu,\,10^{-6}\mathrm{kg/(m \cdot s)}$	$\nu,\,10^{-6}\mathrm{m^2/s}$	Pr
-50	1.584	1.013	2.04	12.7	14.6	9.23	0.728
-40	1.515	1.013	2.12	13.8	15.2	10.04	0.728
-30	1.453	1.013	2.20	14.9	15.7	10.80	0.723
-20	1.395	1.009	2.28	16.2	16.2	11.61	0.716
-10	1.342	1.009	2.36	17.4	16.7	12.43	0.712
0	1.293	1.005	2.44	18.8	17.2	13.28	0.707
10	1.247	1.005	2.51	20.0	17.6	14.16	0.705
20	1.205	1.005	2.59	21.4	18.1	15.06	0.703
30	1.165	1.005	2.67	22.9	18.6	16.00	0.701
40	1.128	1.005	2.76	24.3	19.1	16.96	0.699
50	1.093	1.005	2.83	25.7	19.6	17.95	0.698
60	1.060	1.005	2.90	27.2	20.1	18.97	0.696
70	1.029	1.009	2.96	28.6	20.6	20.02	0.694
80	1.000	1.009	3.05	30.2	21.1	21.09	0.692
90	0.972	1.009	3.13	31.9	21.5	22.10	0.690
100	0.946	1.009	3.21	33.6	21.9	23.13	0.688
120	0.898	1.009	3.34	36.8	22.8	25.45	0.686
140	0.854	1.013	3.49	40.3	23.7	27.80	0.684
160	0.815	1.017	3.64	43.9	24.5	30.09	0.682
180	0.779	1.022	3.78	47.5	25.3	32.49	0.681

续表

$t,℃$	$\rho,\text{kg/m}^3$	$c_p,\text{kJ/(kg·K)}$	$\lambda,10^{-2}\text{W/(m·K)}$	$a,10^{-6}\text{m}^2/\text{s}$	$\mu,10^{-6}\text{kg/(m·s)}$	$\nu,10^{-6}\text{m}^2/\text{s}$	Pr
200	0.746	1.026	3.93	51.4	26.0	34.85	0.680
250	0.674	1.038	4.27	61.0	27.4	40.61	0.677
300	0.615	1.047	4.60	71.6	29.7	48.33	0.674
350	0.566	1.059	4.91	81.9	31.4	55.46	0.676
400	0.524	1.068	5.21	93.1	33.0	63.09	0.678
500	0.456	1.093	5.74	115.3	36.2	79.38	0.687
600	0.404	1.114	6.22	138.3	39.1	96.89	0.699
700	0.362	1.135	6.71	163.4	41.8	115.4	0.706
800	0.329	1.156	7.18	188.8	44.3	134.8	0.713
900	0.301	1.172	7.63	216.2	46.7	155.1	0.717
1000	0.277	1.185	8.07	245.9	49.0	177.1	0.719
1100	0.257	1.197	8.50	276.2	51.2	199.3	0.722
1200	0.239	1.210	9.15	316.5	53.5	233.7	0.724

附录5 大气压力（$p = 1.01325 \times 10^5$ Pa）下烟气的热物理性质

（烟气中组成成分的质量分数：$\omega_{CO_2} = 0.13; \omega_{H_2O} = 0.11; \omega_{N_2} = 0.76$）

$t, ℃$	$\rho, \text{kg/m}^3$	$c_p, \text{kJ/(kg·K)}$	$\lambda, 10^{-2} \text{W/(m·K)}$	$a, 10^{-6} \text{m}^2/\text{s}$	$\mu, 10^{-6} \text{kg/(m·s)}$	$\nu, 10^{-6} \text{m}^2/\text{s}$	Pr
0	1.295	1.042	2.28	16.9	15.8	12.20	0.72
100	0.950	1.068	3.13	30.8	20.4	21.54	0.69
200	0.748	1.097	4.01	48.9	24.5	32.80	0.67
300	0.617	1.122	4.84	69.9	28.2	45.81	0.65
400	0.525	1.151	5.70	94.3	31.7	60.38	0.64
500	0.457	1.185	6.56	121.1	34.8	76.30	0.63
600	0.405	1.214	7.42	150.9	37.9	93.61	0.62
700	0.363	1.239	8.27	183.8	40.7	112.1	0.61
800	0.330	1.264	9.15	219.7	43.4	131.8	0.60
900	0.301	1.290	10.00	258.0	45.9	152.5	0.59
1000	0.275	1.306	10.90	303.4	48.4	174.3	0.58
1100	0.257	1.323	11.75	345.5	50.7	197.1	0.57
1200	0.240	1.340	12.62	392.4	53.0	221.0	0.56

附录 6 饱和水的热物理性质

$t,℃$	$p_s,10^5\,Pa$	$\rho,kg/m^3$	$h',kJ/kg$	$c_p,kJ/(kg\cdot K)$	$\lambda,10^{-2}W/(m\cdot K)$	$a,10^{-8}m^2/s$	$\mu,10^{-6}kg/(m\cdot s)$	$\nu,10^{-6}m^2/s$	$\alpha_v,10^{-4}K^{-1}$	$\gamma,10^{-4}N/m$	Pr
0	0.00611	999.8	-0.05	4.212	55.1	13.1	1788	1.789	-0.81	756.4	13.67
10	0.01228	999.7	42.00	4.191	57.4	13.7	1306	1.306	+0.87	741.6	9.52
20	0.02338	998.2	83.90	4.183	59.9	14.3	1004	1.006	2.09	726.9	7.02
30	0.04245	995.6	125.7	4.174	61.8	14.9	801.5	0.805	3.05	712.2	5.42
40	0.07381	992.2	167.5	4.174	63.5	15.3	653.3	0.659	3.86	696.5	4.31
50	0.12345	988.0	209.3	4.174	64.8	15.7	549.4	0.556	4.57	676.9	3.54
60	0.19933	983.2	251.1	4.179	65.9	16.0	469.9	0.478	5.22	662.2	2.99
70	0.3118	977.7	293.0	4.187	66.8	16.3	406.1	0.415	5.83	643.5	2.55
80	0.4738	971.8	354.9	4.195	67.4	16.6	355.1	0.365	6.40	625.9	2.21
90	0.7012	965.3	376.9	4.208	68.0	16.8	314.9	0.326	6.96	607.2	1.95
100	1.013	958.4	419.1	4.220	68.3	16.9	282.5	0.295	7.50	588.6	1.75
110	1.43	950.9	461.3	4.233	68.5	17.0	259.0	0.272	8.04	569.0	1.60
120	1.98	943.1	503.8	4.250	68.6	17.1	237.4	0.252	8.58	548.4	1.47
130	2.70	934.9	546.4	4.266	68.6	17.2	217.8	0.233	9.12	528.8	1.36
140	3.61	926.2	589.2	4.287	68.5	17.2	201.1	0.217	9.68	507.2	1.26
150	4.76	917.0	632.3	4.313	68.4	17.3	186.4	0.203	10.26	486.6	1.17
160	6.18	907.5	675.6	4.346	68.3	17.3	173.6	0.191	10.87	466.0	1.10

$t,℃$	$p_s,10^5Pa$	$\rho,kg/m^3$	$h',kJ/kg$	$c_p,kJ/ (kg \cdot K)$	$\lambda,10^{-2}W/ (m \cdot K)$	$a,10^{-8}m^2/s$	$\mu,10^{-6}kg/ (m \cdot s)$	$\nu,10^{-6}m^2/s$	$\alpha_v,10^{-4}K^{-1}$	$\gamma,10^{-4}N/m$	Pr
170	7.91	897.5	719.3	4.380	67.9	17.3	162.8	0.181	11.52	443.4	1.05
180	10.02	887.1	763.2	4.417	67.4	17.2	153.0	0.173	12.21	422.8	1.00
190	12.54	876.6	807.6	4.459	67.0	17.1	144.2	0.165	12.96	400.2	0.96
200	15.54	864.8	852.3	4.505	66.3	17.0	136.4	0.158	13.77	376.7	0.93
210	19.06	852.8	897.6	4.555	65.5	16.9	130.5	0.153	14.67	354.1	0.91
220	23.18	840.3	943.5	4.614	64.5	16.6	124.6	0.148	15.67	331.6	0.89
230	27.95	827.3	990.0	4.681	63.7	16.4	119.7	0.145	16.80	310.0	0.88
240	33.45	813.6	1037.2	4.756	62.8	16.2	114.8	0.141	18.08	285.5	0.87
250	39.74	799.0	1085.3	4.844	61.8	15.9	109.9	0.137	19.55	261.9	0.86
260	46.89	783.8	1134.3	4.949	60.5	15.6	105.9	0.135	21.27	237.4	0.87
270	55.00	767.7	1184.5	5.070	59.0	15.1	102.0	0.133	23.31	214.8	0.88
280	64.13	750.5	1236.0	5.230	57.4	14.6	98.1	0.131	25.79	191.3	0.90
290	74.37	732.2	1289.1	5.485	55.8	13.9	94.2	0.129	28.84	168.7	0.93
300	85.83	712.4	1344.0	5.736	54.0	13.2	91.2	0.128	32.73	144.2	0.97
310	98.60	691.0	1401.2	6.071	52.3	12.5	88.3	0.128	37.85	120.7	1.03
320	112.78	667.4	1461.2	6.574	50.6	11.5	85.3	0.128	44.91	98.10	1.11
330	128.51	641.0	1524.9	7.244	48.4	10.4	81.4	0.127	55.31	76.71	1.22
340	145.93	610.8	1593.1	8.165	45.7	9.17	77.5	0.127	72.10	56.70	1.39
350	165.21	574.7	1670.3	9.504	43.0	7.88	72.6	0.126	103.7	38.16	1.60
360	186.57	527.9	1761.1	13.984	39.5	5.36	66.7	0.126	182.9	20.21	2.35
370	210.33	451.5	1891.7	40.321	33.7	1.86	56.9	0.126	676.7	4.709	6.79

附录7 干饱和水蒸气的热物理性质

t,℃	p 10⁵Pa	ρ'' kg/m³	h'' kJ/kg	r kJ/kg	c_p kJ/(kg·K)	λ 10⁻²W/(m·K)	a 10⁻³m²/h	μ 10⁻⁶kg/(m·s)	ν 10⁻⁶m²/s	Pr
0	0.00611	0.004851	2500.5	2500.6	1.8543	1.83	7313.0	8.022	1655.01	0.815
10	0.01228	0.009404	2518.9	2476.9	1.8594	1.88	3881.3	8.424	896.54	0.831
20	0.02338	0.01731	2537.2	2453.3	1.8661	1.94	2167.2	8.84	509.90	0.847
30	0.04245	0.03040	2555.4	2429.7	1.8744	2.00	1265.1	9.218	303.53	0.863
40	0.07381	0.05121	2573.4	2405.9	1.5583	2.06	768.45	9.620	188.04	0.883
50	0.12345	0.8308	2591.2	2318.9	1.8987	2.12	483.59	10.022	120.72	0.896
60	0.19933	0.1303	2608.8	2357.6	1.9155	2.19	315.55	10.424	80.07	0.913
70	0.3118	0.1982	2626.1	2333.1	1.9364	2.25	210.57	10.817	54.57	0.930
80	0.4738	0.2934	2643.1	2308.1	1.9615	2.33	145.53	11.219	38.25	0.947
90	0.7012	0.4234	2659.6	2282.7	1.9921	2.40	102.22	11.621	27.44	0.966
100	1.0133	0.5975	2675.7	2256.6	2.0281	2.48	73.57	12.023	20.12	0.984
110	1.4324	0.8260	2691.3	2229.9	2.0704	2.56	53.83	12.425	15.03	1.00
120	1.9848	1.121	2703.2	2202.4	2.1198	2.65	40.15	12.798	11.41	1.02
130	2.7002	1.495	2720.4	2174.0	2.1763	2.76	30.46	13.170	8.80	1.04
140	3.612	1.965	2733.8	2144.6	2.2408	2.85	23.28	13.543	6.89	1.06
150	4.757	2.545	2746.4	2114.1	2.3145	2.97	18.10	13.896	5.45	1.08
160	6.177	3.256	2757.9	2085.3	2.3974	3.08	14.20	14.249	4.37	1.11
170	7.915	7.118	2768.4	2049.2	2.4911	3.21	11.25	14.612	3.54	1.13
180	10.019	5.154	2777.7	2014.5	2.5958	3.36	9.03	14.965	2.90	1.15
190	12.502	6.390	2785.8	1978.2	2.7126	3.51	7.29	15.298	2.39	1.18
200	15.537	7.854	2792.5	1940.1	2.8428	3.68	5.92	15.681	1.98	1.21
210	19.062	9.580	2797.7	1900.0	2.9877	3.87	4.86	15.995	1.67	1.24
220	23.178	11.61	2801.2	1857.7	3.1497	4.07	4.00	16.338	1.41	1.26
230	27.951	13.98	2803.0	1813.0	3.3310	4.30	3.32	16.701	1.19	1.29
240	33.446	16.74	2802.9	1765.7	3.5366	4.54	2.76	17.073	1.02	1.33
250	39.735	19.96	2800.7	1717.4	3.7723	4.84	2.31	17.446	0.873	1.36
260	46.892	23.70	2796.1	1661.8	4.0470	5.18	1.94	17.848	0.752	1.40
270	54.496	28.06	2789.1	1604.5	4.3735	5.55	1.63	18.280	0.651	1.44
280	64.127	33.15	2779.1	1543.1	4.7675	6.00	1.37	18.750	0.565	1.49

t,℃	p 10^5Pa	ρ'' kg/m³	h'' kJ/kg	r kJ/kg	c_p kJ/(kg·K)	λ 10^{-2}W/(m·K)	a 10^{-3}m²/h	μ 10^{-6}kg/(m·s)	ν 10^{-6}m²/s	Pr
290	74.375	39.12	2765.8	1476.7	5.2528	6.55	1.15	19.270	0.492	1.54
300	85.831	46.15	2748.7	1404.7	5.8632	7.22	0.96	19.839	0.430	1.61
310	95.557	54.52	2727.0	1325.9	6.6503	8.06	0.80	20.691	0.380	1.71
320	112.78	64.60	2699.7	1238.5	7.7217	8.65	0.62	21.691	0.336	1.94
330	128.81	77.00	2665.3	1140.4	9.3613	9.61	0.48	23.093	0.300	2.24
340	145.93	92.68	2621.3	1027.6	12.2108	10.70	0.34	24.692	0.266	2.82
350	165.21	113.5	2563.4	893.0	17.1504	11.90	0.22	26.594	0.234	3.83
360	186.57	143.7	2481.7	720.6	25.1162	13.70	0.14	29.193	0.203	5.34
370	210.33	200.7	2338.8	447.1	76.9157	16.60	0.04	33.989	0.169	15.7
373.99	220.64	321.9	2085.9	0.0	∞	23.79	0.0	44.992	0.143	∞

附录8　几种饱和液体的热物理性质

液体	t,℃	ρ,kg/m³	c_p kJ/(kg·K)	λ W/(m·K)	a 10^{-8}m²/s	ν 10^{-6}m²/s	α_v 10^{-3}K⁻¹	r,kJ/kg	Pr
NH₃	−50	702.0	4.354	0.6207	20.31	0.4745	1.69	1416.34	2.337
	−40	689.9	4.396	0.6014	19.83	0.4160	1.78	1388.81	2.098
	−30	677.5	4.448	0.5810	19.28	0.3700	1.88	1359.74	1.919
	−20	664.9	4.501	0.5607	18.74	0.3328	1.96	1328.97	1.776
	−10	652.0	4.556	0.5405	18.20	0.3018	2.04	1296.39	1.659
	0	638.6	4.617	0.5202	17.64	0.2753	2.16	1261.81	1.560
	10	624.8	4.683	0.4998	17.08	0.2522	2.28	1225.04	1.477
	20	610.4	4.758	0.4792	16.50	0.2320	2.42	1185.82	1.406
	30	595.4	4.843	0.4583	15.89	0.2143	2.57	1143.85	1.348
	40	579.5	4.943	0.4371	15.26	0.1988	2.76	1098.71	1.303
	50	562.9	5.066	0.4156	14.57	0.1853	3.07	1049.91	1.271
R12	−50	1544.3	0.863	0.0959	7.20	0.2939	1.732	173.91	4.083
	−40	1516.1	0.873	0.0921	6.96	0.2666	1.815	170.02	3.831
	−30	1487.2	0.884	0.0883	6.72	0.2422	1.915	166.00	3.606
	−20	1457.6	0.896	0.0845	6.47	0.2206	2.039	161.81	3.409
	−10	1427.1	0.911	0.0808	6.21	0.2015	2.189	157.39	3.241
	0	1395.6	0.928	0.0771	5.95	0.1847	2.374	152.38	3.103
	10	1362.8	0.948	0.0735	5.69	0.1701	2.602	147.64	2.990
	20	1328.6	0.971	0.0698	5.41	0.1573	2.887	142.20	2.907
	30	1292.5	0.998	0.0663	5.14	0.1463	3.248	136.27	2.846
	40	1254.2	1.030	0.0627	4.85	0.1368	3.712	129.75	2.819
	50	1213.0	1.071	0.0592	4.56	0.1289	4.327	122.56	2.828
R22	−50	1435.5	1.083	0.1184	7.62		1.942	239.48	
	−40	1406.8	1.093	0.1138	7.40		2.043	233.29	
	−30	1377.3	1.107	0.1092	7.16		2.167	226.81	
	−20	1346.8	1.125	0.1048	6.92	0.193	2.322	219.97	2.792
	−10	1315.0	1.146	0.1004	6.66	0.178	2.515	212.69	2.672
	0	1281.8	1.171	0.0962	6.41	0.164	2.754	204.87	2.557
	10	1246.9	1.202	0.0920	6.14	0.151	3.057	196.44	2.463
	20	1210.0	1.238	0.0878	5.86	0.140	3.447	187.28	2.384
	30	1170.7	1.282	0.0838	5.58	0.130	3.956	177.24	2.321
	40	1128.4	1.338	0.0798	5.29	0.121	4.644	166.16	2.285
	50	1082.1	1.414				5.610	153.76	

液体	t,℃	ρ,kg/m³	c_p kJ/(kg·K)	λ W/(m·K)	a 10^{-8}m²/s	ν 10^{-6}m²/s	α_v 10^{-3}K⁻¹	r,kJ/kg	Pr
R152a	−50	1063.3	1.560			0.3822	1.625	351.69	
	−40	1043.5	1.590			0.3374	1.718	343.54	
	−30	1023.3	1.617			0.3007	1.830	335.01	
	−20	1002.5	1.645	0.1272	7.71	0.2703	1.964	326.06	3.505
	−10	981.1	1.674	0.1213	7.39	0.2449	2.123	316.63	3.316
R152a	0	958.9	1.707	0.1155	7.06	0.2235	2.317	306.66	3.167
	10	935.9	1.743	0.1097	6.73	0.2052	2.550	296.04	3.051
	20	911.7	1.785	0.1039	6.38	0.1893	2.838	284.67	2.965
	30	886.3	1.834	0.0982	6.04	0.1756	3.194	272.77	2.906
	40	859.4	1.891	0.0926	5.70	0.1635	3.641	259.15	2.869
	50	830.6	1.963	0.0872	5.35	0.1528	4.221	244.58	2.875
R134a	−50	1443.1	1.229	0.1165	6.57	0.4118	1.881	231.62	6.269
	−40	1414.8	1.243	0.1119	6.36	0.3550	1.977	225.59	5.579
	−30	1385.9	1.260	0.1073	6.14	0.3106	2.094	219.35	5.054
	−20	1356.2	1.282	0.1026	5.90	0.2751	2.237	212.84	4.662
	−10	1325.6	1.306	0.0980	5.66	0.2462	2.414	205.97	4.348
	0	1293.7	1.335	0.0934	5.41	0.2222	2.633	198.68	4.108
	10	1260.2	1.367	0.0888	5.15	0.2018	2.905	190.87	3.915
	20	1224.9	1.404	0.0842	4.90	0.1843	3.252	182.44	3.765
	30	1187.2	1.447	0.0796	4.63	0.1691	3.698	173.29	3.648
	40	1146.2	1.500	0.0750	4.36	0.1554	4.286	163.23	3.564
	50	1102.0	10569	0.0704	4.07	0.1431	5.093	152.04	3.515
11号润滑油	0	905.0	1.834	0.1449	8.73	1336			15310
	10	898.8	1.872	0.1441	8.56	564.2			6591
	20	892.7	1.909	0.1432	8.40	580.2	0.69		3335
	30	886.6	1.947	0.1423	8.24	153.2			1859
	40	880.6	1.985	0.1414	8.09	90.7			1121
	50	874.6	2.022	0.1405	7.94	57.4			723
	60	868.8	2.064	0.1396	7.78	38.4			493
	70	863.1	2.106	0.1387	7.63	27.0			354
	80	857.4	2.148	0.1379	7.49	19.7			263
	90	851.8	2.190	0.1370	7.34	14.9			203
	100	846.2	2.236	0.1361	7.19	11.5			160

液体	t,℃	ρ,kg/m³	c_p kJ/(kg·K)	λ W/(m·K)	a 10⁻⁸m²/s	ν 10⁻⁶m²/s	α_v 10⁻³K⁻¹	r,kJ/kg	Pr
14号润滑油	0	905.2	1.866	0.1493	8.84	2237			25310
	10	899.0	1.909	0.1485	8.65	863.2			9979
	20	892.8	1.915	0.1477	8.48	410.9	0.69		4846
	30	886.7	1.993	0.1470	8.32	216.5			2603
	40	880.7	2.035	0.1462	8.16	124.2			1522
	50	874.8	2.077	0.1454	8.00	76.5			956
	60	869.0	2.114	0.1446	7.87	50.5			462
	70	863.2	2.156	0.1439	7.73	34.3			344
	80	857.5	2.194	0.1431	7.61	24.6			323
	90	851.9	2.227	0.1424	7.51	18.3			244
	100	846.4	2.265	0.1416	7.39	14.0			190
30号汽轮机油	10	905	1.80	0.129	0.794	340			4270
	20	899	1.834	0.129	0.781	162			2070
	30	893	1.871	0.128	0.767	83			1080
	40	886	1.905	0.127	0.756	49			648
	50	880	1.943	0.127	0.742	31			418
	60	873	1.976	0.126	0.731	20.5			281
	70	867	2.014	0.126	0.719	14.6			203
	80	861	2.047	0.124	0.706	10.7			151
	90	854	2.085	0.123	0.697	7.95			114
	100	848	2.119	0.123	0.686	6.0			87.4

附录 9　大气压力($p = 1.01325 \times 10^5 \text{Pa}$) 下过热水蒸气的热物理性质

T, K	ρ kg/m^3	c_p kJ/(kg·K)	μ 10^{-5}kg/(m·s)	ν $10^{-5}\text{m}^2/\text{s}$	λ W/(m·K)	a $10^{-5}\text{m}^2/\text{s}$	Pr
380	0.5863	2.060	1.271	2.16	0.0246	2.036	1.060
400	0.5542	2.014	1.344	2.42	0.0261	2.338	1.040
450	0.4902	1.980	1.525	3.11	0.0299	3.07	1.010
500	0.4405	1.985	1.704	3.86	0.0339	3.87	0.996
550	0.4005	1.997	1.884	4.70	0.0379	4.75	0.991
600	0.3852	2.026	2.067	5.66	0.0422	5.73	0.986
650	0.3380	2.056	2.247	6.64	0.0464	6.66	0.995
700	0.3140	2.085	2.426	7.72	0.0505	7.72	1.000
750	0.2931	2.119	2.604	8.88	0.0549	8.33	1.005
800	0.2730	2.152	2.786	10.20	0.0592	10.01	1.010
850	0.2579	2.186	2.969	11.52	0.0637	11.30	1.019